岩体低温力学特性与多场耦合理论

刘泉声　康永水　黄诗冰 等　著

中国科学院青年创新促进会（2017377）；国家重点基础研究发展计划（973 计划，2014CB046900）；国家自然科学基金项目（51774267、41302237、41702291）资助出版

科学出版社

北京

内 容 简 介

我国寒区分布面积广，冻融损伤问题严重威胁寒区岩体工程的安全稳定。岩体的冻融损伤涉及低温环境下复杂的温度场（thermo）、渗流场（hydro）和应力场（mechanical）的耦合问题。为解决岩体工程冻害难题，需研究低温THM耦合条件下水冰相变对岩体裂隙网络演化的影响及其反馈作用，以揭示岩体冻融损伤机理。通过试验研究、理论分析与数值模拟相结合的方法，研究冻融环境下THM耦合过程及水冰相变作用下的裂隙扩展准则，揭示冻融条件下岩体裂隙网络的损伤演化机制，建立裂隙岩体冻融损伤本构模型。依据此模型能较好地开发出模拟裂隙岩体冻融损伤演化的数值软件，分析寒区岩体工程冻融环境下的稳定性，为寒区岩体工程设计、冻结法施工设计、液化天然气低温储存工程围岩的稳定性分析、预防和控制岩体冻害的发生等低温岩土工程提供理论基础和参考。

本书适合岩土工程科研工作者及研究生、寒区岩土工程技术人员参考阅读。

图书在版编目(CIP)数据

岩体低温力学特性与多场耦合理论/刘泉声等著. —北京：科学出版社，2019.3

ISBN 978-7-03-059625-3

I. ①岩… II. ①刘… III. ①岩体力学–低温–特性–耦合–研究 IV. ①TU45

中国版本图书馆CIP数据核字（2018）第262379号

责任编辑：孙寓明 / 责任校对：董艳辉
责任印制：徐晓晨 / 封面设计：苏　波

科学出版社出版
北京东黄城根北街16号
邮政编码：100717
http://www.sciencep.com
北京凌奇印刷有限责任公司印刷
科学出版社发行　各地新华书店经销
*

开本：787×1092　1/16
2019年3月第　一　版　　印张：11 1/4
2021年4月第三次印刷　　字数：264 000

定价：88.00元

（如有印装质量问题，我社负责调换）

前　　言

我国永久性和季节性的寒区面积约占全国陆地总面积的75%。寒区广泛分布于我国北部和西部高原地区，这些区域分布有丰富的森林、水利和地矿资源。在寒区工程建设和资源开发中常会发生工程岩体冻害问题，如隧道衬砌冻裂挂冰、库区坝体冻胀破坏、混凝土冻胀剥蚀、边坡冻融滑塌等，严重影响工程的正常运营与安全稳定。我国建于寒区的青藏铁路隧道、兰新线乌鞘岭隧道等数十座铁路隧道都受到严重的冻害威胁，国道217线天山段隧道甚至因冻胀冰塞而报废。随着西部大开发战略和东北地区等老工业基地振兴战略的实施，我国寒区的道路、水利、隧道等基础设施建设迅速发展，岩体工程冻害问题日益严峻。此外，软岩冻结法施工、能源低温地质储存等也会遇到诸多低温岩体工程问题。随着“一带一路”倡议和高铁建设的发展，工程岩体冻害机理及其防治技术的研究具有重要意义。

以往提到冻土，一般是指一种温度低于0℃且含有冰的岩和土，即冻土是冻结土和冻结岩的总称。然而随着人们对这种冻土研究的深入，发现有必要将冻结土和冻结岩的研究分开。土和岩的最大区别在于岩的胶结强度一般高于土，岩中一般赋存节理和裂隙，而土则为岩的风化产物。因此，对于寒区多年冻土或季节性冻土区，影响土的物理力学性质主要在于其内部孔隙水冰的作用，而影响岩的物理力学性质主要是裂隙水冰，并且岩和土在低温环境中的渗透性、导热性、电学性质及相应的变化规律均不同。近些年来，国内外研究工作者逐渐意识到采用一般冻土力学方法研究冻岩问题，已难满足日益增长的工程需要，必须将冻岩问题作为一门新的研究方向提出来。本书的目的是为广大学者系统认识和深入探究低温岩体基本物理、力学性质，开展寒区岩体工程实践提供借鉴。本书共8章。

第1章，绪论。在多年的研究基础上，系统归纳我国低温岩石力学相关的基础理论和工程冻害问题，对低温下的岩石力学性质、水冰相变过程中岩体冻融损伤主要关联因素及国内外目前的主要研究进展进行总结分析。

第2章，低温作用下的岩石力学特性。通过室内试验研究岩石低温下的力学强度特征和冻胀变形特征，得到岩石低温冻结状态下的物理、力学性质变化规律。

第3章，裂隙岩体冻结过程水冰相变及水热迁移分析。基于水冰相变理论，建立水冰相变过程中液态水冻结点和冻结率表征方程，提出冻结过程中裂隙水分迁移机制并建立考虑水分迁移下的裂隙冻胀力理论与数值计算模型。

第4章，岩石冻胀本构模型研究。基于克劳修斯–克拉佩龙（Clausius-Clapeyron）方程和弹性孔隙力学理论建立饱和岩石未冻水含量方程及孔隙冻胀力计算模型，进而提出考虑热传导过程和时间效应的岩石低温冻胀本构模型，并给出FLAC 3D中该本构模型二次开发的流程。

第5章，裂隙岩体低温THM耦合研究。探究关键耦合参数（未冻水含量，孔隙冰压力，热传导系数）与冻结温度等的理论关系，基于双重孔隙介质理论，建立裂隙岩体低温

THM 耦合模型，并利用该模型分别对寒区完整和裂隙岩体隧道围岩及衬砌应力场进行了分析。

第 6 章，裂隙岩体冻融损伤破裂机理及数值仿真。提出完整岩石冻融损伤表征参数和统一的冻融损伤变量，构建岩石冻融-受荷统计损伤本构模型。进而考虑裂隙影响，提出裂隙冻胀力计算方程和裂隙冻融扩展数值仿真方法。

第 7 章，工程实例。利用前文研究成果，分别对低温储气库冻胀变形规律和寒区隧道低温冻融稳定性进行分析，提出寒区隧道冻害防治措施与设计原理。

第 8 章，结论与展望。

本书内容主要源于作者近十年来的开展低温岩石力学性质、裂隙岩体冻融损伤机理及寒区岩体工程实践的系统总结。鉴于著者水平及认识的局限性，书中存在不妥之处在所难免，欢迎广大读者批评指正！

作　者

2018 年 9 月 6 日于武汉小洪山

目　　录

第1章 绪论

1.1 低温岩石力学问题

地球上多年冻土、季节冻土和瞬时冻土区的面积约占陆地面积的一半，主要分布在俄罗斯、加拿大、中国、美国和北欧等地，其中多年冻土面积约占陆地面积的25%，主要分布在中低纬高山、高原地区、极地及附近地带。一般认为寒区最冷月平均气温低于−3.0℃，月平均气温高于10℃的月份不超过5个，年平均气温不高于5℃。我国是世界上寒区面积分布最多的国家之一，多年冻土区面积约215万km^2，稳定积雪区面积为5.94万km^2，永久性冻土和季节性冻土面积约占全国陆地面积的75%（罗彦斌，2010；陈仁开 等，2005；吴紫汪 等，2003）。

我国北方各省和青藏高原都属于寒冷地区或季节性冻土区，寒区分布有丰富的土地、森林、石油、矿产等宝贵资源，寒区的工程建设和资源开发在我国国民经济中占有十分重要的位置。随着我国西部大开发战略、东北地区等老工业基地振兴战略的实施，寒区的道路工程、水利工程、隧道及工业与民用建设迅速发展。在寒区工程建设和资源开采过程中，会遇到很多岩体工程冻融损伤破坏的问题，如岩质边坡的冻融剥蚀、滑塌，隧道围岩的冻胀失稳等，严重威胁着岩体工程的安全稳定。寒区基础设施建设的工程地质和岩土工程问题不断出现，日益成为不容忽视的工程难题。我国东北和西北地区的数十条铁路隧道都有不同程度的冻害，有的隧道因受冻害影响常年有8个多月不能使用（赖远明 等，2009；马巍 等，2002），严重影响正常交通运行；不少隧道渗漏严重，导致衬砌渗水挂冰，几乎报废，或因衬砌积水冻胀造成混凝土衬砌开裂，隧道渗漏结冰。此类岩体工程冻害问题屡见不鲜，造成重大经济损失，严重影响隧道正常运营。因此，对岩体冻融损伤问题进行系统深入的研究具有长远的战略意义。

如图1.1所示，寒区工程岩体受到多种外界条件的影响，冻融损伤是影响低温岩体安全稳定的重要因素。诱发岩体工程冻融破坏的因素是岩体中水分的冻胀融缩作用。寒区昼夜和季节交替产生的温度差异引起岩体中的水分反复冻融，水结冰会产生9%的体积膨胀，受到约束时产生巨大的体积膨胀力可能导致裂隙扩展，从而造成岩体损伤，如图1.2所示。冻融损伤加剧了围岩的风化作用，围岩破碎程度的增加又为冻胀力的发育提供更有利的条件，这种恶性循环严重威胁着围岩的稳定性。裂隙中水冰相变是冻岩损伤的主导因素，要预防和控制工程岩体冻害事故的发生，就必须以水冰相变为切入点，揭示岩体冻融损伤机理（周幼吾 等，2008；张全胜，2006；徐学祖 等，2001）。

岩体的冻融损伤涉及低温环境下复杂的温度场（thermal）、渗流场（hydraulic）和应力场（mechanical）的耦合问题。要研究水冰相变对岩体裂隙网络的损伤，必须考察冻融损伤的两个关键环节：其一，水冰相变对岩体裂隙网络的影响。这也是区别岩体冻融损伤

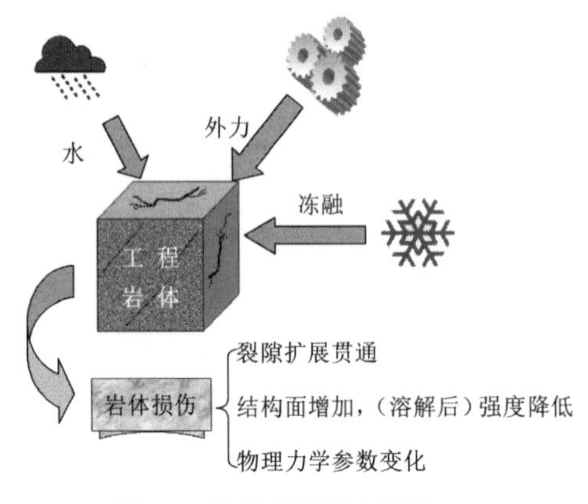

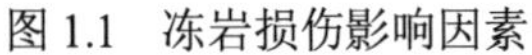

图 1.1 冻岩损伤影响因素

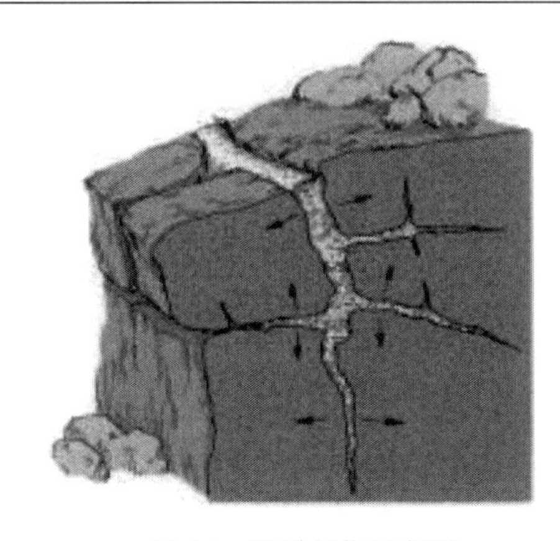

图 1.2 冻融损伤示意图

与土体冻融破坏的重要标志。当温度降至一定值时，岩体裂隙中的部分水会结冰，产生体积膨胀力造成裂隙扩展。围岩温度升高后，冰融化为水进入新生成的裂隙，冻结成冰的过程再次产生冻胀作用，造成新的损伤，如此反复循环引起岩体裂隙网络的扩展演化。其二，温度场、应力场及裂隙网络的演化对水冰相变过程的影响，此为低温 THM 耦合过程的重要特征。水冰相变的诱导因素是温度在冰点附近的交替变化，温度场直接影响冻结率，且温度梯度是未冻水迁移的重要驱动力；岩体所处的应力状态控制裂隙的张开度，从而影响裂隙对水冰冻胀融缩的约束作用；渗流场可影响冻结缘水热迁移，从而决定冻结活跃区的水分补给。通过研究上述两个关键环节，对揭示岩体冻融损伤机理，预防控制寒区工程岩体冻害具有十分重要的意义。

另外，在岩土工程施工中，时常需对围岩进行降温冻结的特殊地质处置方式，如煤矿井筒冻结法施工。当井筒穿越深厚表土层或软弱基岩时，冻结法是一种有效的施工方法。冻结法施工技术在国际上被广泛应用于城市建设和煤矿建设中，已有 100 多年的历史，我国采用冻结法施工技术至今已有 40 多年的历史，主要用于煤矿井筒开挖施工，其中冻结最大深度达 435 m，冻结表土层最大厚度达 375 m（姚直书 等，2010；吴刚 等，2006；崔托维奇，1985）。

液化天然气（liquefied natural gas，LNG）和液化石油气（liquefied petroleum gas，LPG）的地下储存是未来地下储库的一个发展方向（李云鹏 等，2010）。我国是能源消耗大国，基本能源消费占世界总消费量的 1/10。但我国人均能源可采储量远低于世界平均水平。一个国家或地区的能源安全程度取决于其经济发展和社会进步对能源的需求及能源资源的储备情况。因此，能源储备是国家能源安全的重要保障。液化天然气是在常压下将天然气通过一定的制冷循环冷却到−162℃左右变为液体，其体积约为常温常压下气态天然气的 1/600。与地上储罐式储存方式相比，地下储存具有环保安全、节省地面资源，以及避免火灾、雷击等自然灾害的优势，是目前国际能源储备的重大发展趋势（徐彬，2008）。液化天然气地下储存需通过人工降温的方式，必然对储气库围岩产生显著影响，因而需要低温岩体力学理论的支持。因此，冻岩问题的研究对低温液化天然气储气库的设计、施工及稳定运营都具有极为重要的意义。

随着我国“一带一路”倡议的提出与实施，其中涉及高铁建设里程近 3 万公里，由于高铁设计时速高达 400 km/h 以上，引起隧道出入口以内的岩体部分也会发生冻融循环作用，而隧道内部围岩与衬砌体常年经历冻融循环作用会发生开裂、强度弱化，岩体裂隙中的水冰相变过程会进一步加剧围岩的损伤，从而威胁高铁运行安全。然而当前对寒区岩体，尤其是裂隙岩体的冻融损伤问题的研究较少，对岩体冻融损伤机理认识尚不清楚。从本质上讲岩体的冻融损伤是低温热水力（THM）耦合作用过程的结果，但当前对岩体低温 THM 耦合作用机理认识还不足，尤其是关键耦合参数（未冻水含量、冻胀力、等效热传导系数等）随冻结温度的变化规律还无法通过试验获得。因此，研究低温裂隙岩体多场耦合过程和冻融损伤机理，对解决寒区岩体工程冻害具有长远的战略意义。

1.2 国内外研究现状

寒区岩土工程问题可分为冻土问题与冻岩问题，广义的冻土包含冻岩。冻岩与冻土有着紧密的联系，但同时存在鲜明的差异。冻土是一种多成分的分散相颗粒体系，一般可视为松散介质，孔隙度较高，冻结产生的冰晶具有较强的流变特性，冻胀融缩作用对其影响十分显著。而冻岩由岩块和大量的不连续结构面构成，如裂隙、节理、孔洞等，岩体的冻融损伤主要表现为裂隙的扩展和贯通。早期的寒区岩土工程研究多集中在冻土力学。目前关于冻土的研究较多，且理论相对成熟，而对冻岩问题的研究相对薄弱。对冻岩问题的研究可大体归纳为冻岩物理力学性质、相变过程、低温 THM 耦合、冻融损伤模型及数值分析等。

1.2.1 冻结岩石的力学性质

多年来，不少科研工作者通过试验对低温环境下的岩石力学性质变化进行了研究。人们意识到裂隙中冰的产生改变了岩体的结构，引起岩体弹性模量、强度、导热性等物理力学性质的变化（唐明明 等，2010；刘成禹 等，2005）。Kostromitinov 等（1974）测试了不同冻结温度下各种岩样的冻结强度，分析了尺寸对冻岩强度的影响。Inada 等通过单轴压缩和拉伸试验证明所测试的干燥和饱和岩样的抗拉、抗压强度均随温度降低而增加，还研究了岩石的冻胀应变与波速、冻结弹性模量与温度的关系（Inada et al., 1984）。Aoki 等（1990）在−160℃低温下对多种岩石的力学及热学参数进行了测试，结果表明含水岩样的抗拉强度和弹性模量均随温度降低而增加，热传导系数随温度降低而升高，热膨胀系数随温度降低而降低；进行了 300 次−45～15℃的冻融循环，表明冻融循环后有效孔隙率增加，波速减小，抗拉强度下降 10%～20%。Yambae 等（2001）进行了岩石一次冻融循环热膨胀应变测试试验，并进行了不同温度下单轴压缩试验及不同围压下三轴压缩试验，发现在一次冻融循环时，干燥岩样的轴向变形为弹性变形，而饱和岩样则发生了塑性变形。何国梁等（2004）测试对比了冻融循环条件下干燥和饱和岩样的质量和超声纵波波速，验证了因冻融裂隙扩展导致的纵波波速下降。徐光苗等（2006）通过试验证明，温度在−20～20℃变化时，所测干燥和饱和岩石的单轴抗压强度和弹性模量都随温度降低而增加；在−10～20℃变化时，岩石的黏聚力（c）和内摩擦系数（φ）都随温度降低而增加；

还验证了两种干燥和饱和岩样在温度−5℃降至−10℃时导热系数均增大，且温度相同时饱和岩石的导热系数比干燥岩石大得多。Yoneda 等（2008）通过冻融损伤试验证明，注浆方法对提高岩体持久抵抗冻害能力有显著的效果，提供了防治岩体冻害的有效途径。杨更社等（2010）对煤岩和砂岩进行了常温（20℃）和不同冻结温度及不同围压条件下的三轴压缩试验，分析了围压与冻结温度对岩样三轴抗压强度的影响。

裂隙对岩体的力学性质有十分重要的影响，岩体冻融损伤的重要表现形式为裂隙的扩展和贯通。因试验条件和理论基础等方面的约束，关于冻融条件下裂隙受力状态及扩展等方面的研究较少。Matsuoka（1995）通过试验研究了含人工裂隙（2 mm×43 mm×68 mm）的花岗岩试块（95 mm×68 mm×77 mm）的冻融损伤问题。他将裂隙内充满水，逐步降温至−15℃。结果表明，在−1～0℃，裂隙隙宽膨胀最快，低于−2℃后：降温对裂隙的扩张作用甚微，分析为低于−2℃时冰收缩范围比岩石大。

从以上的研究成果来看，室内试验都证明冻结状态下岩石的物理力学性质发生了显著的变化，这种变化不仅与冻结状态相关，而且与岩石自身的性质有紧密联系。与常温相比，冻结状态下岩石的强度、弹性模量、导热系数都有增大的趋势，且受含水率影响明显。

1.2.2　冻岩水冰相变问题

诱发岩体工程冻融损伤破坏的重要因素是岩体中水分相变产生的冻胀融缩作用。裂隙中水冰相变是冻岩损伤的主导因素，也是冻岩问题的重要特征。因此，冻岩与冻土中的水冰相变问题一直备受研究者的关注。

1、冻结缘

冻结缘的概念是由 Miller（1972）提出的，最初运用于冻土的研究，被认为是存在于冻结锋面与最暖冰透镜底面之间的一个低含水量、低导湿率的无冻胀区域。Walder 等（1985）提出了冻岩内的冻结缘水分迁移及透镜体增长模式，如图 1.3 所示。

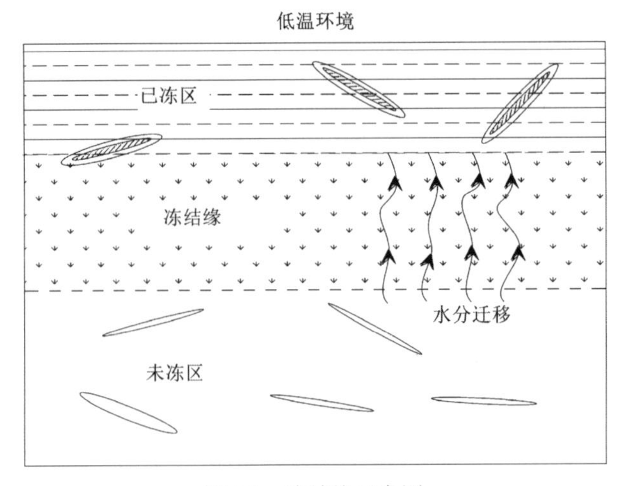

图 1.3　冻结缘示意图

Konrad 等（1993，1981）研究了冻结缘的厚度，提出分凝势的概念。Akagawa（1988）研究了冻结缘的结构特征、冰分凝增长速度及其影响因素。徐学祖等（1995）通过边界温度恒定的岩盘冻胀试验指出冻结缘的厚度取决于冻结速度，且具有随冻结历时增大、恒定和减小的三种模式。李萍等（1999）利用图像数字化技术反演分析了冻结缘和分凝冰的厚度和位置。Vlahou 等（2010）假定孔隙中的冰晶沿各向均匀对称增长，分析证明，若岩石的渗透系数很低，当孔隙中的水结冰膨胀时会就产生很大的压力，但对渗透性系数大的岩石，因孔隙中水分随冻结过程发生迁移，导致冻胀力大大减弱。Vlahou（2010）还认为岩石对孔隙水的压力降低了冰点。该理论对饱和冻结岩体的水分迁移适用性较好，但对非饱和冻结裂隙岩体的水分迁移模式的适用性存在一定欠缺。

冻结缘对冻结锋面水分补给和热迁移有重要影响。因裂隙网络的复杂性，岩体中的冻结过程更为复杂，冻结锋线附近的水分迁移是一个值得深入研究的问题。冻结锋线迁移是冻结缘迁移的标志，锋线迁移方向与裂隙面的位置关系不同可导致冻胀效果不同。冻结锋线与裂隙面的关系如图 1.4 所示（以正交和平行为例）（Hall，1986）。

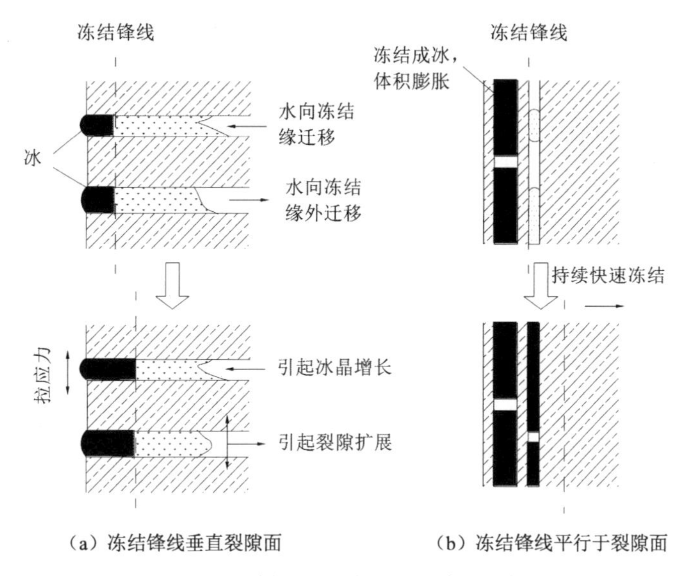

图 1.4 冻结锋线与裂隙面关系的示意图

如图 1.4（a）所示，当锋线与裂隙面垂直时，冰晶增长过程体积膨胀，若裂隙饱和，则在裂隙内产生水压梯度，可造成水分向远离冻结缘方向迁移；若裂隙非饱和，则结晶过程吸附水分，吸附势起主导作用，水分向冻结缘方向迁移。此过程可描述为开放系统冻结。如图 1.4（b）所示，锋线与裂隙面平行时，随着锋线迁移，裂隙内的水分基本不发生迁移，随着温度降低，裂隙水分迅速冻结，产生冻胀力。此过程可描述为闭合系统冻结。实际裂隙与冻结锋线有一定夹角，可通过三角函数坐标转换方式加以描述。

2、冻融条件与冻胀力

冻胀力是水冰相变产生体积膨胀受到束缚而产生的压力，是引起岩体冻融损伤的重要因素。冻胀力的形成是受冻结温度、冻结速率、冻融循环次数等多种冻融条件影响的

(Kolaian et al., 1963)。目前已有不少学者通过试验和理论方法对不同冻融条件下的冻胀力进行了研究。20 世纪 70～80 年代，日本学者对寒冷地区隧道的调查分析结果表明，冻胀力是寒冷地区隧道变形破坏的外力根源（张全胜，2006)。

1）冻结温度

Winkler（1968）通过试验证明：若保持孔隙体积不变，孔隙冰在−5℃、−10℃、−20℃时的膨胀压力分别达到 61 Mpa、133 Mpa、211.5 MPa，认为岩体受外荷载越大，内部产生的冻胀力也越大。赖远明等（1999a）利用弹性与黏弹性对应原理导出了寒区隧道衬砌−正冻围岩−未冻围岩系统的冻胀力在拉氏象空间中的有关算式，并采用数值逆变换的方法，求得了寒区隧道的冻胀力和衬砌应力。李宁等（2001）通过在砂岩样中预制裂隙的方法来模拟实际裂隙岩体，借助中低频率动循环加载和常规加载试验，发现在每级加载低周次循环荷载作用下，冻结裂隙砂岩样会产生明显的疲劳，并且该疲劳特性与砂岩冻结与否、有无裂隙等条件有密切关系，但未通过理论做具体分析。Seto（2010）通过长期监测日本中部边坡岩体和空气的温度，揭示了岩体冻融环境的影响，认为可把测试当地每年冻融周期划分为无冻期、每日一次冻融循环期、持久冻结期等阶段，但该研究成果难以适用于极地、高原等常年冻结区。

含水率对冻融损伤也有重要影响（Anderson et al., 1972)。王俐等（2006）通过红砂岩冻融循环扫描试验认为，对于初始损伤相同的岩石，初始饱水状态将决定冻融循环对其损伤扩展的影响程度。Chen 等（2004）测试了不同初始含水率的岩样在一次冻融循环后的单轴抗压强度，如图 1.5 所示。其研究成果表明，当初始含水率低于 60%时，一次冻融循环过程对单轴抗压强度几乎没有影响，但当初始含水率高于 70%时，一次冻融循环后单轴抗压强度明显降低，高于 80%时，单轴抗压强度剧烈降低。

冻融循环周期的长短也会对冻融损伤产生一定影响。Matsuoka（2001）通过现场监测冻结砂岩岩体在 3 年内的裂隙宽度与温度的变化，证明在春季和秋季裂隙扩展最为活跃，他认为此现象是春季和秋季的冻融循环周期较短造成的，如图 1.6 所示。

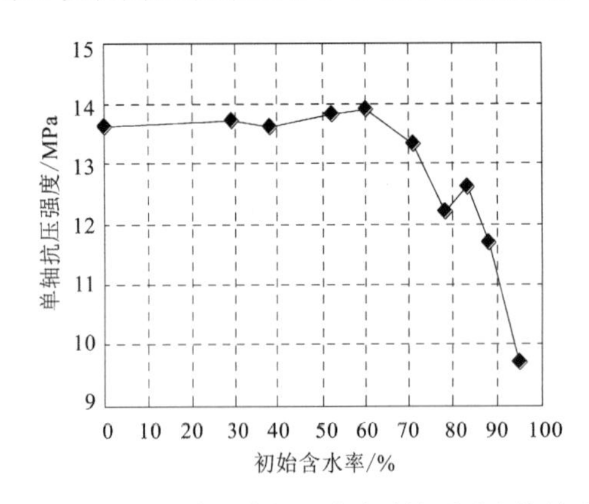

图 1.5　初始含水率与一次冻融抗压强度的关系

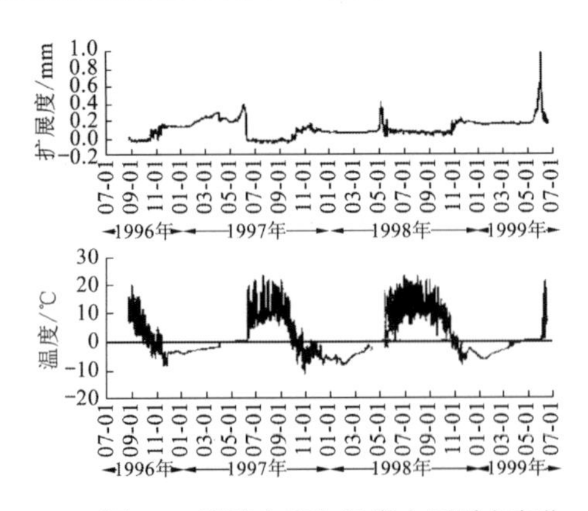

图 1.6　裂隙宽度与温度实测瞬态变化

此外，范磊等（2007）根据硬岩隧道冻胀力产生机理推导冻胀力公式，认为衬砌所受冻胀力服从正态分布，采用半公式半经验法计算冻胀力量值。杨更社等（2010）通过三向受力条件下煤岩和砂岩冻结力学特性试验认为，岩石强度随温度降低而增大的主要原因是岩石冻结时矿物收缩，冰的强度和冻胀力提高了富水岩石的峰值强度。仇文革等（2010）通过模型试验法研究了隧道衬砌所受冻胀力的量值和分布规律，结果表明冻结深度越大则冻胀力越大，顶端约束越强，冻胀力越大。Hui 等（2011）通过试验测试了含不同盐分与水分的土壤的冰点，结果表明土的冰点随着含盐量的增加而降低，随着含水量的增加而升高。含水率为 0～50%，盐分（NaCl）质量分数为 0～5%的土壤冰点拟合曲线如图 1.7 所示。

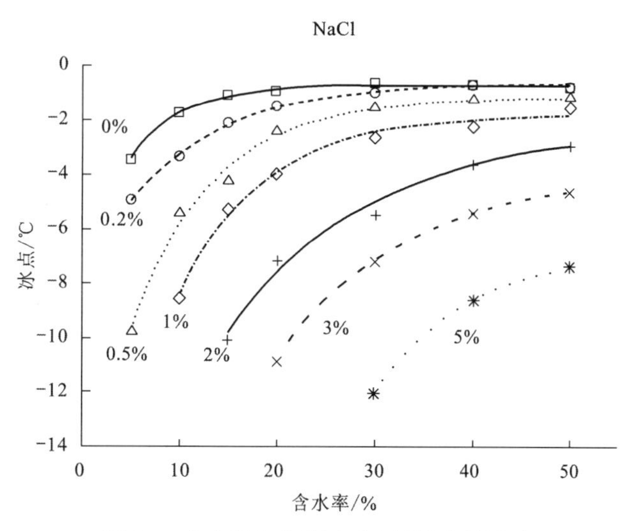

图 1.7 含水率与含盐量对土壤冰点的影响

2）冻结速率

冻结速率表征岩体温度降低的快慢，是影响岩体冻胀效应的重要因素之一。冻结速率可影响冻结缘的水分补给。当温度降低过慢（冻结速率较低）时，非饱和岩体会产生明显的冻胀效应，因为慢速冻结的分凝势驱动力使得冻结缘外部水源有充分时间补给水分；但当冻结速率较快时，只有当岩体初始含水率达 80%以上，或有较近的短程水源补给时才会发生明显的冻胀效应（Matsuoka，2001）。杨更社等（2004a）通过研究冻结速度对三种不同岩石损伤 CT 数变化规律的影响，指出冻结速度对于岩石强度较高、空隙（孔隙和裂隙）贯通程度较低的硬岩影响最大，冻结后岩石整体上密度增大，且增大的程度与冻结速度的快慢成反比。

3）冻融循环次数及孔隙度

冻融循环次数一定程度上可以反映岩体的冻融损伤历史。大量室内试验已经证明，冻融循环次数对于岩体的冻融风化具有重要的影响。岩体的初始孔隙度不同，则其对冻融作用的敏感程度也不相同。Matsuoka（1990）通过测试几种不同孔隙度的岩样在经历不同冻融循环次数后的纵波波速证明，孔隙度高的岩石对冻融循环次数的反应更为灵敏，如图 1.8 所示。

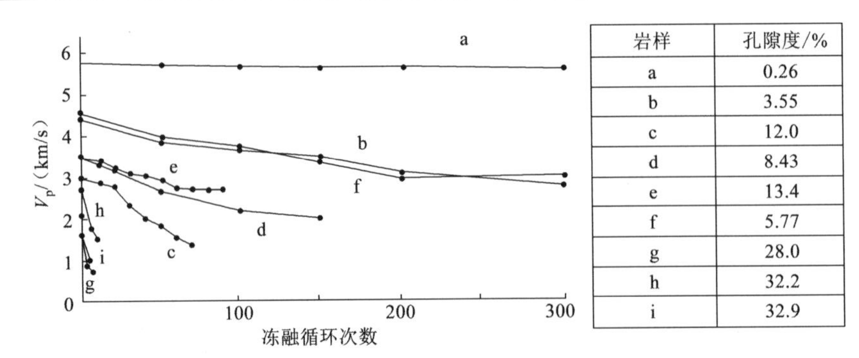

岩样	孔隙度/%
a	0.26
b	3.55
c	12.0
d	8.43
e	13.4
f	5.77
g	28.0
h	32.2
i	32.9

图 1.8　不同冻融循环周期后纵波波速衰减示意图

Ruiz 等（1999）对白云岩进行了−15℃和−10℃下的冻融循环试验，对经历不同冻融循环次数后的岩样进行了 CT 扫描，发现冻融 7 次后岩样出现碎块，冻融 12 次后裂隙贯通导致岩样破坏。徐光苗等（2005）通过试验得出了两种岩石（砂岩和页岩）单轴抗压强度随不同冻融循环次数的变化规律，两种岩石的单轴抗压强度均随冻融循环次数的增加而降低，如图 1.9 所示。

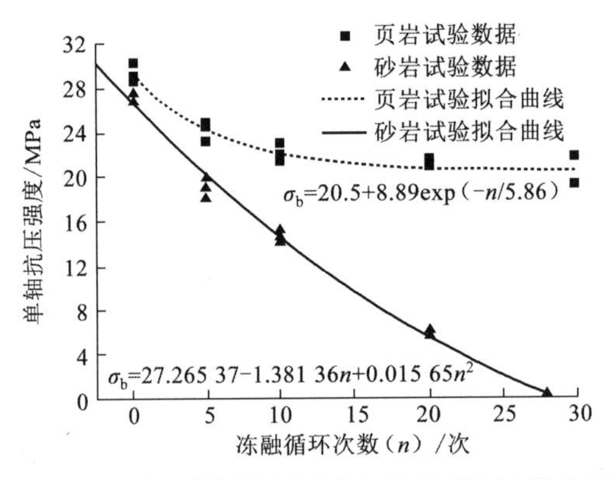

图 1.9　两种岩石单轴抗压强度与冻融循环次数的关系

谭贤君（2010）通过试验证明，随着冻融循环次数的增加，岩石试样的黏聚力与抗压强度均出现衰减趋势，如图 1.10 和图 1.11 所示。

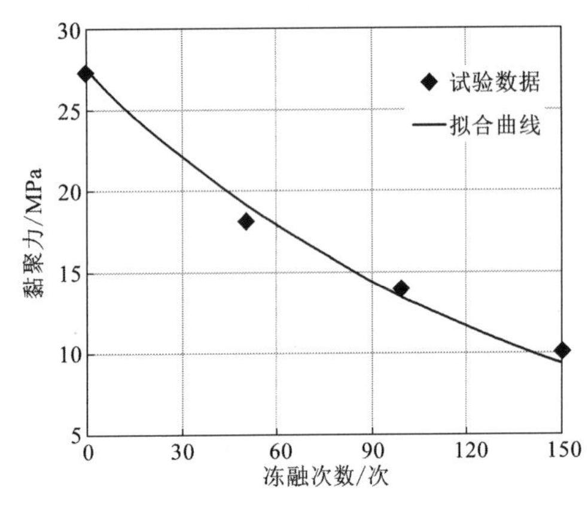

图 1.10　黏聚力与冻融次数的关系

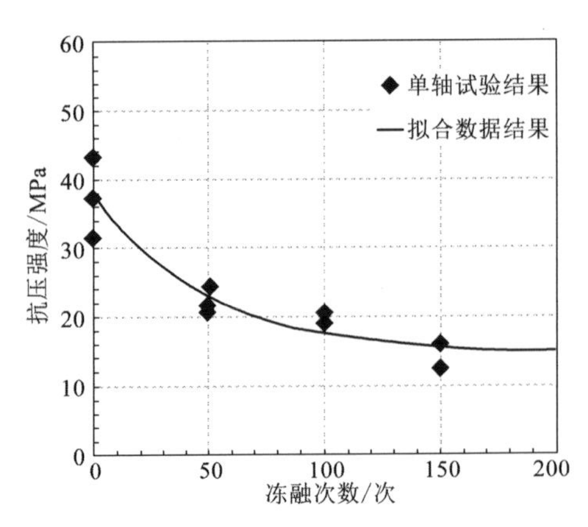

图 1.11　抗压强度与冻融次数的关系

冻结活跃带的相变过程是冻岩问题的研究重点。前人在试验和理论上做了大量工作，也取得了一定的成果。但是因相变涉及因素众多，过程复杂，此方面的研究存在争议。

1.2.3 冻融变形与冻融损伤特性

当前，国内外关于低温岩石冻融损伤的研究主要包括室内冻融循环试验和冻融损伤模型两个方面。工程岩体的冻融损伤主要是指岩体在正温和负温（冻结点以下）交替作用下引起岩体孔裂隙中水冰相变、体积膨胀，岩体中裂隙扩展和孔隙扩张的不可逆变形过程。周科平等（2012）利用核磁共振技术对选自寒区的花岗岩进行了冻融循环下的岩体孔隙结构测试，结果表明在经历了10次、20次、30次和40次冻融循环后岩石孔隙率分别增大了14.0%、0.9%、16.2%和1.6%。蔡承政等（2014）通过在极低温（−195.56～−180.44℃）的液氮中进行岩体冻融试验研究指出，岩体初始孔隙度越大、饱和度越高冻融损伤程度越大，饱和的砂岩表面出现了明显裂纹。说明饱和岩石经历冻融循环的确会引起岩体结构损伤，从而导致其物理力学性能弱化。

迄今为止，国内外学者对各类岩石进行了大量的冻融循环试验研究，随着冻融循环次数的增加，岩石的物理力学参数都出现了不同程度的弱化。为了获取岩石冻融损伤前后的物理力学参数变化规律，根据试验方法的不同可分为针对物理参数变化进行的无损监测和针对力学参数变化进行的具有二次损伤的力学试验。其中无损监测主要包括孔隙率、波速、质量、CT扫描及核磁共振测试。力学试验以不同冻融循环次数下的单轴、三轴压缩试验，单轴拉伸试验和点荷载试验为主。

对于冻融循环过程中的无损监测方面。在国内，吴刚等（2006）较早地对饱水和干燥大理岩冻融循环前后的质量、体积、超声波波速及声发射信号等物理参数进行了全面的监测和归纳分析；贾海梁等（2013）将砂岩冻融循环作用当作低周疲劳荷载，基于单轴拉伸疲劳损伤理论，以孔隙率的变化为损伤指标建立了砂岩冻融循环损伤演化方程；Luo等（2014）进行了不同冻融循环次数下辉绿岩P波波速和质量变化测试；杨更社等（2004b，2002）和张全胜等（2003）在国内较早提出了利用CT扫描技术对岩石冻融损伤过程进行研究，并利用CT数定义了损伤变量；李杰林等（2012）近几年利用核磁共振技术对冻融循环下岩石损伤过程中的成像和孔隙率变化进行了深入的分析，为冻融损伤量化研究提供了新的手段。在国外，Matsuoka（1990）较早地进行了岩石冻融循环过程中的P波波速测试，利用P波波速定义了岩石的冻胀碎裂速率，岩石的初始孔隙率、单轴抗拉强度和比表面积对岩石冻融损伤程度都有一定程度的影响；Remy等（1994）对石灰岩在冻融循环过程中的P波波速损失和波速衰减质量因子进行了分析，认为微裂隙的出现和原有裂纹扩展是引起波速降低的主要原因；Takarli等（2008）对干燥和饱和花岗岩分别进行了不同冻融循环次数下的P波波速测试，波速随着冻融循环次数增加而降低。

在力学试验方面，徐光苗等（2005）进行了不同岩石冻融循环下的单轴压缩力学试验，并得到了岩石的单轴抗压强度、弹性模量随循环次数增加而降低的拟合关系式；张慧梅等（2012）将经历不同冻融循环次数后的红砂岩和页岩进行了抗拉试验研究，并指出岩石的抗拉强度对冻融循环更加敏感；Tan 等（2001）开展了花岗岩冻融循环前后不同围岩下的三轴压缩试验，岩石的弹性模量受到冻融循环次数和围压的共同影响。

总体看来，冻融循环试验是国内外学者开展岩体冻融劣化损伤研究的主要手段，一般结合不同冻融循环次数下的物理参数测试和力学试验利用相关物理力学参数来定义冻融损伤变量。通过对现有研究成果分析发现，以往所建立的冻融损伤变量主要有以下几个特点：①物理参数中以单参数为主，测试简单，需要试样较少，但却往往不能全面反映岩体经历的冻融损伤过程；②力学参数中以静弹性模量定义损伤变量为主，能直接反映岩体的力学强度弱化，但需要大量试样进行不同循环次数下的力学试验，且受试验条件影响较大，不能客观地反映岩石的冻融损伤过程；③损伤变量以试验数据拟合为主，无法反映岩石冻融损伤的内在机制与所选取物理量的一般变化规律。为了建立一个参数容易获取而又客观的冻融损伤评价模型，在本书第 5 章以孔隙率和 P 波波速为参变量推导出了统一的损伤变量表达形式，该损伤变量考虑了双物理参数的影响；充分考虑岩体冻融过程中的受力特征，将冻胀力等效为岩体表面的三轴拉伸应力，基于三向等效拉应力建立了岩体冻融疲劳损伤模型，并利用得到的冻融疲劳损伤模型对不同冻融循环次数下岩石的单轴抗压强度进行了成功的预测。

1.2.4 低温 THM 耦合过程

岩体的冻融损伤涉及低温环境下复杂的温度场、渗流场和应力场的耦合问题。因水冰相变的参与，低温 THM 耦合机制与常温岩体存在显著区别。低温 THM 耦合过程可大致归纳如下（正温为冰点温度以上，负温为冰点温度以下）。

如图 1.12 所示，低温 THM 耦合与常温、高温多场耦合的重要区别在于水冰相变的参与，当温度高于冰点时，低温 THM 耦合作用机制与常温相同。但当温度低至冰点时，岩体中的部分水结冰发生相变。相变过程对温度场的影响在于相变潜热释放影响温度场；对应力场的影响在于水结冰体积膨胀产生冻胀力，产生附加应力场；对渗流场的影响在于结冰造成裂隙网络渗流系数降低，并会产生分凝势而影响水分迁移。

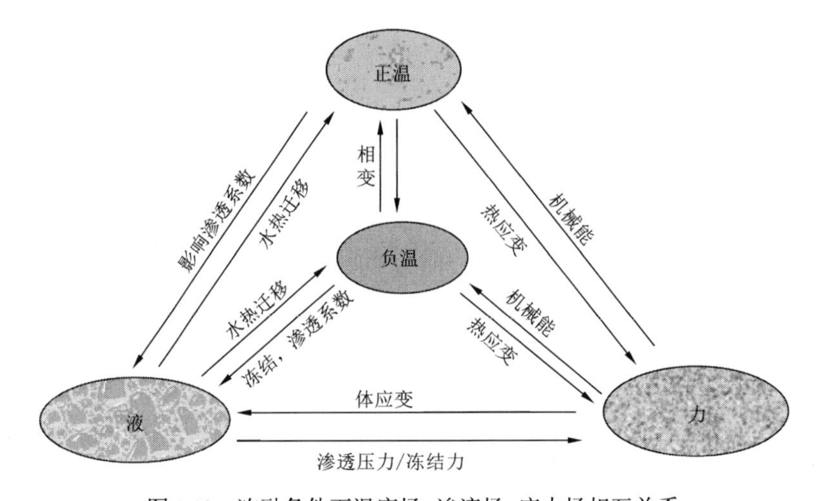

图 1.12 冻融条件下温度场、渗流场、应力场相互关系

相变热平衡主要考虑热传导、水冰相变潜热、热对流三种形式，得相变热平衡方程为

$$C\frac{\partial T}{\partial t}+\nabla\cdot(-\lambda\nabla T)+L\rho_{\mathrm{i}}\frac{\partial\theta_{\mathrm{i}}}{\partial t}+C_{\mathrm{w}}\rho_{\mathrm{w}}T\nabla\cdot(K\nabla_{\psi})=0 \tag{1.1}$$

式中：C 为等效体积比热容；T 为系统温度；λ 为岩体等效导热系数，冻岩和未冻岩取值不同；θ_{i} 为冰体积含量；ρ_{i} 为冰容重；C_{w} 为水的体积比热容；K 为等效渗透系数；L 为水冰相变潜热系数；ρ_{w} 为水的密度；∇_{ψ} 为水势梯度。

水热迁移也是影响水冰相变的重要环节，主要涉及渗流场与温度场。几十年来，不少科研工作者对水热迁移的驱动力等问题进行了研究。Penner（1959）根据毛细理论，认为冻结过程中的水分迁移是由水冰界面处产生的毛细吸力造成的，并指出骨架颗粒的大小是影响介质冻胀率大小的最关键的因素。Eveertt（1961）提出第一冻胀理论，把水分迁移归结为毛细作用，解释了水分迁移的原动力，但没有解释造成冻胀的最主要原因。Miller（1972）在其第二冻胀理论中提出，冻结缘带位于冻结锋面和最暖冰透镜之间，冻结缘处水分不断分凝成冰是造成冻胀的主要原因。Konrad 等（1982）认为冻结过程中水分迁移的主要动力是分凝势，水分迁移速率为

$$V_0=\mathrm{SP}_0(\nabla T)$$

式中：V_0 为水分迁移速率；SP_0 为分凝势；T 为温度。

李萍等（1999）通过图像数字化技术证明：在给定的试验条件下，冰分凝速度随试验持续时间呈幂函数形式减缓，冰分凝温度在试验初期随冻深快速推移而降低，随后因冻结区长度增加削减了温度梯度，冰分凝温度又逐渐升高并稳定下来，并指出冻结缘导湿系数随试验历时呈指数形式减小。冰的分凝温度、位置与试验历时的关系曲线如图 1.13 所示。

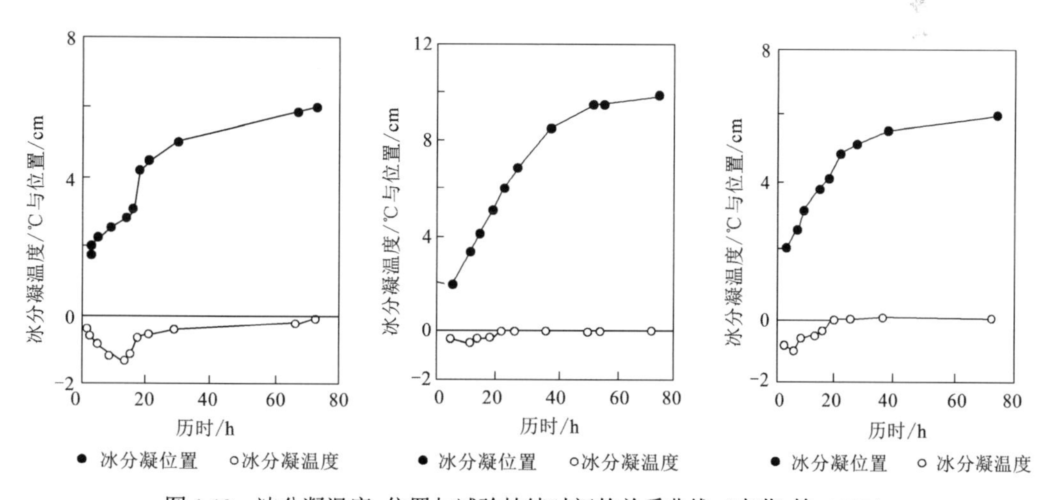

图 1.13 冰分凝温度、位置与试验持续时间的关系曲线（李萍 等，1999）

徐光苗等（2004）基于不可逆热力学和连续介质力学理论，推导了冻结岩体的质量守恒方程、平衡方程及能量守恒方程，研究了冻结冰与岩石的膨胀耦合关系。杨更社等（2006）通过试验证明温度梯度是水分迁移的主要驱动力，当温度梯度越大时，水分场则

越快达到重新分布状态，孔隙率越高，则冻结过程越长。刘泉声等（2011b）考虑温度对冻结率的影响，采用等效热膨胀系数法模拟冻胀荷载，建立单裂隙冻胀热–力耦合模型，并通过 FISH 程序得出冻胀作用下裂隙附近应力场分布，并与理论值进行对比。Huang 等（2018）考虑耦合参数变化，研究了低温岩体 THM 耦合机制。

综上所述，关于水分迁移的驱动力问题，研究者分别从热力学、物理化学等角度提出了不同的假说。概括起来，岩体水分迁移机制可分为直接迁移和间接迁移。直接迁移是水头势造成的渗流，多数符合层流假定及达西定律；间接迁移一般包括温度梯度、溶质梯度等作用下的水分迁移。通常认为温度梯度是正冻带中水分迁移的主要驱动力。通常可用基于平衡态热力学原理描述温度与压力之间相互关系的克拉佩龙方程描述（杨更社等，2006a）

$$V_{\mathrm{w}}(P_{\mathrm{w}}-\pi)-V_{\mathrm{i}}P_{\mathrm{i}}=L(T-T_0)/T_0 \tag{1.2}$$

式中：V_{w} 和 V_{i} 分别为水和冰的比容；P_{w} 为液相静水压力；π 为溶质渗透压力；P_{i} 为冰所承受的压力；L 为相变潜热系数；T_0 为纯水冻结温度；T 为岩体中水溶液的冻结温度。

低温与常温多场耦合问题的主要区别在于是否存在水冰相变过程。冻岩与冻土损伤的主要区别是相变作用造成岩体裂隙的扩展。目前冻岩多场耦合研究存在的主要问题是多把岩体视为各向同性的孔隙介质，并直接运用冻土力学理论，并没有充分考虑裂隙（节理）的作用。

1.2.5 岩体冻融数值分析

基于 Miller 的第二冻胀理论，O′ Neill 等（1985）首先提出刚冰模型（rigid ice model），认为孔隙水和孔隙冰之间的应力分布存在一个合适的比例，当有效孔隙应力达到或超过上覆荷载时，新的冰透镜体形成，认为冻结缘中的冰与正在生长的冰透镜体是刚性连接的，孔隙冰可在冻胀时通过微观重新冻结作用在冻土中迁移。Holden 等（1983）和 Piper 等（1988）相继改进了刚冰模型；Ishizaki 等（1988）基于刚冰模型，通过试验解释了分凝冰的形成过程；Gorelik 等（1998）分析了刚冰模型解的特性；Walder 等（1985）根据断裂力学和相关土体力学理论，考虑了材料性质（弹性模量、断裂韧性、裂纹尺寸等）和冻结条件（温度、水压力等）对冻融损伤的影响，提出了一个岩石被裂纹内生长的冰晶破坏的数学模型，认为裂纹的不断扩展是水分不断迁移到有冰的裂隙内，导致裂纹逐渐扩展。

Davidson 等（1985）做了一个在岩石裂缝中测试由于水分冻结在裂隙面上产生压力的光弹试验，冻结温度为–17℃，冻结方向由裂缝开口处指向端部（图 1.14（a））。证明壁面的变形并不能完全抵消水相变成冰产生的体积膨胀，狭缝内已形成的冰塞能提供一定的沿壁面切向的摩擦力，而岩石的渗透性很差，因而推测冻结最终有两种结果：①冰塞摩擦力不够大，狭缝内部的水压力会逐渐增大，随着冰晶增长，冰塞最终被挤出狭缝，这已由试验结果证实；②冰塞能提供足够大的摩擦力而导致水压一直增大，直至裂缝开裂。实测的裂缝体积膨胀产生的压力达到 1.1 MPa，已超出了很多岩石的抗拉强度。冻结 2 h 后裂缝内的压力分布如图 1.14（b）所示。

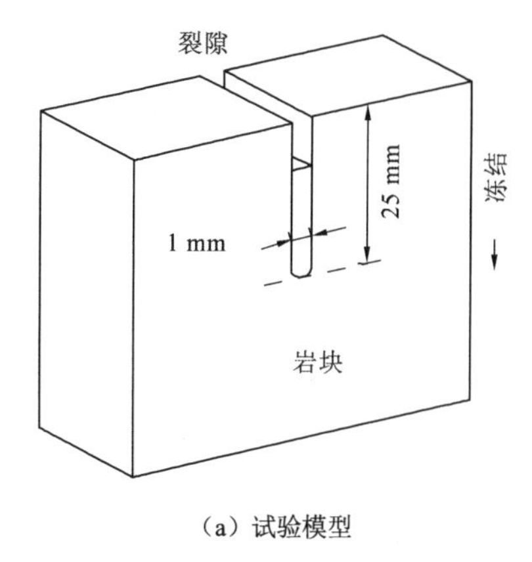

(a) 试验模型

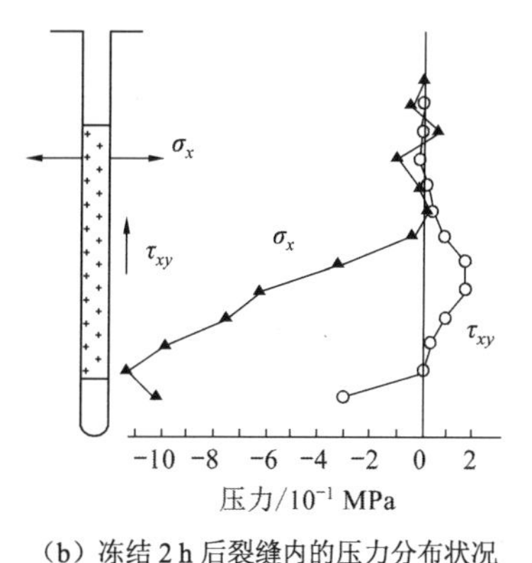

(b) 冻结 2 h 后裂缝内的压力分布状况

图 1.14 裂缝冻结光弹效应试验

盛煜等（1996）根据冻结状态的差异将围岩与支护体划分为衬砌、正冻围岩和未冻围岩三个弹性区，假定各分区满足轴对称平面应变问题假设，分区界面上的冻胀力满足连续性方程，获得了冻胀力的弹性解析解。赖远明等（1999b）运用经典渗流力学和传热学原理推导了寒区隧道围岩二维 HM 耦合及 THM 耦合的控制方程，编制了有限元计算程序。裴捷等（2004）根据实测隧道围岩温度，采用一维热传导模型，古典显式差分格式和最小二乘法，对寒区隧道围岩的导温系数进行了反分析，并用解析方法和数值计算分析了隧道衬砌内防水层对隧道围岩冻深的影响。王星华等（2006）引入移动边界模型，采用有限元方法计算，得出隧道冻融区的变化规律。张玉军（2009b）考虑水冰潜热的影响，并对 THM 耦合模型及二维有限元程序做了改进，对岩土体冻融问题进行了分析。张慧梅等（2010）提出冻融损伤、受荷损伤与总损伤的概念，并考虑岩石细观的非均匀性，运用损伤力学理论及应变等价原理建立了冻融受荷岩石损伤模型。邓刚等（2010）提出了冻胀压力类似于气体压力的约束冻胀模型，认为增加衬砌刚度是提高抗冻能力的有效措施。

综上，目前国内外对冻岩问题的研究尚未成熟，很多研究停留在试验探索阶段。岩体冻融损伤的重要表现是岩体内裂隙的扩展贯通及网络的演化，目前从冻胀裂隙扩展方面研究冻融损伤的报道十分罕见（杨更社 等，2018）。对冻岩损伤机理的研究应立足细观尺度，分析冻胀裂隙的起裂扩展准则及贯通机制，进而延伸至冻融作用对岩体裂隙网络发展的影响，从而从本质上揭示冻岩损伤机理，而目前鲜有此方面的研究。

1.3 研究现状的不足

综合以上对研究现状的总结，目前对冻岩问题的研究主要存在以下不足之处。

（1）以往的研究多将冻融工程岩体视为等效多孔介质，很难突出冻岩与冻土的区别，很多研究甚至直接引用冻土相关理论，造成“冻岩冻土化”的现象，由此对岩体冻融损伤机制的研究具有很强的局限性。岩体冻融损伤主要表现为冻胀作用下裂隙的扩展贯通。因此，充分考虑裂隙的扩展贯通及网络演化才能揭示冻融损伤机理。

（2）试验方面，对低温岩石力学特性的研究已十分充足，多数试验验证的结论基本一致，表明含水岩石冻结后的抗压强度、弹性模量、内聚力及内摩擦系数等力学参数与常温相比都显著增加。但是，针对岩石冻胀应变特征的试验研究相对较少。含水岩石的冻胀融缩变形受冻胀荷载及岩石骨架热胀冷缩变形等多重因素的影响，是一个十分复杂的过程。在分析岩体冻融损伤及低温工程岩体稳定性时，需要依据严格的冻胀变形规律。因而有必要通过试验揭示冻胀变形特征，从而为冻融损伤研究提供基础。

（3）对裂隙岩体冻胀本构模型的研究不足。含水岩体在冻胀荷载作用下的变形特征与常温状态相比发生了显著变化，同时表现为物理力学性质的改变，以及温度变化产生的冻胀变形。现有的力学本构模型难以准确反映冻胀融缩效应。因而，有必要研究一种准确揭示低温岩石冻胀变形特征的本构模型。

（4）冻融损伤的本质是岩体内部裂隙扩展贯通，造成岩体裂化，而目前鲜有通过裂隙扩展研究冻融损伤的报道。裂隙扩展问题是近年的研究热点，格里菲斯（Griffith）断裂力学理论在岩体裂隙扩展的研究中得以广泛运用，也取得了很大进展，但是国内外对冻岩裂隙的扩展问题也非常少见。数值仿真的难度及冻胀裂隙扩展算法的不成熟都束缚着岩体冻融损伤研究的进展。因而有必要研究冻胀荷载下裂隙岩体的起裂扩展准则、贯通机制，以及具有较强适用性的冻胀裂隙网络演化扩展算法。

1.4　研究内容

针对前文分析，具体研究内容详述如下。

（1）岩石低温力学性质试验。通过室内试验研究岩石低温力学性质及冻胀变形特征。

（2）冻岩相变理论。基于水冰相变平衡物态方程，得出相变冰点与压力的关系，并研究冻结率函数。研究模拟含裂隙中水冰相变产生的冻胀融缩效应的方法，并分析冻结过程中的水热迁移机制。

（3）冻胀本构模型及其二次开发。参照岩石冻胀变形试验结论和相变理论，分析岩石冻胀本构方程，建立冻胀本构模型。基于 VC++语言，通过 Visual Studio 2005 开发出能导入 FLAC 3D 的链接库文件（.dll)，并通过算例进行 UDM 验证。

（4）裂隙岩体低温 THM 耦合研究。基于双重孔隙介质理论，考虑相变的参与，推导裂隙岩体低温 THM 耦合条件下的应力平衡方程、水–冰系统连续性方程及能量守恒方程；研究冻结过程对渗透系数、弹性模量等力学参数的影响及其数值实现方法。

（5）冻融损伤及冻胀裂隙扩展准则。基于脆性断裂力学等理论，运用 Griffith 应力强度因子，分析冻胀荷载作用下夹冰裂隙的起裂扩展准则，分析冻胀裂纹的扩展角及扩展长度。研究一种适合冻岩裂隙网络扩展演化的算法，并进行数值实现。

（6）工程应用。采用以上研究成果，对典型寒区岩土工程进行案例分析。

第2章　低温作用下的岩石力学特性

2.1　引　　言

人们对常温及高温条件下岩石物理力学性质已经有比较深入的了解，并做了很多相关理论和试验方面的研究工作，而对低温条件下含水冻结岩石的物理力学性质的认识不够充分。众所周知，纯水在标准大气压下，当温度降到0℃以下会发生相变，凝结成冰，伴随此过程有约9%的体积膨胀。而对于岩石类孔隙介质，温度降低导致其内部孔隙水分相变过程是一个复杂的物理过程。一方面，由于水的相变过程不仅受温度影响，还受岩石内部孔隙压力、盐分、渗流等影响；另一方面，由于未冻水和冰的存在，将会改变岩石的某些物理及力学性质，如导热性、渗透性、强度与变形规律等。并且，冻结岩体还具有从高温摩擦类材料向低温下晶格类材料转变的强度特性。而在寒区岩石工程，如岩质边坡、岩石路基、隧道等，以及人工冻结法凿井液化天然气低温储存库围岩安全等领域，人们最为关心的就是低温冻结条件下岩石物理力学参数的确定问题。

试验方法是探索冻融损害机理的重要途径，一些关于冻土的研究成果对冻岩问题也有一定的参考价值。有必要对含水岩石特别是工程软岩在低温冻结温度下物理及力学性质的变化规律及其影响因素进行系统的试验研究。

2.2　低温作用下的岩石物理力学性质

2.2.1　低温作用下岩石抗压强度与变形性质

1. 试验准备

试验共取两种岩石，一种为红砂岩，取自江西贵溪地区；另一种为页岩，取自湖北地区，如图2.1所示。两种岩样均取自高速公路路基开挖后所得的新鲜大岩块，且所有红砂岩岩样和页岩岩样分别取自同一块大岩块，这样可以保证试件的统一性和试验数据的可比性。选取这两种岩石，一方面是这两种岩石具有工程软岩的性质，且在工程中较为常见；另一方面是红砂岩的岩性比较均一，无原生节理或裂隙，且这种岩石强度不高、易风化，而页岩属于层状岩石，岩性沿层面方向和垂直层面方向迥异，即横观各向同性，岩石强度在含水和干燥情况下迥异，且易风化。红砂岩为细粒砂状结构，呈枣红色，主要含石英、长石、岩屑、泥质等成分，孔隙式胶结，胶结成分以泥质为主。页岩为块状结构，页理不发育，呈灰绿色，主要含云母、蒙脱石、石英、方解石，层状胶结。

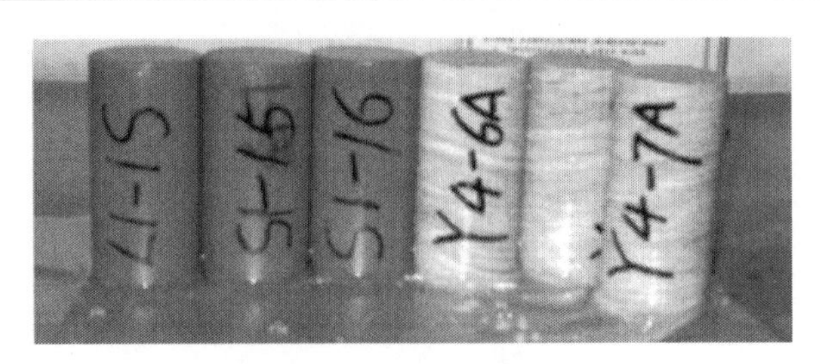

图 2.1　部分试样照片

试验采用干燥和饱和两种含水状态的岩样。干燥岩样的制备方法为：将选好的岩样放入烘箱中，在 105℃下烘 48 h 至恒重（24 h 内其质量变化不超过 0.1%），然后称量并记录各岩样的质量。饱和岩样的制备方法为：把选好的岩样放入抽气容器中，密封容器，以 0.1 MPa 压力抽取容器中的空气，抽气 2 h 后再向容器中放入蒸馏水，并继续抽气 4 h 直至无气泡溢出，然后将岩样在水中浸泡 24 h 以上，称取饱和后的岩样在空气中的质量及水中的质量，以此得到岩样的饱和含水量和孔隙度。

①分别取两种岩石的干燥试件和饱和试件各 2 块，一块用于不同温度下声波测试试验，一块用于不同温度下热参数测定（需要把试件锯断）；②取红砂岩和页岩干燥试件各 9 块，分 3 组，3 组对应 3 个试验温度环境（20℃、0℃和 −20℃），进行不同温度下单轴压缩试验，选这三种温度是考虑干燥岩石在 −20～20℃环境中强度变化不大；③分别取两种饱和岩石试件 15 块，用于饱和含水状态下不同温度（20℃，−5℃，−10℃和−20℃）下的岩石单轴压缩试验；④分别取两种饱和岩石试件各 12 块，用于不同温度（20℃，−5℃和 −10℃）及不同围压下（σ_3=0 MPa、4 MPa、7 MPa 和 10 MPa）岩石常规三轴压缩试验。在以上各项试验进行前，所有试件均在控温箱中恒温 24 h 以上，以保证岩石内部温度均匀分布。试验设备加载系统原理如图 2.2 和图 2.3 所示。

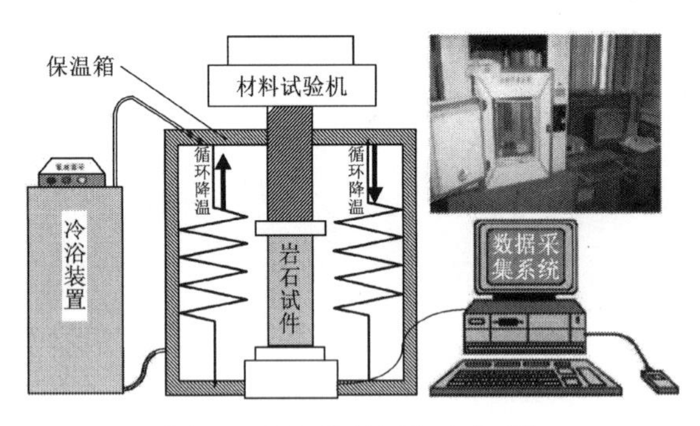

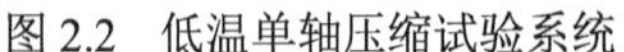

图 2.2　低温单轴压缩试验系统

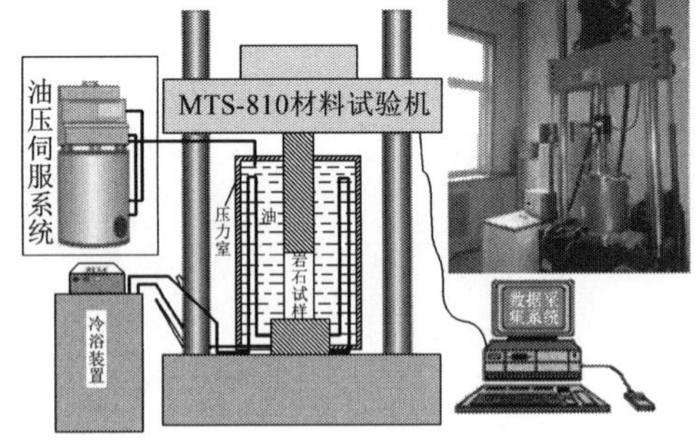

图 2.3　低温三轴压缩试验系统

2. 试验结果

1）单轴压缩试验

由试验得到不同温度及不同含水状态（干燥与饱和）下红砂岩和页岩的应力−应变关系曲线，如图 2.4、图 2.5 所示，两种岩石单轴抗压强度与温度的关系如图 2.6 所示。

由结果可知：无论对于饱和状态还是干燥状态，两种岩石的单轴抗压强度在−20～20℃内随温度降低而增大。对于饱和状态，红砂岩的单轴抗压强度在−20～20℃内随温度

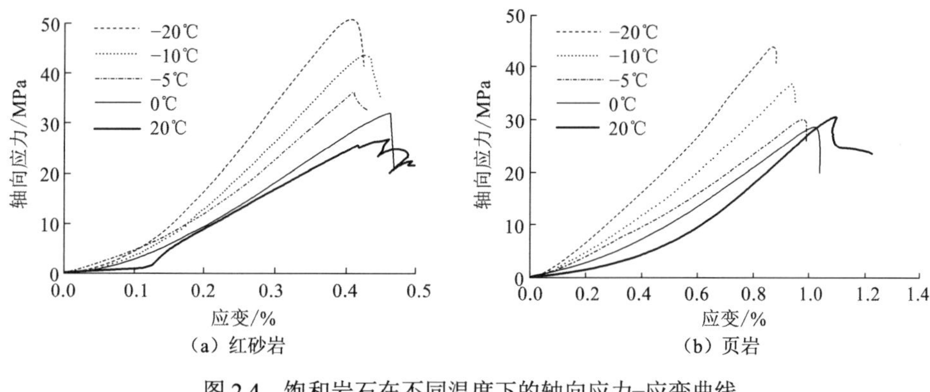

图2.4　饱和岩石在不同温度下的轴向应力–应变曲线

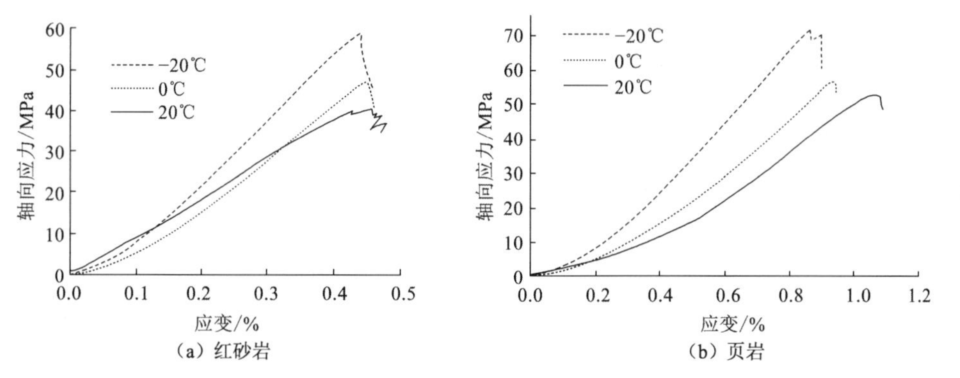

图2.5　干燥岩石在不同温度下的轴向应力–应变曲线

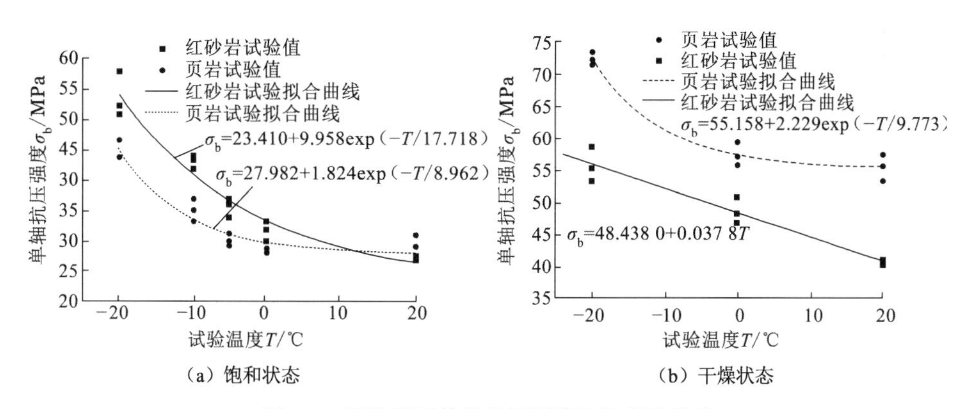

图2.6　两种岩石单轴抗压强度与温度的关系

的降低逐渐增大，并基本呈负指数关系；而页岩温度为−5～20℃内其单轴抗压强度变化不大，当温度低于−5℃时，其单轴抗压强度随温度降低急剧增大。对于干燥状态，温度为−20～20℃时，红砂岩的单轴抗压强度随温度降低呈线性增大，而页岩的单轴抗压强度在0～20℃范围内变化不大，而随温度进一步降低，其强度也明显增大。另外，温度在−20～20℃时，红砂岩在饱和状态下的单轴抗压强度大于页岩单轴抗压强度；而在干燥状态下，红砂岩的单轴抗压强度明显小于页岩单轴抗压强度。试验结果表明，含水状态对页岩冻结强度的影响明显大于对红砂岩的影响。

根据不同温度下岩石单轴抗压试验曲线，可获得不同温度下两种岩石的弹性模量，两种岩石弹性模量与温度的关系曲线如图 2.7 所示。可知，温度为−20～20℃时，两种岩石的弹性模量随温度的变化趋势基本与图 2.6 相似。但值得一提的是，无论是干燥状态或是饱和状态，不同温度下红砂岩的弹性模量均比页岩的大。

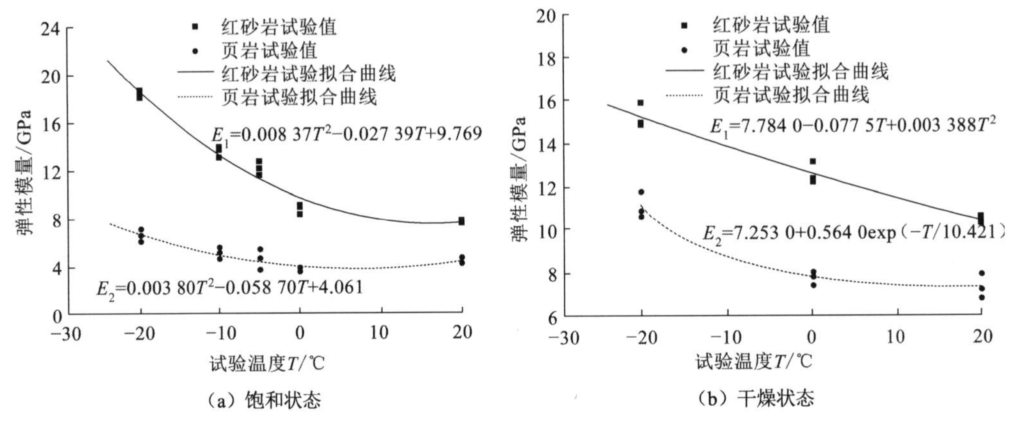

（a）饱和状态　（b）干燥状态

图 2.7　两种岩石的弹性模量与试验温度的关系曲线

2）三轴压缩试验

不同温度下的岩石三轴压缩试验也是在 MTS810 试验机上完成的。试验所用岩样均为饱和岩样，三轴压缩试验的准备过程与单轴压缩试验相同。在 20℃、−5℃、−10℃ 3 个温度下进行三轴压缩试验，每级温度基本对应 4 个围压（σ_3=0 Mpa、4 Mpa、7 Mpa、10 MPa），个别情况做 5 个围压（σ_3=0 Mpa、4 Mpa、7 Mpa、10 MPa、15 MPa）。三轴压缩试验控制方式均为轴向位移控制，控制速率为 0.002 mm/s，由试验得到两种岩石在不同温度下的偏应力与轴向应变关系曲线（图 2.8 和图 2.9），不同温度下两种岩石三轴抗压强度及强度参数见表 2.1。

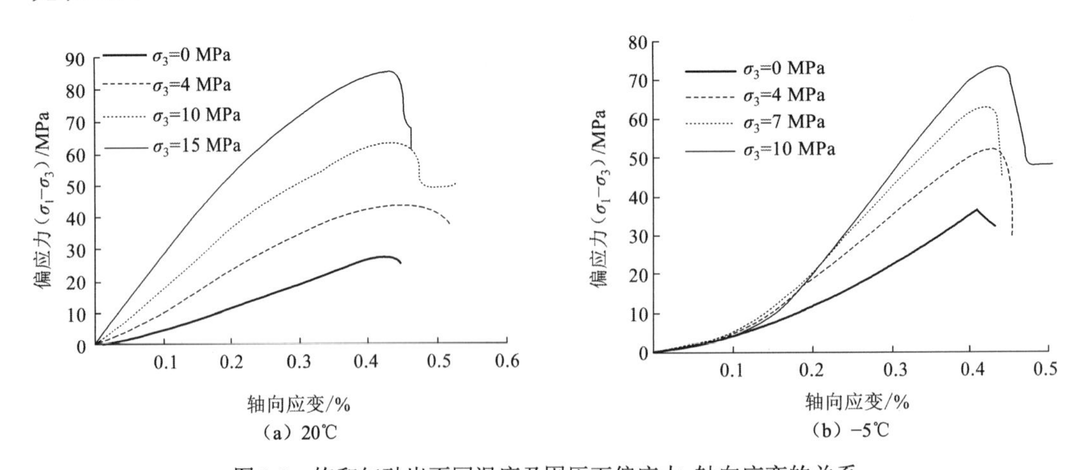

（a）20℃　（b）−5℃

图 2.8　饱和红砂岩不同温度及围压下偏应力−轴向应变的关系

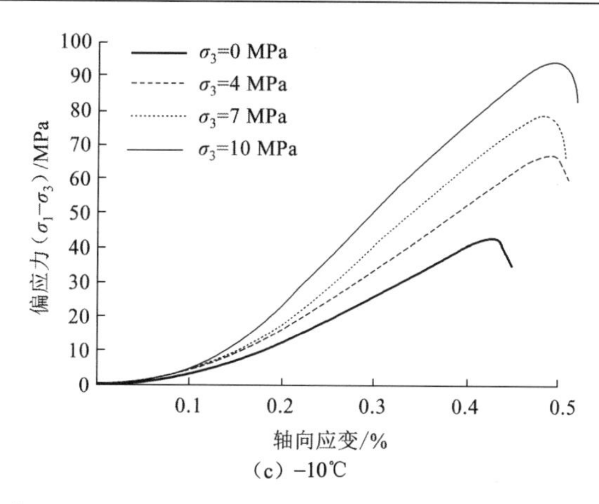

（c）−10℃

图 2.8　饱和红砂岩不同温度及围压下偏应力-轴向应变的关系（续）

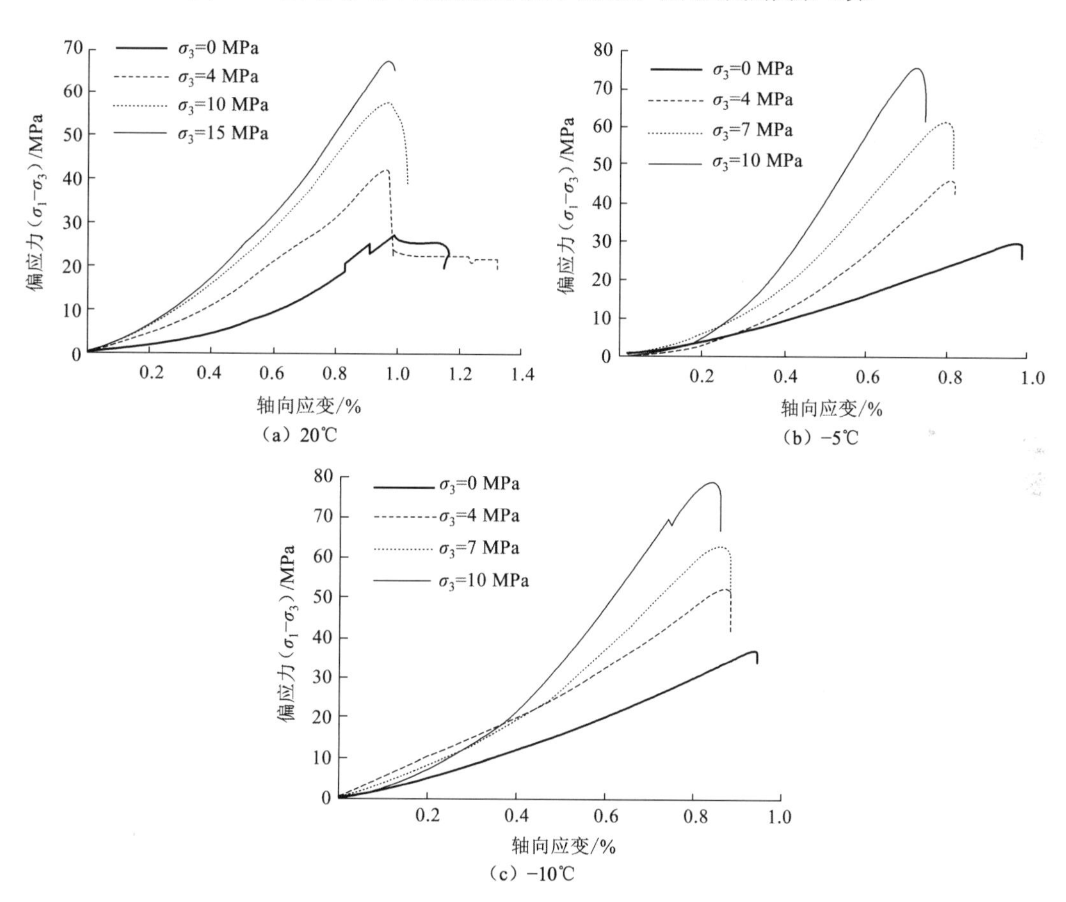

（c）−10℃

图 2.9　饱和页岩不同温度及围压下偏应力-轴向应变关系

由试验结果可知，在饱和状态下，两种岩石的三轴抗压强度都随围压增大而增大；两种岩石的三轴抗压强度和抗剪强度指标（黏聚力和内摩擦角）随温度的降低而增大。由于岩性、孔隙率及含水量之间的差异，随温度降低，红砂岩的三轴抗压强度和抗剪强度指标比页岩变化大，这与单轴压缩试验结果一致。

表 2.1　不同温度下饱和岩样三轴抗压强度及强度参数

岩样	温度/℃	抗压强度/MPa				黏聚力/MPa	内摩擦角
		0 MPa	4 MPa	7 MPa	10 MPa		
红砂岩	20	27.26	47.61	—	73.65	6.53	41°
	−5	35.02	56.21	69.94	83.27	8.08	41°
	−10	43.95	67.44	85.99	104.71	8.50	46°
页岩	20	29.04	46.54	64.90	78.23	6.78	41°
	−5	30.04	51.52	68.44	85.56	6.51	44°
	−10	35.72	56.86	70.00	89.14	7.48	44°

2.2.2　低温作用下岩石的热传导性质

无论是分析岩石在低温下的力学行为，还是分析工程岩体在低温环境下的内部温度变化规律，或是研究低温岩体的多场耦合问题，只要涉及岩石的热效应，就涉及如何准确有效地确定岩石的热参数问题。导热系数就是热物理学中最重要的参数之一，它决定了热量在岩石中传播的快慢。作者利用中国科学院寒区旱区环境与工程研究所冻土工程国家重点实验室提供的 QL-30 热物性参数分析仪，对这两种岩石在低温及不同含水状态下的导热系数进行了测试。

表 2.2 为红砂岩和页岩在−5℃和−10℃时干燥和饱和状态下测定的导热系数。这两种岩石在温度从−5℃降到−10℃时，导热系数均有所增大；在温度相同时，饱和岩石的导热系数比干燥岩石大得多；在相同条件下，红砂岩的导热系数比页岩大。

表 2.2　两种岩石导热系数

岩样	温度/℃	导热系数/[W/(m·K)]									
		饱和状态				均值	干燥状态				均值
红砂岩	−5	2.64	2.65	2.64	2.63	2.64	1.78	1.79	1.77	1.80	1.79
	−10	2.74	2.73	2.72	2.73	2.73	1.98	1.99	1.99	2.01	1.99
页岩	−5	2.02	2.01	2.03	2.00	2.02	1.58	1.59	1.60	1.57	1.58
	−10	2.12	2.12	2.11	2.13	2.12	1.61	1.60	1.61	1.62	1.61

2.2.3　低温作用下岩石冻胀变形特征

绝大多数物体具有热胀冷缩的性质，一般岩石也具有此特性。但在低温环境下，当富水工程岩体中的水冻结时，会产生约 9%的体积膨胀，可使岩体产生冻胀融缩效应，从而对支护体的受力状态、岩体工程的稳定性产生显著影响。因此，研究岩石低温变形特征对于防御、控制岩体冻害及寒区岩体工程设计具有重要意义。目前对含水岩石低温变形的试验研究报道不多。Yambae 等（2001）对干燥和饱和的 Sirahama 砂岩各一块进行了一次冻融循环热膨胀应变测试，证明温度荷载下干燥岩样的变形类似弹性连续介质的线性关系，而一次冻融循环后含水岩样的变形不能完全恢复，如图 2.10 所示。但是该试验结果未能体现冻胀应变随时间的变化规律，且只用了一类岩样，代表性不强。

本试验通过测试低温环境下三类饱和及干燥岩样随温度变化产生的应变特征，研究岩石冻胀变形随时间、温度的变化规律，从而为分析冻胀本构方程提供参考依据。

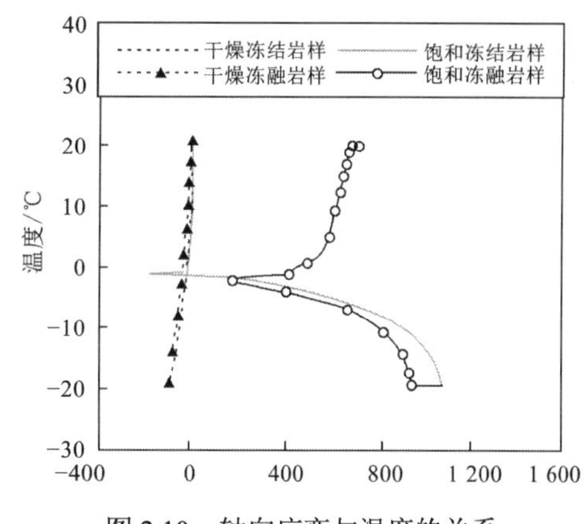

图 2.10 轴向应变与温度的关系

选取砂质泥岩、白砂岩、花岗岩三类典型的岩石标准试件（ϕ=50 mm，h=100 mm），分别代表较软岩、中硬岩和硬岩，进行低温应变测试。砂质泥岩和白砂岩由采自淮南矿区顾桥矿南区的岩心制备，花岗岩为采自甘肃北山的岩块制取。同时选取黄铜块、铁块和铝块三类均质材料同步进行低温应变测试，作为对比。

试验前先用游标卡尺和电子秤测得各岩样自然状态下的尺寸和质量，岩样制备方法如下。

（1）饱和岩样：把岩样放入抽气容器中密封，抽尽容器中的空气至表头压力值为 0.1 MPa，稳定 4 h 后向容器中放入蒸馏水，并继续抽气至表头压力值为 0.1 MPa，稳定 12 h，拭干表面水分，称取饱和岩样质量。

（2）干燥岩样：将试样放在烘箱中，在 80℃下烘干 72 h，称取质量。

每块试件上沿纵向和环向各贴一个应变片，并焊接导线。石英玻璃片做补偿块，贴一个同一型号的应变片做补偿片；岩样放在恒温箱中，将试件分组连接预调平衡箱，在室温环境下将应变仪调零，之后逐级降温至 0℃、−5℃、−10℃、−15℃、−20℃、−25℃、−30℃，每级稳定 2～3 h 后读取应变数据。

主要试验设备和材料如图 2.11～图 2.14 所示。

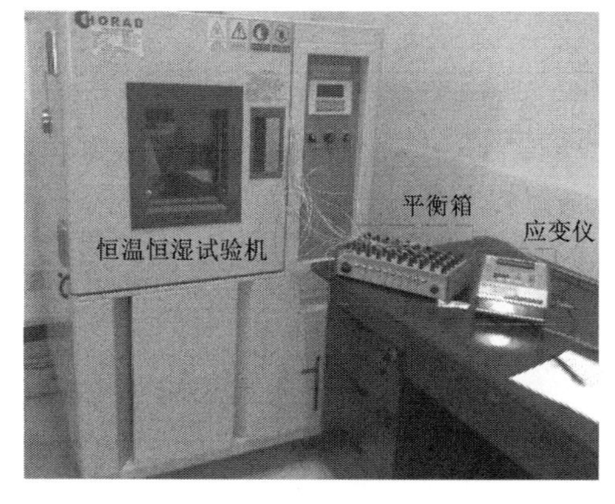

图 2.11 主要试验设备

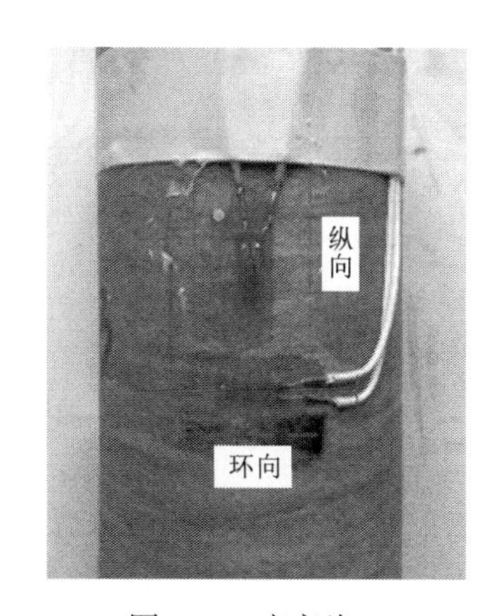

图 2.12 应变片

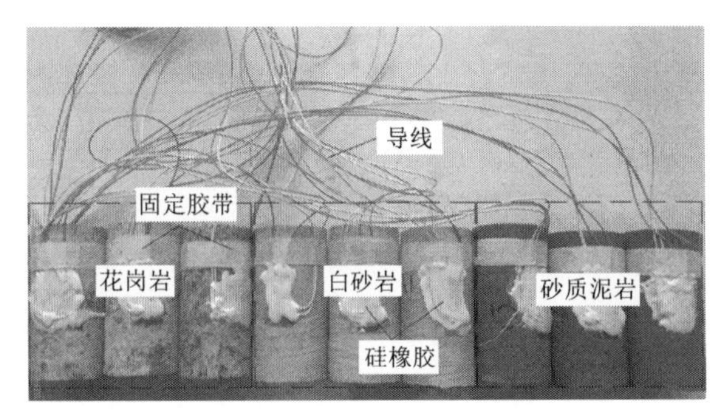

图 2.13　岩样

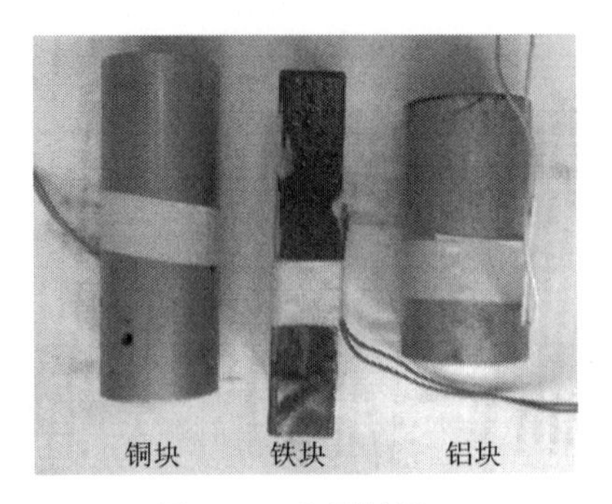

图 2.14　金属材料

1. 温度补偿原理

用低温应变片测量岩石变形具有价格低廉、操作简便等优点。早有相关报道，王正道等（1999）研究了应变片法测量材料线膨胀系数的原理，并用石英做补偿块，接半桥电路测试了成分为 Cu（90.5%）–Al（6.5%）–Fe（2.5%）的铜板在低温环境下的线膨胀系数；铁道部科学研究院温度应力专题组用石英玻璃做补偿片，采用应变片测试方法测定了混凝土热膨胀系数。

理想的应变片阻值应只随应变变化，不受其他因素影响。而实际上应变片的阻值受环境温度（包括测试件）的影响很大。由于环境温度变化引起的电阻变化与试件应变所造成的电阻变化几乎具有相同的数量级，从而产生很大的测量误差，称为应变片的温度误差，也称为热输出（赵启林 等，2007；王雪文 等，2004）。

因环境温度改变而引起的应变片的电阻变化主要有两方面的因素：①应变片的电阻丝（敏感栅）具有一定的温度系数；②电阻丝材料与测试材料的线膨胀系数不同。

构件温度变化为 ΔT（℃）时，粘贴在试件表面的应变片敏感栅材料的热阻系数为 β_t，则应变片产生的电阻相对变化为（王雪文 等，2004）

$$\left(\frac{\Delta R}{R}\right)_1 = \beta_t \Delta T \tag{2.1}$$

由于敏感栅材料和被测构件材料的线膨胀系数不同，当 ΔT 存在时，引起应变片的附加应变，相应的电阻相对变化为

$$\left(\frac{\Delta R}{R}\right)_2 = K(\alpha_e - \alpha_g)\Delta T \tag{2.2}$$

式中：K 为应变片的灵敏系数；α_e 为试件材料的线膨胀系数；α_g 为敏感栅材料的线膨胀系数。

温度变化 ΔT 形成的总电阻相对变化为

$$\left(\frac{\Delta R}{R}\right)_t = \left(\frac{\Delta R}{R}\right)_1 + \left(\frac{\Delta R}{R}\right)_2 = \beta_t \Delta T + K(\alpha_e - \alpha_g)\Delta T \tag{2.3}$$

应变误差为

$$\varepsilon_t = \left(\frac{\Delta R}{R}\right)_t \Big/ K = \frac{\beta_t}{K}\Delta T + (\alpha_e - \alpha_g)\Delta T \tag{2.4}$$

桥路补偿是一种常用的消除温度应变误差的方法。一般而言，补偿片应粘贴在与工

作片相同材料上，并置于相同的温度环境下，工作片加荷载而补偿片不加载。这种情况下假设温度引起的工作块和补偿块的应变相等是合理的。但在测试温度应变时，因工作片也不加载，且岩石类材料内部结构十分复杂，不同岩块的热膨胀系数离散性较大，这种离散性对所测数据影响极大，因而本试验若用岩石材料做补偿片不合理。石英玻璃的热膨胀系数极低且十分稳定，其热膨胀系数值比一般的岩石材料低一个数量级，其值可通过查阅相关资料得到，适合做温度补偿体。

半桥补偿电路中，由温度引起的观测应变由式（2.5）表示

$$\varepsilon_{\mathrm{u}}=(\alpha_{\mathrm{e}}-\alpha_{\mathrm{g}})\Delta T+\frac{\beta_{\mathrm{t}}}{K}\Delta T \tag{2.5}$$

式中：α_{e} 为试件的线性热膨胀系数；α_{g} 为应变片的线性热膨胀系数；β_{t} 为应变片丝栅的热阻系数；K 为应变片的灵敏系数；ΔT 为温度变化量。

按照图 2.15 将两个应变片半桥连接，产生等效于视应变的代数差的标准输出，观测应变可表示为

$$\varepsilon_{\mathrm{u}}=(\alpha_{\mathrm{e}}-\alpha_{\mathrm{c}})\Delta T \tag{2.6}$$

式中：α_{c} 为石英玻璃的热膨胀系数，为已知量，取 5.3×10^{-7}；ΔT 为温度变化量；ε_{u} 由应变仪测得。

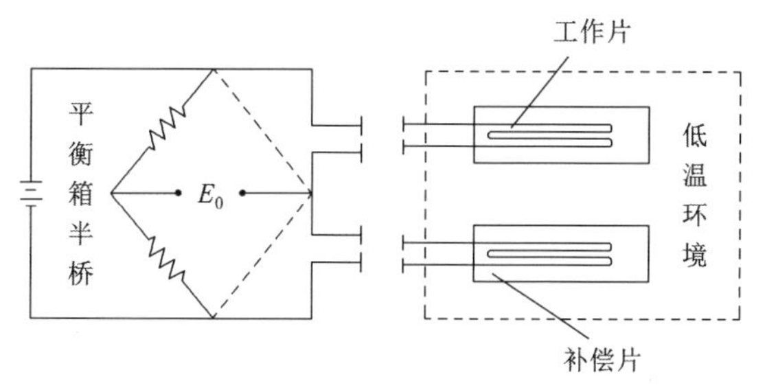

图 2.15　半桥电路示意图

岩石试件的热膨胀系数表达式为

$$\alpha_{\mathrm{e}}=\frac{\varepsilon_{\mathrm{u}}}{\Delta T}+\alpha_{\mathrm{c}} \tag{2.7}$$

因此，岩石试样的实际应变值为

$$\varepsilon=\varepsilon_{\mathrm{u}}+\alpha_{\mathrm{c}}\Delta T \tag{2.8}$$

式中：ε 为实际应变值；ε_{u} 为观测应变值；α_{c} 为石英玻璃的热膨胀系数，为已知量，取 5.3×10^{-7}；ΔT 为温度变化量。

2. 试验结果

1）干燥岩样试验结果

为对比饱和岩样的低温变形特征，选择三类干燥岩样（A4、B4、C4）测试，同时选择三种金属材料（铜、铝、铁）进行对比测试，按照前文所述的试验步骤，和式（2.8）将观测应变值转化为实际应变值。

整理数据后，绘制一个冻融循环内应变–时间曲线（图 2.16）和应变–温度曲线（图 2.17）。

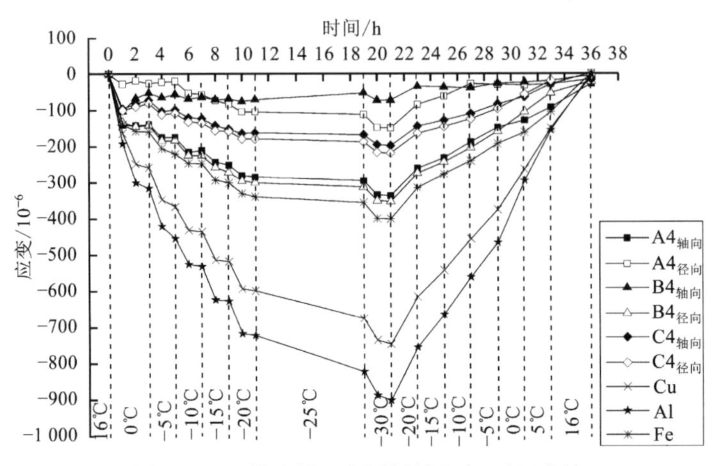

图 2.16　干燥岩样及金属材料应变–时间曲线

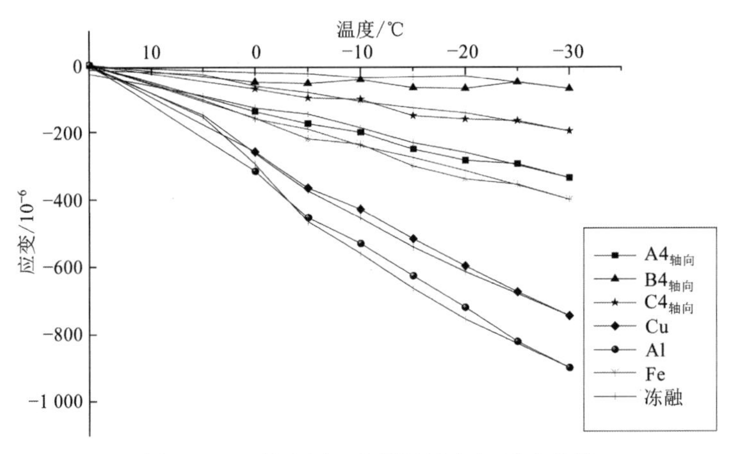

图 2.17　干燥岩样及金属材料应变–温度曲线

由图 2.16 和图 2.17 可知，干燥岩石试样和金属材料都表现出明显的热胀冷缩特性。排除仪器系统误差，金属材料的曲线随温度变化趋势稳定。而岩石应变虽然整体趋势一致，但局部偶尔出现振荡，可能与岩石非均质特点及热膨胀各向异性等因素有关。

干燥试样整体上表现出明显的线弹性变形特征，且一个冻融循环后应变回归初始值，未产生残余应变。

按式（2.7）计算金属材料的热膨胀系数如下。

黄铜在 −20～16℃的平均热膨胀系数为

$$\alpha_{\mathrm{Cu}}=\frac{-579\times10^{-6}}{-36}+\alpha_{\mathrm{c}}=(16.083+0.53)\times10^{-6}=16.61\times10^{-6}$$

式中：α_{c} 为石英玻璃的线性热膨胀系数，取 5.3×10^{-7}。

同样的方法计算其他几种材料的线性热膨胀系数，见表 2.3。

表 2.3　金属材料的线性热膨胀系数　（单位：$\times10^{-6}$）

温度区间 / ℃	黄铜	铝块	铁块
−20～16	16.61	20.03	9.43
−30～16	16.20	19.60	8.70

查阅相关资料，三种材料正温（0～100℃）的线性热膨胀系数参考值分别为：黄铜 16.5×10^{-6}；铝 23.6×10^{-6}；铁 11.8×10^{-6}。考虑杂质含量等因素的差异，计算结果与参考值十分接近，表明该试验的可靠性较高。

根据式（2.7）计算三类干燥岩样的线性热膨胀系数，见表 2.4。

表 2.4　干燥岩样热膨胀系数　（单位：$\times10^{-6}$）

温度区间 / ℃	白砂岩		花岗岩		砂质泥岩	
	轴向	径向	轴向	径向	轴向	径向
−20～16	7.89	2.89	1.97	8.34	4.50	4.97
−30～16	7.31	3.25	1.57	7.68	4.29	4.75

以上结果表明，在试验温度范围内，白砂岩和花岗岩试样线性热膨胀系数各向异性较明显，而砂质泥岩的轴向和径向热膨胀系数相差不大。可能与岩样的节理分布等内部构造产生的各向异性有关。

2）饱水岩样试验结果

所用的 PX-10A 型预调平衡箱含 10 个测试通道，每次只能测试 5 个岩样，因此，3 组 9 块岩样只能分为两次进行测试。第一组测试 5 块（A1、A2、A3、B1、B2），第二组测试 4 块（C1、C2、C3、B3）。

第一组初始温度为 12℃（室温），分别控制试验机温度为 0～−30℃，分 6 次降温，每次降温幅度为 5℃，最后依次升温至−10℃、0℃、5℃、10℃，每次变温稳定 2～3 h。由式(2.8)得实际应变。

由应变观测值转化为实际应变值后，绘制一个冻融循环内应变随时间变化曲线，如图 2.18 所示，应变随温度变化曲线，如图 2.19 所示。

由式（2.8）得实际应变，整理数据后绘制一个冻融循环内应变随时间变化曲线，如图 2.20 所示，应变随温度变化曲线，如图 2.21 所示。

由应变曲线可知，温度由室温降至 0℃左右时，应变降低，岩石收缩。因该阶段尚未达到冰点，岩样的变形表现为冷缩性质。继续降温时，应变逐渐增大，因水分结冰膨胀产生冻胀变形。在持续冻结过程中，冻胀应变速率逐渐降低。当温度在−30℃回升时，应变没有立即回落，而是温度升至约−10℃时才产生明显降低，直至 0℃附近。温度继续升高时，应变又逐渐增加，热胀冷缩特性重新占据主导地位。

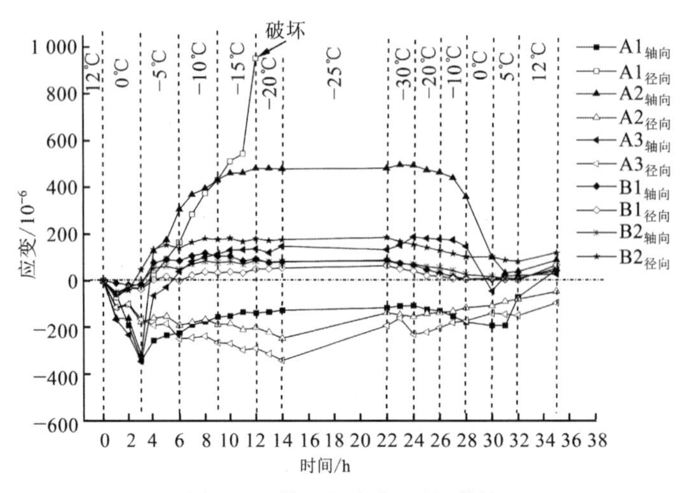

图 2.18　第一组应变–时间曲线

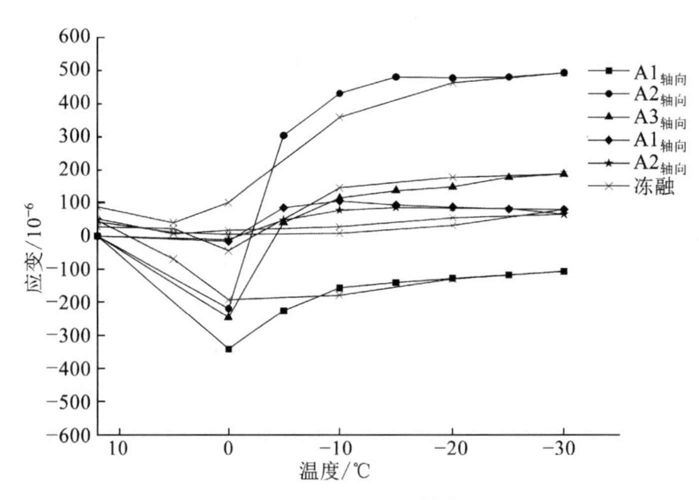

图 2.19　第一组应变–温度曲线

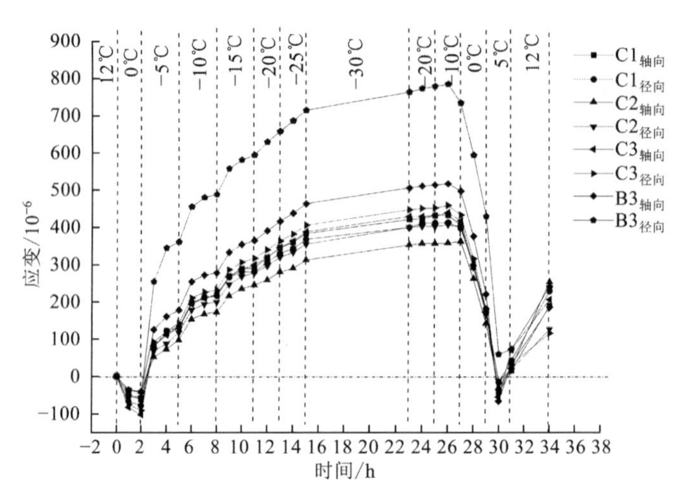

图 2.20　第二组应变–时间曲线

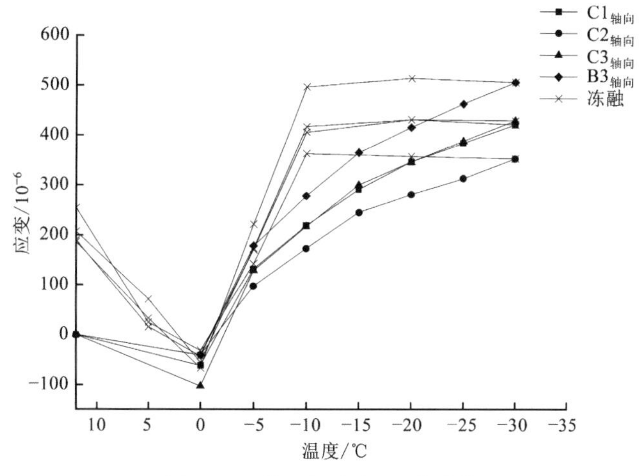

图2.21　第二组应变–温度曲线

选取一组饱水岩样在定温−15℃和−30℃条件下，冻结 6 h，然后置于 15℃温度下，测试应变规律，如图2.22所示。

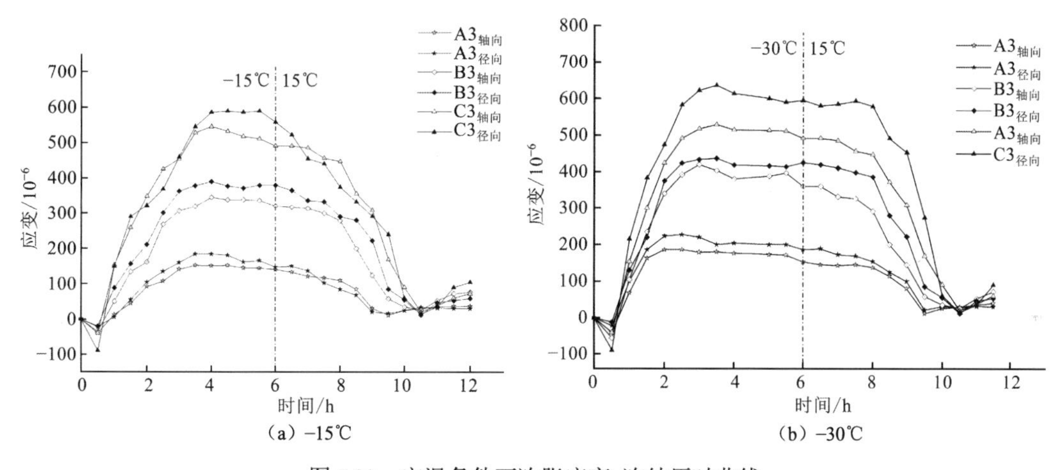

(a) −15℃　(b) −30℃

图2.22　定温条件下冻胀应变–冻结历时曲线

由图2.22可知，冻结温度越低初始阶段的冻胀应变增长速率越快，达到极值的时间也越短，因温度梯度较大而导致热传导速率较快。冻胀应变达到极值后继续维持冻结温度，应变都略有降低，分析得出与岩石基质的冷缩变形有关。

3. 含水岩样低温变形特征

在没有水冰相变参与的情况下，干燥岩样的低温变形表现为岩石骨架的热胀冷缩变形。而含水岩石的冻胀变形受冻结温度、冻结时间等多种因素影响。由试验结果可知，一个冻融循环内，干燥岩样变形为典型的热胀冷缩特征，而饱水岩样大致经历了冷缩–冻胀–升温迟滞–融缩–热胀五个过程。整体应变路径如图2.23所示。

（1）冷缩阶段：初始降温阶段岩样变形以收缩为主。温度还未降至冰点，未发生冻胀效应，此阶段主要表现为岩石骨架的热胀冷缩特征。

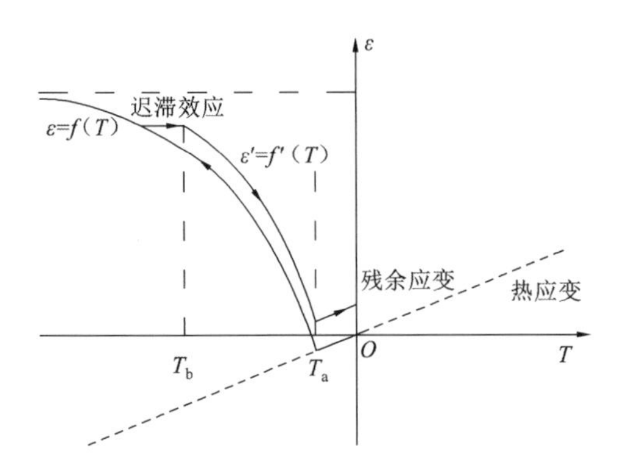

图 2.23　饱水岩样一个冻融循环内的应变特征

（2）冻胀阶段：继续降温至一定值并维持一段时间后，应变显著增加。温度降至冰点以下并维持一段时间后，岩样中的水分冻结，体积膨胀而产生冻胀变形。随着温度进一步降低和冻结时间的延长，冻胀应变增长速率逐渐降低，冻结率逐渐趋于定值。

（3）升温迟滞阶段：当温度回升时，应变维持在当前水平，基本保持不变。温度回升时，冰晶增长停滞，而并未立刻融化，冻结率维持在当前值。

（4）融缩阶段：温度继续升高至一定值时应变明显降低，直至冰点附近。温度升高至一定值时部分冰晶逐渐融化，体积收缩导致岩样冻胀应变逐渐消退。

（5）热胀阶段：冰晶完全融化后，继续升温时岩石的热胀冷缩变形又得以显现，应变缓慢增加。

“回温迟滞阶段”是本试验的一个重要发现。当温度自最低点开始回升时，冻胀应变并未随温度增长而降低，而直至温度升至 −10℃左右时才开始出现明显回落。当温度开始回升时，冻结率并未立即降低，而是存在一个类似冰点的温度阈值，温度高于此值时才会出现冰晶融化，冻胀应变逐渐消失。

2.3　冻融循环作用下的岩体损伤试验

冻融循环试验的步骤及方法为：把饱和岩样放入−20℃的恒温箱中冻结 12 h，再放入 20℃的蒸馏水中融化 12 h（水浸满岩样），即每个冻融循环周期为 24 h（为了模拟天然环境冻融周期），如此反复。冻结恒温箱为海尔 BD-100LT 低温数控冷柜，最低温度可控制在−50℃，温度自动控制恒温，误差±1℃。

试验时，红砂岩和页岩各取 18 块，每三块岩样为一组，共 6 组，除第 1 组用于室温（20℃）、干燥情况下岩石单轴压缩试验外，其余 5 组进行 5 种冻融次数后的常温、饱和单轴压缩试验，冻融次数分别为 0 次、5 次、10 次、20 次、30 次。对进行 30 次冻融循环的岩样，在每次冻融循环后进行质量测定（在常温、饱和状态下测得），以记录其质量变化规律（图 2.24），并对其余每块岩样进行冻融过程的图形记录。值得一提的是，图 2.24 中的质量为岩样经历冻融循环后剩余的整体质量（扣除冻融损失的部分），而不表示岩石会由于冻融，质量会减少。

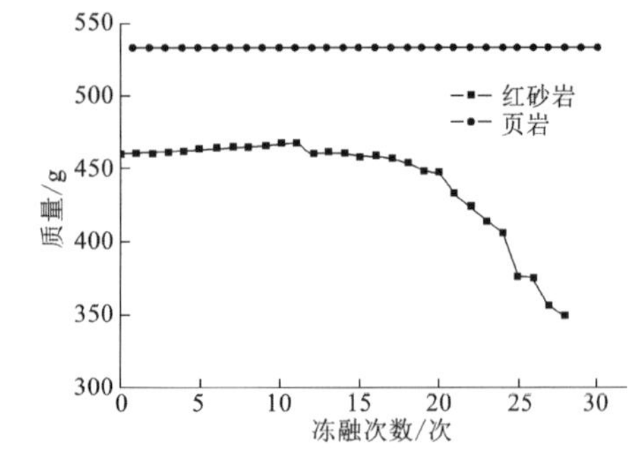

图 2.24　两种岩石冻融次数与质量的关系

饱和岩样不同冻融循环次数前后应力与轴向应变、横向应变、体应变的关系如图 2.25 和图 2.26 所示。

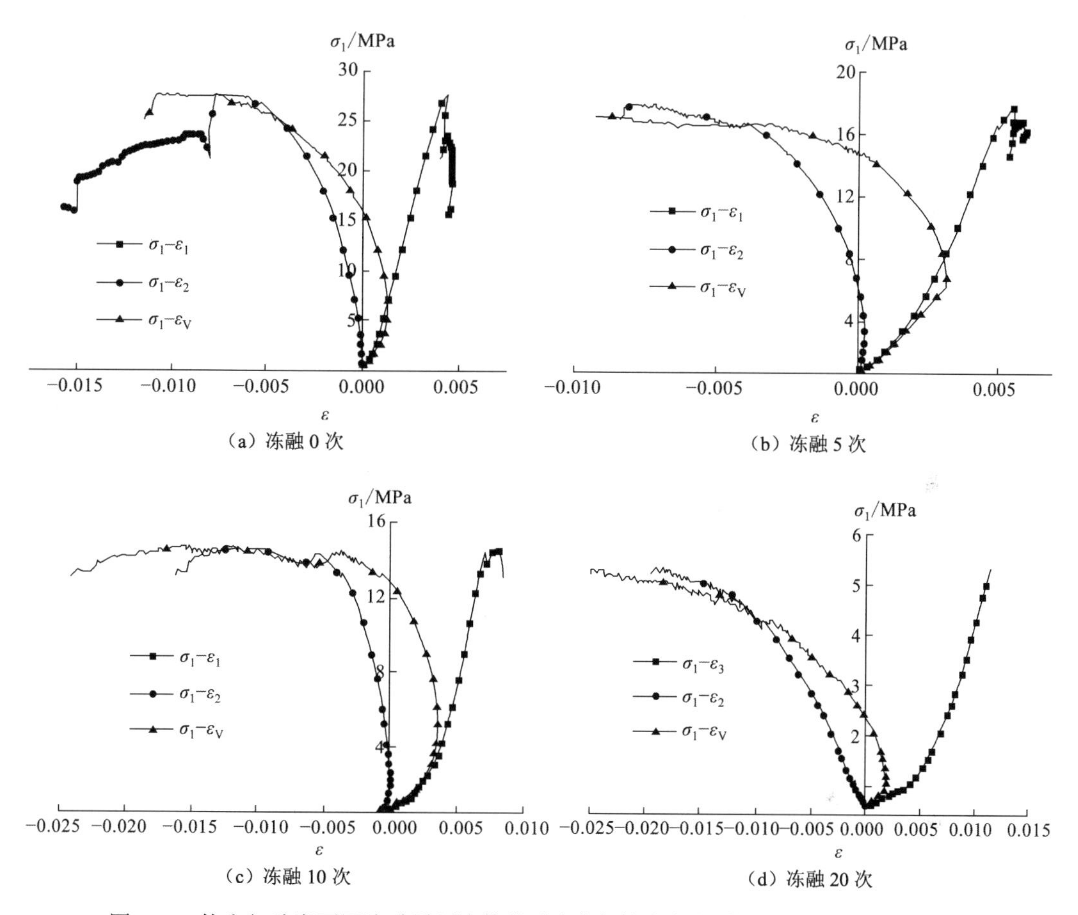

（a）冻融 0 次　　（b）冻融 5 次

（c）冻融 10 次　　（d）冻融 20 次

图 2.25　饱和红砂岩不同冻融循环次数前后应力与轴向应变、横向应变、体应变的关系

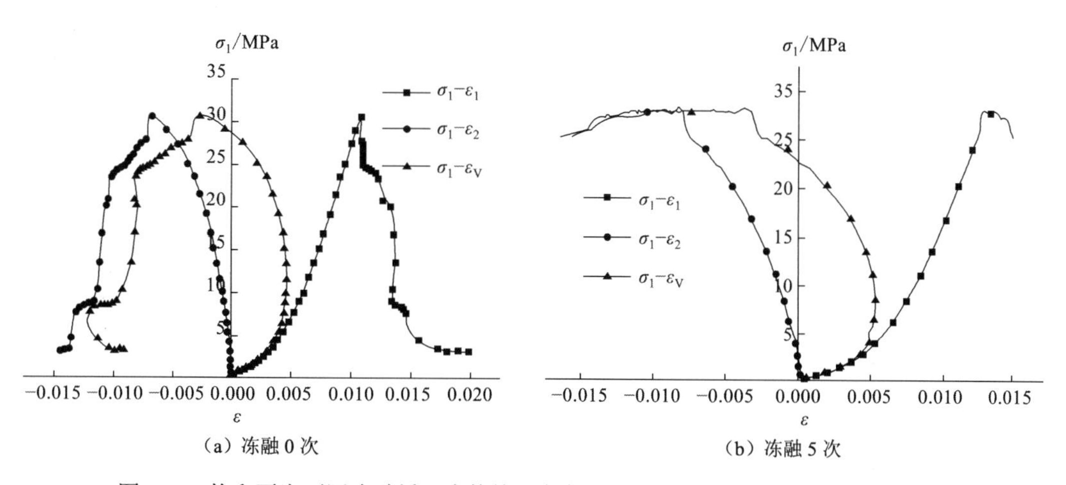

（a）冻融 0 次　　（b）冻融 5 次

图 2.26　饱和页岩不同冻融循环次数前后应力与轴向应变、横向应变、体应变的关系

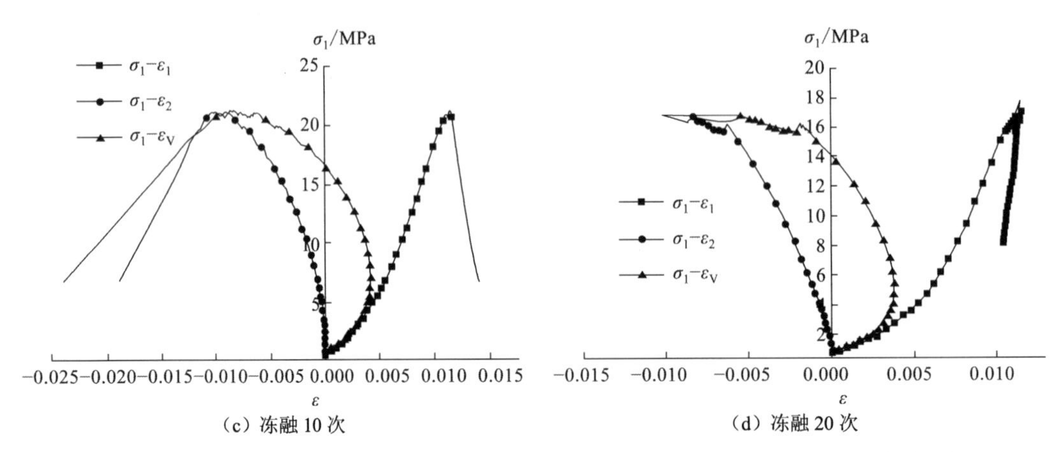

（c）冻融 10 次　　（d）冻融 20 次

图 2.26　饱和页岩不同冻融循环次数前后应力与轴向应变、横向应变、体应变的关系（续）

两种岩石由于岩性、矿物成分、孔隙度及含水量等因素的不同，造成冻融循环对其损伤劣化产生的影响差别非常大。从试验过程来看，红砂岩在第 6 次冻融循环后即在表面出现了肉眼可见的初始裂纹，裂纹方向基本都是沿岩样的环向出现；到第 10 次冻融循环之后就出现了较大的宏观裂纹（长度为 3～5 cm，宽度为 0～2 mm），裂纹一般都只有 1 条，局部出现 2 条；而在 11 次冻融循环之后岩样表面开始出现龟裂，但此时岩样完整性还较好，而在 20 次冻融循环之后，岩样表面出现了片落、剥落等现象；而当经历 28 次冻融循环之后，用手轻轻一碰便导致整个试块整体垮塌，垮塌后的试件可以用手捏碎，呈砂状，黏聚力降为零。根据对岩样经历不同冻融循环次数后的质量测定可以发现，红砂岩在最初 10 次冻融循环过程中，质量有增大（约 1.48%）的现象，这主要是由于岩样在每次冻结之后，冰的冻胀和融缩造成岩石内部微孔隙不断增大，从而水分向内迁移的结果。而在 11 次冻融循环之后，在岩样表面开始出现颗粒剥落，从而导致岩样的残余质量减少。

由于页岩孔隙率较低，在经历 10 次冻融循环之后岩样都没有出现宏观裂纹，并且表面观察不到裂纹的萌生，而在 22 次冻融循环之后，在某一块岩样表面出现了沿层理方向的微裂纹，并在 30 次冻融循环之后形成了细裂纹（长 2～3 cm）。页岩出现这样的裂纹是由于在冻融循环过程中，可能在某些局部出现沿层理方向的缺陷，而冻融循环次数的增大使得这种缺陷沿层理方向发展，究其本质，是冻融循环引起冰透镜体作用的结果。对页岩经历不同冻融循环次数后的质量测定发现，页岩的总体质量有所增加，但增加很少（冻融循环 30 次之后，页岩的质量增加不到 0.15%）。

2.4　小　　结

（1）单轴压缩试验和三轴压缩试验表明，无论在室温还是在低温下，红砂岩和页岩的应力–应变曲线均存在变形四个阶段，其破坏主要为剪切破坏，剪切破坏面完整，并与最大主应力方向呈一定夹角。

（2）单轴压缩试验结果表明，无论是饱和还是干燥状态，两种岩石的单轴抗压强度与弹性模量均随温度降低而增大，但增长模式不同；总的来说，温度变化对红砂岩单轴抗压强度与弹性模量的影响大于页岩，含水状态对页岩单轴抗压强度的影响明显大于红砂岩。

（3）三轴压缩试验结果表明，在温度一定时，岩石的三轴抗压强度随围压增大明显增大，而在围压一定时，岩石的抗压强度随温度降低而增大；页岩的最大主应变明显比红砂岩大。两种岩石的剪切强度参数黏聚力和内摩擦角随温度降低均呈增大趋势，但由于岩性、孔隙率、含水量之间的差异，不同温度下，红砂岩黏聚力和内摩擦角受温度影响变化比页岩明显。

（4）通过测试低温环境下饱和及干燥的花岗岩、白砂岩、砂质泥岩岩样随温度降低产生的应变特征，一个冻融循环内，干燥岩样表现为线弹性热胀冷缩变形特征；而饱水岩样的变形大致经历了五个阶段：冷缩阶段、冻胀阶段、回温迟滞阶段、融缩阶段和热胀阶段。在饱水岩样的回温阶段观测到一种“迟滞效应”。一次冻融循环结束，干燥岩样应变归零，未产生残余应变，而含水岩样则产生明显的残余应变。

第 3 章　裂隙岩体冻结过程水冰相变及水热迁移分析

3.1　引　　言

水冰相变是冻岩区别于常温岩体的重要环节，是产生冻胀力和造成岩体冻融损伤的根源。因此，水冰相变及冻融环境下的水热迁移问题是研究岩体冻融损伤的重要内容。

水结冰会产生约 9%的体积膨胀，当受到束缚会产生冻胀压力，使岩体产生附加应变，并可能导致裂隙扩展，从而造成岩体损伤。当冰融化时，水会渗入新扩展的裂隙中，再次冻胀时产生新的损伤。反复的相变对工程岩体的安全稳定产生严重威胁（马景嵘，2004；朱立平 等，1997）。

冻融循环对裂隙岩体的损伤是一个复杂的过程，是多种因素综合作用的结果。可将影响冻融作用的因素分为两类：①内部因素，指岩体本身的性质，如岩石矿物组成、岩体强度性质、岩体裂隙网络性质、岩块系统的传热性能等；②外界因素，是岩体本身以外的各种因素，如冻结温度、冻结速度、冻融循环次数、含水量、水势梯度、温度梯度、应力场等。各因素相互耦合，共同对裂隙岩体造成损伤（张继周 等，2008；何国梁 等，2004）。

冻融环境下的工程岩体一般可划分为已冻区、正冻区和未冻区三部分。未冻区是尚未发生冻结的区域，正冻区是水冰相变最为活跃的区域，而已冻区是冻结率已近极值，冻结作用不活跃的区域。

相变冰点是划分正冻区与未冻区的参考依据，也是冻胀融缩作用及低温 THM 耦合理论是否适用的临界点。冻结率是判断冻结程度的关键变量，与冻胀力、冻胀变形密切相关，也是研究冻胀本构方程的关键环节。

3.2　冻岩冰点及冻结率

3.2.1　冻结岩体水冰相变平衡物态方程

“相”是指体系中物理性质和化学性质完全均匀的部分，是物质的一种聚集状态。在不同的温度和压力条件下，不同的相之间是可以转变的，即相变。相变过程中体积发生明显的改变并释放或者吸收相变潜热的相变称为“一级相变”（胡英 等，1999）。本章研究的岩体裂隙中的水冰相变即为一级相变。

自然界中的水是以固、液、气三种聚集状态存在的，它们在一定条件下可以平衡共存，也可以相变互转。物质的相变一般是由温度变化引起的，一定外界压力下，温度升高到或降低至某值时，相变就会发生。冻结过程中纯水的温度随冻结时间的变化如图 3.1 所示。

一般认为标准大气压下纯水的冰点为 0℃，但自然状态下的水冻结时会经历一个短暂的过冷阶段。开始结冰时温度会回升至冰点附近，与相变潜热释放有关。之后，温度维持在冰点直至完全冻结，继续降温，冰的温度会逐渐降低（图 3.1）。

水的三相关系如图 3.2 所示。因固液气三相摩尔体积不同，物质相变时要发生体积变化。在相变过程中，要吸收或放出大量的热，这种热称为相变潜热。标准状态（0℃和 1 atm[①]）下，1 kg 冰要吸收 79.6 kcal[②]的热量才能转化为同温度的水（李椿 等，1979）。

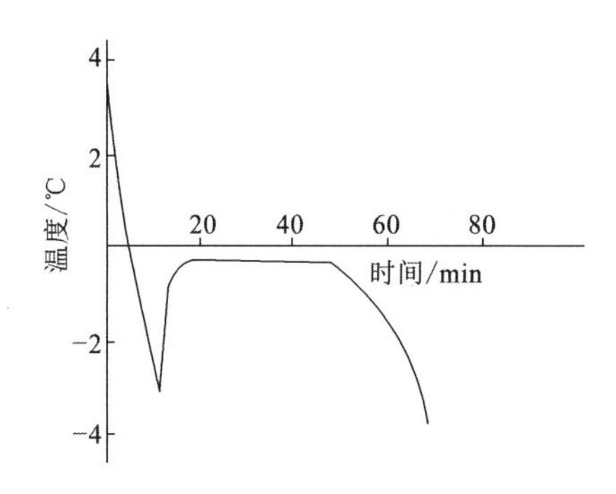

图 3.1　纯水冻结过程温度变化

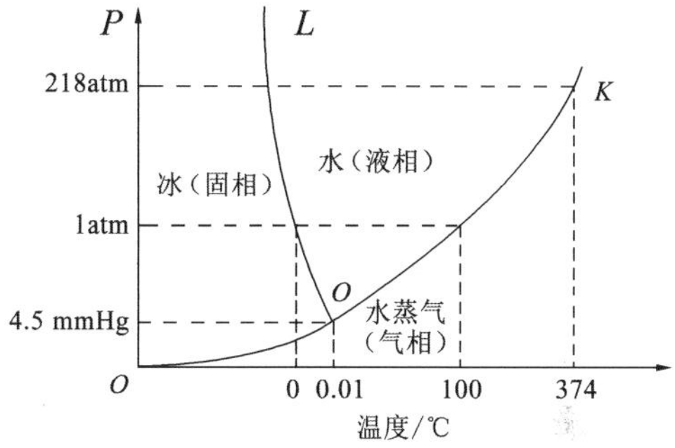

图 3.2　水的三相图（李椿 等，1979）

张寅平等（1996）根据能量守恒，得出液相和固相的控制方程分别为

$$\rho_1 c_1\left(\frac{\partial T_1}{\partial t}+\boldsymbol{v}\cdot\nabla T_1\right)=\nabla\cdot(k_1\nabla T_1)-q_1 \tag{3.1}$$

$$\rho_s c_s\frac{\partial T_s}{\partial t}=\nabla\cdot(k_s\nabla T_s)+q_s \tag{3.2}$$

式中：T 为温度；ρ 为密度；c 为比热容；k 为导热系数；q 为体积热源/汇；$\boldsymbol{v}$ 为液相流速矢量；t 为时间；下标 1 代表液相，下标 s 代表固相。

岩体裂隙中的水在一定的温度和压力条件下，液固相比例不再变化时即达到平衡状态，也就是冻结率达到稳定值，称此状态为相平衡状态，假定满足克拉佩龙方程（傅献彩 等，2005）。

由水和冰的自由焓增量相等得

$$\mathrm{d}G_w=\mathrm{d}G_i \tag{3.3}$$

因 $\mathrm{d}G=-S\mathrm{d}T+V\mathrm{d}P$，得

$$-S_w\mathrm{d}T+V_w\mathrm{d}P=-S_i\mathrm{d}T+V_i\mathrm{d}P \tag{3.4}$$

即

$$\frac{\mathrm{d}P}{\mathrm{d}T}=\frac{S_w-S_i}{V_w-V_i}=\frac{\Delta S}{\Delta V} \tag{3.5}$$

式中：S 为熵（J/K）；V 为体积（m^3）；P 为压强（Pa）；T 为绝对温度（K）；下标 w 代表水，下标 i 代表冰。

① 1 atm = 101 325 Pa

② 1 kcal = 10^3 cal=4 186.8 J

对于可逆的水冰相变，$\Delta S=\Delta H/T$

$$\frac{\mathrm{d}P}{\mathrm{d}T}=\frac{\Delta H}{T_0\Delta V}=\frac{\Delta_{\mathrm{fus}}H_{\mathrm{m}}}{T_0\Delta_{\mathrm{fus}}V_{\mathrm{m}}} \tag{3.6}$$

式中：ΔH 为焓变增量（J）；$\Delta_{\mathrm{fus}}H_{\mathrm{m}}$ 为单位质量的冰的融化焓增量（J/kg）；$\Delta_{\mathrm{fus}}V_{\mathrm{m}}$ 为单位质量的冰的融化体积增量（m^3/kg）；P 为外界压强（Pa）；T_0 为冰点温度（K）。

式（3.6）即为冻结岩体水冰相变满足的克拉佩龙方程。

由式（3.6）积分可得

$$T_0=k\exp\left(\frac{\Delta_{\mathrm{fus}}V_{\mathrm{m}}}{\Delta_{\mathrm{fus}}H_{\mathrm{m}}}P\right) \tag{3.7}$$

式（3.7）即为压力与冰点的函数关系。

设 273.2 K(0℃)和标准大气压(1.013 25×10^5 Pa)下，水和冰的密度分别为 999.9 kg/m^3 和 916.8 kg/m^3，冰的熔化焓 $\Delta_{\mathrm{fus}}H_{\mathrm{m}}$ 为 333.5 kJ/kg，则单位质量冰的熔化体积增量为

$$\Delta_{\mathrm{fus}}V_{\mathrm{m}}=\frac{1}{999.9\mathrm{kg/m^3}}-\frac{1}{916.8\mathrm{kg/m^3}}=-9.06\times10^{-5}\mathrm{m^3/kg} \tag{3.8}$$

代入式（3.7），得

$$T_0=k\mathrm{e}^{-2.72\times10^{-10}P} \tag{3.9}$$

标准大气压为 1.013 25×10^5 Pa 时，水的冰点为 273.15 K，代入式（3.7）得 k=273.16。运用 MATLAB 绘制 0.1～20 Mpa 的冰点与压力的关系曲线，如图 3.3 所示。可见，曲线十分接近直线。

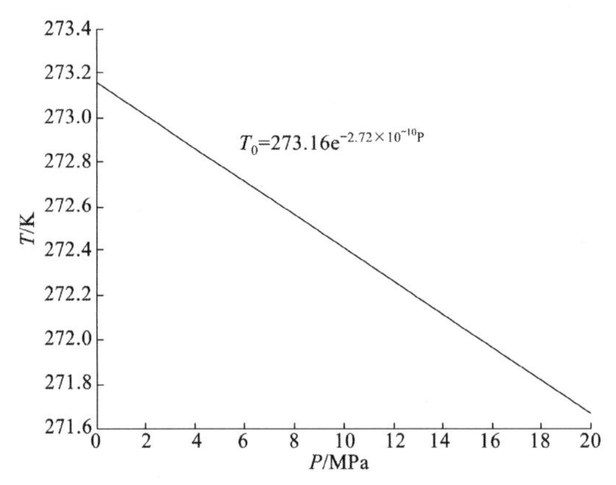

图 3.3　冰点-压力关系曲线

3.2.2　冻结率

冻结率为参与冻结的水的比例，表达式为

$$u=\frac{m_{\mathrm{i}}}{m_{\mathrm{w}}+m_{\mathrm{i}}} \tag{3.10}$$

式中：u 为冻结率；m_{i} 为冰的质量；m_{w} 为水的质量。冻结率表征参与冻结的水分的多少，是控制冻胀力、冻胀应变的关键变量，对冻融损伤有非常重要的影响。它受温度、压力、冻结历时等多种因素的影响。

设在封闭裂隙内水的冰点为 T_0，未冻结时水的初始体积为 V_{w0}，初始水压 P_0；降温时冰晶出现，冻结率为 u_i，冻结压力为 P；降温过程中水冰系统的温差为 $\Delta T=T-T_0$，冻结过程如图 3.4 所示（刘泉声 等，2011a；Konrad，1990）。

假定：①冻胀力的增长是一个准静态过程；②相变释放的潜热全部被水冰系统吸收，忽略传递至外界的潜热。

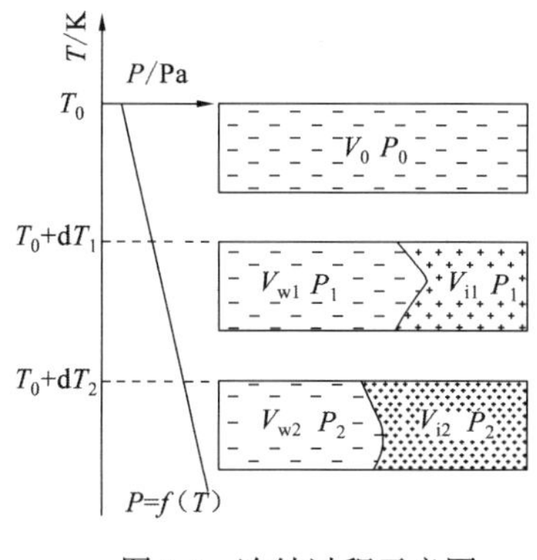

图 3.4　冻结过程示意图

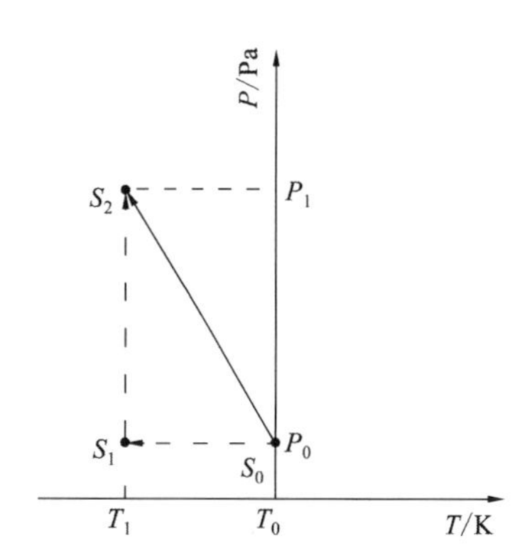

图 3.5　降温路径叠加示意图

如图 3.5 所示，由初始状态 $S_0(P_0, T_0)$ 降温至稳态 $S_2(P_2, T_2)$，可等效为以下两个路径叠加。

（1）$S_0 \rightarrow S_1$：由冰点 T_0 等压降温至 T_0+dt，充分实现热扩散，最终完全冻结，至稳态 S_1。

（2）$S_1 \rightarrow S_2$：由稳态 S_1 绝热等温压缩至状态 S2。

根据热力学第一定律，能量增加值等于吸收的热量与外界做功之和（沈维道 等，2001），即

$$\Delta U = Q + W \tag{3.11}$$

外界做功为

$$W = \int_{\Delta V} P(V)\,\mathrm{d}V \approx \frac{1}{2}(P_1 - P_0)\,\Delta V \tag{3.12}$$

依据假定②，可将路径（2）视为绝热等温压缩，此过程热力学能不变，所有的焓变等于外界做功，内能增量为 W，全部用于增加相变潜热，导致部分冰融化，从而储存能量。设融化的冰体积为 V_{tr}，称为融冰，储存潜热为 LV_{tr}，L 为相变潜热系数，ρ_i 为冰的密度。

由 $L\rho_i V_{tr}=W$ 得

$$V_{tr} = \frac{W}{L\rho_i} \tag{3.13}$$

从而可得状态 S_2 的冻结率为

$$u_i = \frac{V_0 - V_{tr}}{V_0} = 1 - \frac{\Delta P \Delta V}{L\rho_i V_0} \tag{3.14}$$

实际上，冻结率有多种表达形式，计算时可根据需要忽略次要因素实现简化，采用相应的表达式。冻结率与冻结时间的相关性将在下文研究。

3.3 冻结过程裂隙水分迁移与冻胀力萌生

3.3.1 冻结裂隙水分迁移驱动力

水冰相变是岩体裂隙中冻胀力产生的必备条件。相变体积膨胀受到裂隙面的束缚而产生冻胀力，它是研究冻胀裂隙扩展及冻融损伤的关键因素。冻胀力的大小受外界因素和内部因素影响，外界因素包括冻结温度、冻结速率、冻结时间、冻结缘水分迁移补给等，内部因素如裂隙面几何特征、岩石基质的力学性质等。

裂隙岩体是岩块与大量结构面共同组成的结构体，岩石基质组成岩体的基本骨架。裂隙岩体是复杂的多相体系，由固、液、气三相物质组成。液相的水和气体共同填充在岩体的裂（孔）隙中，对于冻岩而言，冻融作用导致部分液态水相变为固态冰，使得裂隙岩体中出现液固相交替现象。岩体冻结缘带中相变引起的冰晶增长需要水分供给，这就引出关于冻结缘带的水分迁移驱动力的问题。

冻结缘水分的补给是影响相变及冻胀作用的关键环节。国内外对冻结岩土体中分凝势的研究多集中在冻土方面，并取得了一定成果，一些重要结论可用作冻岩相关问题的参考。不少学者对土冻结特性、冻结条件下的水分迁移、成冰作用及冻胀、盐分迁移及盐胀等问题进行了大量的试验研究。陈肖柏等的结果表明，冻土中的水分迁移与冻结过程中的土水势梯度有关，该梯度主要取决于土体的性质、边界条件、冻结速率和冻胀速率等（陈肖柏　等，2006）。

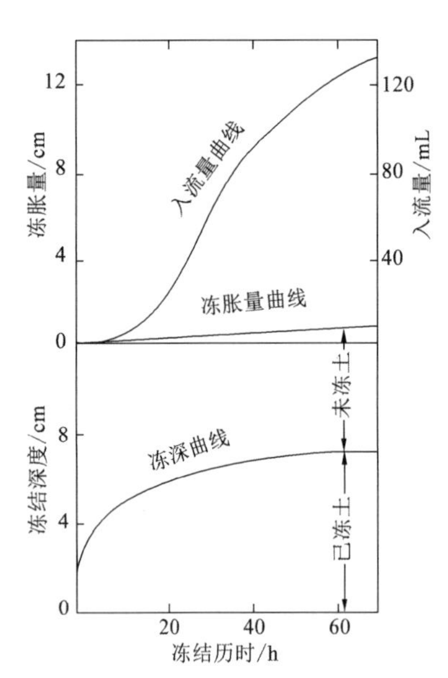

图 3.6　冻土中冻结深度、冻胀量与入流量的曲线（徐学祖　等，1991）

徐学祖等（1991）通过对冻结土体的试验结果表明，土冻结过程中，在不稳定热流阶段是以冻结锋面的移动为特征的，其移动速率主要与初始含水量、土体导热性能、初始温度分布和冻结温度相关（图 3.6）。徐学祖等（2001）提出，根据冻结速率可将冻结锋面随时间的变化分为四个区段：快速冻结区、过渡区、似稳定区和稳定区。冻深随时间的变化可表示为

$$H_{\mathrm{f}} = a\sqrt{T} + b \tag{3.15}$$

式中：H_f为冻结深度（cm）；T 为冻结时间（h）；a 和 b 为与土体性质、边界条件相关的两个系数。

整体而言，冻结缘带的水分迁移是由该体系中的水分处于不平衡态引起的，不平衡力是由重力势、温度梯度、分凝势等多种作用力综合作用的结果。将这些外力势综合的作用势称为总水势，它是一个有方向、有大小的量。某种温度条件下，以上各种因素并非同时作用。按照现有的研究成果，冻岩内的水热迁移驱动力可归纳为以下几类。

（1）重力势：数值上等于把单位重量的水提高单位高度需要克服重力做的功。岩体中的重力势是由高差造成的，可用 $\psi_g = g\Delta h$ 表示，g 为重力加速度，Δh 为高差。

（2）压力势：由裂（孔）隙水压力梯度引起的，与重力势的一个重要区别是，压力势可由岩石骨架受外界压力而产生。

（3）分凝势：迁移水量与冻结边缘的温度梯度之比。Konrad 等（1997）通过进行不同温度梯度下冻土中水分迁移试验得出了水分迁移通量与温度梯度 ΔT 成正比的结论：

$$q = -\mathrm{SP}\Delta T \tag{3.16}$$

式中：SP 为分凝势。

（4）毛细势：由液体的表面张力引起的。毛细力在土壤中是一种非常重要的水分迁移的驱动力。与岩石相比，土壤相对疏松，内部布满大量的可视为毛细管的水分运移通道。而岩体结构与土壤相比区别较大。岩体内主要的水分通道是裂隙。岩体裂隙网络与土体孔隙相比较为致密，数量相对较少，且连通性较差。此外，土体中的孔隙通道可近似视为大量毛细管，而岩体裂隙构造近似于平板（图 3.7、图 3.8）（高世桥 等，2010）。

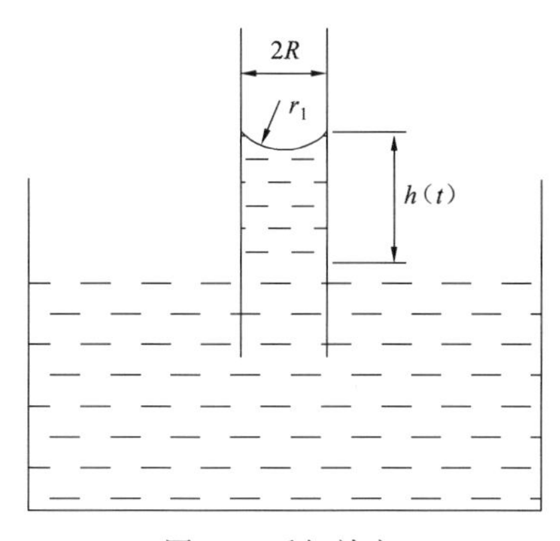

图 3.7　毛细效应

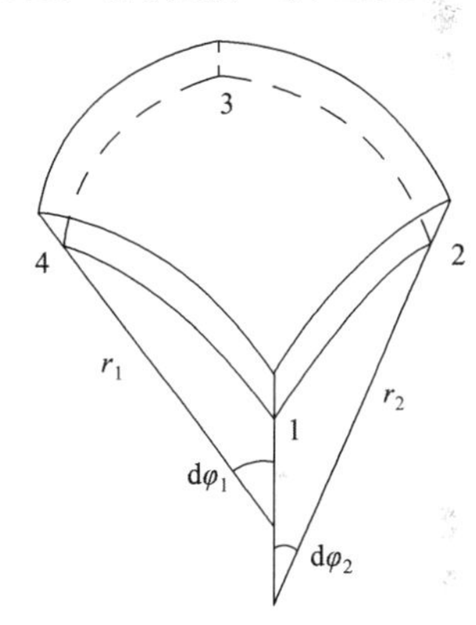

图 3.8　毛细球面

毛细管模型的毛细驱动压力可根据杨–拉普拉斯方程直接得到

$$\Delta P = \frac{2\gamma}{R^*} = \frac{2\gamma\cos\theta}{R} \tag{3.17}$$

式中：γ 为液体的表面张力；θ 为接触角；R 为毛细管半径；r_1 为弯曲液面的曲率半径；r_2 为液面沿裂隙走向的曲率半径；ΔP 为毛细压力。

如图 3.9 所示，岩体中的裂隙可视为两个紧密接触的板面，与毛细管的情况有些区别。考察裂隙毛细势时，裂隙间的水可视为“液桥”，它会产生毛细压力。近似认为裂隙中的毛细接触角 $\theta=0$，$r_1 = \dfrac{\delta}{2}$，$r_2 \to \infty$，侧液面呈凹形，液体内的压力比气体小，根据杨–拉普拉斯方程得

$$\Delta P = \gamma\left(\frac{1}{r_1} + \frac{1}{r_2}\right) = \frac{2\gamma}{\delta} \tag{3.18}$$

式中：δ 为隙宽；ΔP 为岩体裂隙中的毛细势驱动压力。

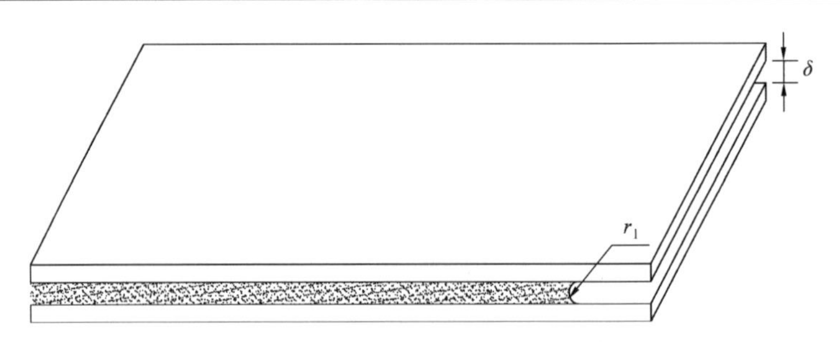

图 3.9　平直裂隙毛细现象（平直板模型）

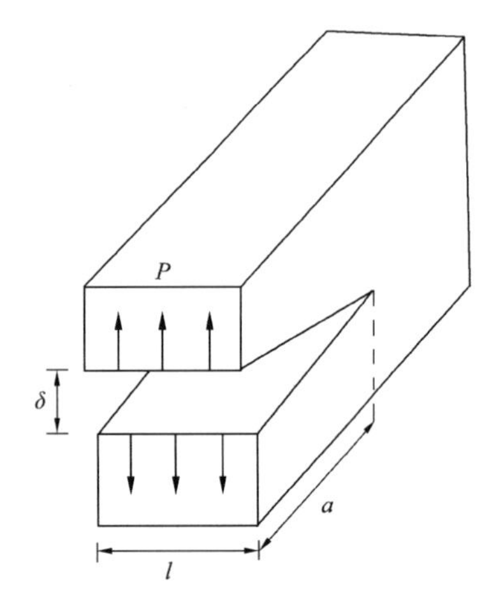

图 3.10　假定的裂隙几何形态

（5）冻胀压力势：认为裂隙扩展源为已存裂隙，裂隙初始饱和，自由状态下水冰相变体积膨胀系数为 β，假定自由水不可压缩。裂隙中水分迁移符合立方定律，冰体和岩石基质均视为均质各向同性弹性介质，冰透镜体的增长过程中总有未冻水薄膜覆盖，体积膨胀过程中裂隙水压沿迹长方向均匀分布。假定的裂隙几何形态如图 3.10 所示。

冻胀冰压产生水势梯度，造成水分迁移（沿上图 3.10 中 l 方向），忽略自由水重力势和毛细势影响，流量可表示为

$$Q=\int_t K_f J_f \mathrm{d}t=\int_t -K_f \frac{\partial P}{\partial l}\mathrm{d}t \tag{3.19}$$

式中：t 为时间；Q 为时间 t 内迁出的水体积；J_f 为沿裂隙方向的水力梯度；P 为冻结过程的冻胀力；K_f 为沿裂隙的等效渗透系数，且 $K_f=\dfrac{2\lambda a^3\gamma}{3\mu}$，其中，$\lambda$ 为裂隙渗透系数修正系数，γ 为流体的重度，μ 为动力黏滞系数，a 为裂隙隙宽的一半。

3.3.2　冻胀力萌生机制

1. 基本假定

冻胀力是低温裂隙水结冰体积膨胀引起对岩体裂隙壁产生的挤压力。为了探究裂隙中的冻胀力，充分考虑实际工况作如下假定。

（1）裂隙含水饱和，只考虑裂隙水在裂隙内迁移，忽略岩石基质的渗透性，裂隙中水分迁移符合立方定律。

（2）冰体和岩石基质均视为均质各向同性弹性介质，裂隙水不可压缩。

（3）由于冰体上未冻水膜的存在，不考虑冰体与裂隙壁的摩擦力，体积膨胀过程中裂隙水压沿迹长方向均匀分布。

（4）裂隙横断面保持椭圆形不变（李宗利 等，2005；阳友奎 等，1995），宽度为椭圆长轴 a，厚度为短轴 b，且 $b \ll a$，裂隙横断面几何形态如图 3.11 所示。

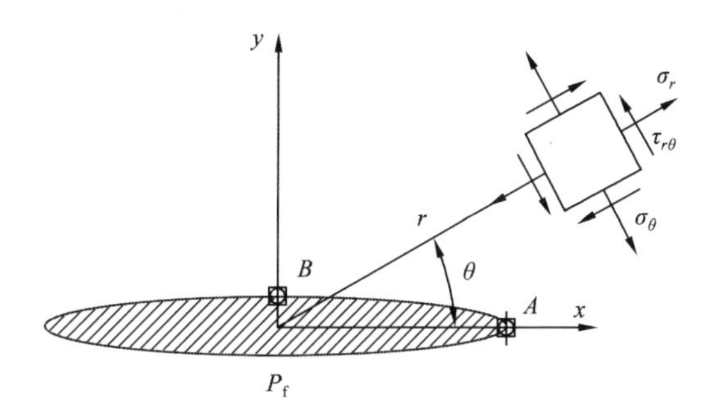

图 3.11 裂隙横断面尖端应力场计算模型

2. 冻胀力萌生过程中的水分迁移控制方程

冻胀过程中裂隙水压升高产生水压力梯度引起裂隙水分向外迁移，忽略自由水重力势和毛细势的影响，裂隙水流量可表示为

$$Q = 2a\int_t q\mathrm{d}t = \int_t -\gamma_\mathrm{f}\frac{4a\lambda^3 b^3}{3\mu}\frac{\partial P_\mathrm{f}}{\partial l}\mathrm{d}t \tag{3.20}$$

式中：t 为时间；Q 为时间 t 内迁出的水体积；q 为沿 l 方向单位时间通过裂隙的单位宽度流量，符合立方定律 $q=\gamma(2\lambda b)^3/(12\mu)\cdot\partial P_\mathrm{f}/\partial l$；$\mu$ 为动力黏滞系数；P_f 为冻结过程的冻胀力（冻结过程中与水压力相等）；γ 为裂隙水重度；λ 为裂隙宽度等相关的修正系数，若采用等效水力宽度修正可取 $\lambda=\sqrt[3]{3\pi/16}$。

3. 冻胀过程中的体积膨胀耦合方程

裂隙已冻结段长度记为 l_f，且有 $l_\mathrm{f}<1$，在冻结段内，水冰相变在无约束条件下的体积膨胀量为

$$\Delta V_\mathrm{f}' = \alpha_\mathrm{iw}^\mathrm{v}(V_\mathrm{f}^0 - Q)u_\mathrm{T} \tag{3.21}$$

式中：$\alpha_\mathrm{iw}^\mathrm{v}$ 为自由状态下水冰相变体积膨胀系数，是无量纲的常数；u_T 为 T 温度下冻结率（%）；V_f^0 为冻结段发生冻结前裂隙容积。

冻结前裂隙容积为

$$V_\mathrm{f}^0 = \pi abl_\mathrm{f} \tag{3.22}$$

考虑裂隙壁对冰体的约束，在均匀冻胀力 P_f 下裂隙冰体积相对于无约束时会发生压缩变形，由弹性力学可知在平面应变下体应变为

$$\varepsilon_\mathrm{i}^\mathrm{v} = \frac{3(1-2v_\mathrm{i}^T)}{E_\mathrm{i}^T}P_\mathrm{f} \tag{3.23}$$

式中：E_i^T 为温度 T 下冰的弹性模量；v_i^T 为冰的泊松比。

在裂隙壁约束下实际裂隙冰体积为

$$V_\mathrm{f} = (V_\mathrm{f}^0 - Q + \Delta V_\mathrm{f}')(1-\varepsilon_\mathrm{i}^\mathrm{v}) \tag{3.24}$$

冻结终了裂隙容积为

$$V_\mathrm{f}^1 = \pi(a+\Delta a)(b+\Delta b)l_\mathrm{f} \tag{3.25}$$

式中：V_{f}^{1}为冻结段发生冻结后裂隙容积；Δa、Δb 分别为在冻胀力下裂隙横截面长短轴变化量。

冻结终了裂隙冰将充满长度为l_{f}的裂隙段，裂隙冰与裂隙体积相等，从而有

$$V_{\mathrm{f}}=V_{\mathrm{f}}^{1} \tag{3.26}$$

可见此时关键是对裂隙几何形状扩展量的求解，对于平面椭圆形裂纹在均布内压下，利用弹性力学结合复变函数理论可计算得到裂隙长短轴处位移。

经计算得到长轴中心点 A 处的位移为

$$u_{\mathrm{r}}^{A}=\frac{P_{\mathrm{f}}R}{2G_{\mathrm{s}}^{T}}\left(1-\frac{3-v_{\mathrm{s}}^{T}}{1+v_{\mathrm{s}}^{T}}m\right) \tag{3.27}$$

短轴中心点 B 处的位移为

$$u_{\mathrm{r}}^{B}=\frac{P_{\mathrm{f}}R}{2G_{\mathrm{s}}^{T}}\left(\frac{3-v_{\mathrm{s}}^{T}}{1+v_{\mathrm{s}}^{T}}m+1\right) \tag{3.28}$$

式中：$G_{\mathrm{s}}^{T}=E_{\mathrm{s}}^{T}\Big/\left[(1-v_{\mathrm{s}}^{T})/2\right]$为温度 T 下岩石的剪切模量，E_{s}^{T}、v_{s}^{T}为温度 T 下岩石的弹性模量与泊松比；$m=(a-b)/(a+b)$；$R=(a+b)/2$。在 $b<<a$ 时忽略裂隙宽度，则有 $m=1$，$R=a/2$。

因而短轴中心处的裂隙宽度变化简化为

$$\Delta b=u_{\mathrm{r}}^{B}=\frac{P_{\mathrm{f}}}{G_{\mathrm{s}}^{T}}\frac{a}{1+v_{\mathrm{s}}^{T}} \tag{3.29}$$

长轴中心处的裂隙宽度变化简化为

$$\Delta a=u_{\mathrm{r}}^{A}=-\frac{P_{\mathrm{f}}}{2G_{\mathrm{s}}^{T}}\frac{a(1-v_{\mathrm{s}}^{T})}{1+v_{\mathrm{s}}^{T}} \tag{3.30}$$

当$b\ll a$时，近似平直的椭圆裂隙在 x 方向长度变化$|\Delta a|=|\Delta b|(1-v_{\mathrm{s}}^{T})/2$是一个极小量，因而可认为$\Delta a\times\Delta b\approx 0$，式（3.25）可简化为

$$V_{\mathrm{f}}^{1}=\pi(ab+a\Delta b+\Delta ab)\,l_{\mathrm{f}} \tag{3.31}$$

进一步得

$$V_{\mathrm{f}}^{1}=\pi a\left(b+\frac{P_{\mathrm{f}}}{G_{\mathrm{s}}^{T}}\frac{a}{1+v_{\mathrm{s}}^{T}}-\frac{P_{\mathrm{f}}}{2G_{\mathrm{s}}^{T}}\frac{1-v_{\mathrm{s}}^{T}}{1+v_{\mathrm{s}}^{T}}b\right)l_{\mathrm{f}} \tag{3.32}$$

可得到膨胀耦合关系式

$$\left[V_{\mathrm{f}}^{0}-Q+\alpha_{\mathrm{iw}}^{\mathrm{v}}(V_{\mathrm{f}}^{0}-Q)u^{T}\right]\left[1-\frac{3(1-2v_{\mathrm{i}}^{T})}{E_{\mathrm{i}}^{T}}P_{\mathrm{f}}\right]=\pi a\left(b+\frac{P_{\mathrm{f}}}{G_{\mathrm{s}}^{T}}\frac{a}{1+v_{\mathrm{s}}^{T}}-\frac{P_{\mathrm{f}}}{2G_{\mathrm{s}}^{T}}\frac{1-v_{\mathrm{s}}^{T}}{1+v_{\mathrm{s}}^{T}}b\right)l_{\mathrm{f}} \tag{3.33}$$

引入参数ζ来表征水分迁移通量与原有体积水的比例关系

$$Q=\zeta V_{\mathrm{f}}^{0} \tag{3.34}$$

式中：ζ为水分迁移通量比。

冻胀力与岩体和冰的力学参数及裂隙几何参数的关系式

$$P_{\mathrm{f}}=\frac{k_{\mathrm{i}}-1}{\dfrac{k_{\mathrm{i}}}{k_{\mathrm{i}}^{T}}+\left(\dfrac{a}{b}-\dfrac{1-v_{\mathrm{s}}^{T}}{2}\right)\dfrac{1}{G_{\mathrm{s}}^{T}(1+v_{\mathrm{s}}^{T})}} \tag{3.35}$$

式中：$k_{\mathrm{i}}=(1+\alpha_{\mathrm{iw}}^{\mathrm{v}}u^{T})(1-\zeta)$ 为考虑水分迁移后的裂隙水体积膨胀系数；$k_{\mathrm{i}}^{T}=\dfrac{E_{\mathrm{i}}^{T}}{(1-2v_{i}^{T})/3}$ 为裂隙冰的体积模量。

由式（3.35）可知冻胀力是与水分迁移通量、岩石和冰的力学参数及裂隙几何参数等有关的复杂变量；它还与冻结温度和冻结速率有关。

3.4　岩体裂隙冻胀效应分析

将裂隙岩体视为岩块和裂隙组成的系统，岩体中的水分区分为裂隙水和孔隙水。孔隙水相变的冻胀力相当于增加了孔隙压力，裂隙中的水冰冻结力是因相变体积膨胀受到裂隙面的约束而产生的，是造成裂隙扩展的重要因素。因此，研究相变过程中裂隙的冻胀效应具有十分重要的意义。本节将通过三种典型的冻胀裂隙研究冻胀应力场的分布规律。

3.4.1　贯通单裂隙

1. 模型建立

根据断裂力学相关理论，认为导致裂纹失稳扩展的是垂直裂隙面方向的应力分量 σ_{zz}（即 $\sigma_{\theta=0}$）（刘泉声　等，2011）

$$\sigma_{zz}(x,\ 0)=\begin{cases}-p, & |x|\leqslant a\\ \dfrac{p|x|}{\sqrt{x^{2}-a^{2}}}-p, & |x|>a\end{cases} \tag{3.36}$$

在裂隙尖端附近，$z=0$，$x=a+\Delta x$，$\Delta x\ll a$，可知：$\sigma_{zz}\propto\dfrac{1}{\sqrt{\Delta x}}$（图 3.12）。

如图 3.13 所示，建立岩石试件模型尺寸为 0.1 m×0.1 m×0.1 m（长×宽×高），内含平直裂隙，走向沿 y 向，隙宽 20 mm，厚度 2 mm。内部充填冰水介质。

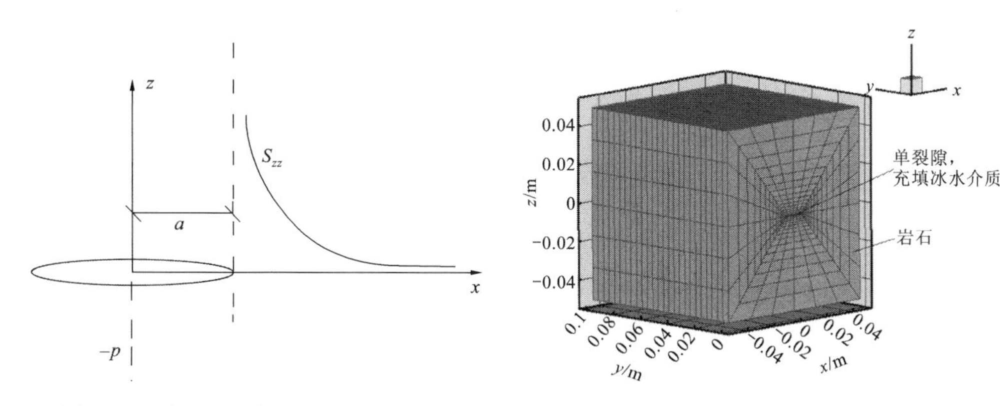

图 3.12　裂隙尖端法向应力分布示意图　　图 3.13　单裂隙冻胀热–力耦合模型

为简化计算，对冻胀模型作如下假定。

（1）岩石基质和冰符合莫尔–库仑（Mohr-Coulomb）定律，热学模型符合均质热导模型假定。

（2）裂隙中充满冰（水）介质，冻结率服从以下函数关系

$$u^T = \begin{cases} 0, & 0 \leqslant T \\ -T/20, & -20 < T < 0 \\ 1, & T \leqslant -20 \end{cases} \tag{3.37}$$

模型初始温度为 0℃，初始内部应力为 0，冻结温度为 −20℃。

（3）在冻胀过程中，假定冰–水介质混合均匀，并忽略水分迁移，冰（水）体冻胀各向均匀。水冰相变体积膨胀系数按 9%计算，忽略其热胀冷缩效应，采用等效热膨胀系数法。冻结温度范围（−20～0℃）内，冰–水混合体的热膨胀系数 α=−0.001 5。计算中取为负值，表示体积随温度降低而增大。模型主要参数见表 3.1（张玉军，2009b）。

表 3.1　模型热–力学参数值

参数	岩石	冰–水
重度/（kN/m^3）	24.10	9.17
体积模量/MPa	14.1×10^3	52
剪切模量/MPa	8.87×10^3	17.4
内摩擦角	35°	20°
黏聚力/MPa	4.0	3.5
抗拉强度/MPa	0.5	0.4
比热容/［kJ/（kg·℃）］	0.88	4.2
热膨胀系数/（℃$^{-1}$）	5.4×10^{-6}	−0.001 5
导热系数［W·（m·℃）］	2.67	4.20

2. 结果分析

编制 FISH 程序，进行计算，程序运行约 3×10^6 步，得到裂隙附近最大主应力分布，如图 3.14 所示，裂隙面附近最大主应力以压应力为主，但在尖端存在较明显的拉应力集中区。

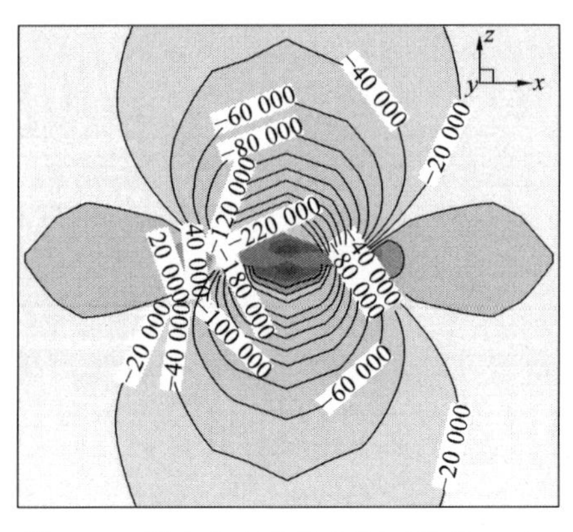

图 3.14　最大主应力分布图（单位：Pa）

通过编制程序，绘制截面 $y = 0.05$ m 处应力分量 σ_{zz} 的计算值和解析值［式（3.36）］，对比结果如图 3.15 所示。

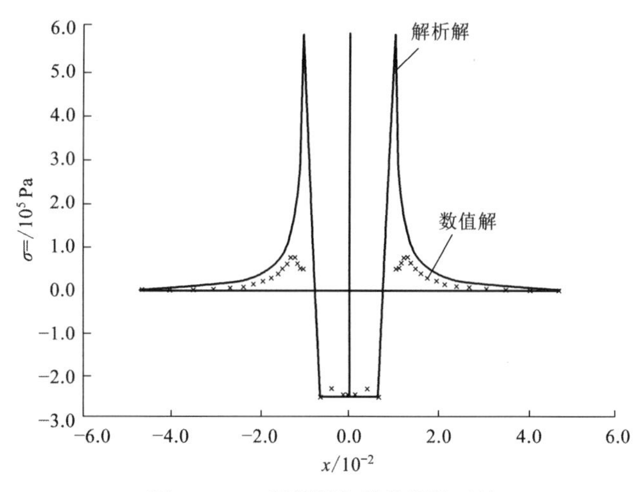

图 3.15 σ_{zz} 解析解与数值解的对比

Griffith 裂纹的第一基本型（张开型）认为裂隙面法向应力分量 σ_{zz} 对裂纹扩展起主要作用。从图 3.15 可知，冻胀荷载约 2.5×10^5 Pa。

因理论推导中未考虑岩石材料的热胀冷缩特性，加之外边界条件假定与计算模型存在差异等因素，数值解与解析解存在一定误差，但两者分布规律总体十分近似，且在尖端都存在明显的拉应力集中区。

通过 FLAC 3D 后处理的切片操作，在坐标原点处切得一垂直于 y 轴的平面，在其上描绘位移矢量，如图 3.16 所示。冰体的温度效应产生冻胀位移显著，岩石基质热胀冷缩效应产生的位移量与冰的冻胀位移量相比十分微弱。

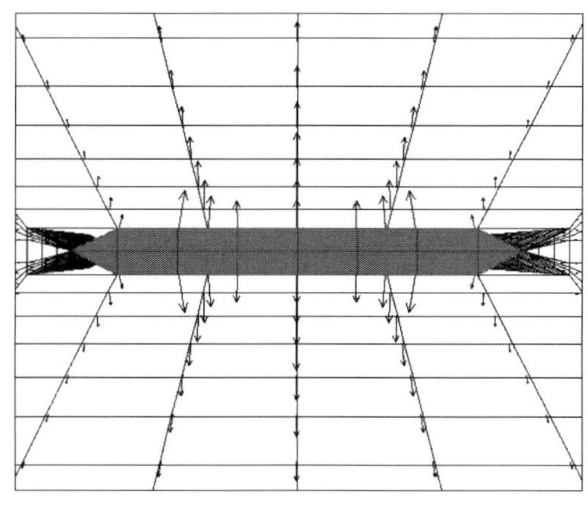

图 3.16 裂隙面位移矢量图

3.4.2 非贯通单裂隙

如图 3.17 所示，计算模型为标准圆柱试件，直径 50 mm、高 100 mm。内部平直裂隙

图 3.17　计算模型

尺寸为 20 mm×10 mm×1 mm，富含水。模型初始温度为 0℃，外界温度 −20℃。模型主要参数与 3.4.1 节中的案例相同。

冻结运行 3×10^4 步以后的温度场分布如图 3.18 所示，最大主应力场如图 3.19 所示。结果表明，运行 3×10^4 步时的裂隙内水冰温度约为 −10℃，而冻胀力超过 3.0 MPa。

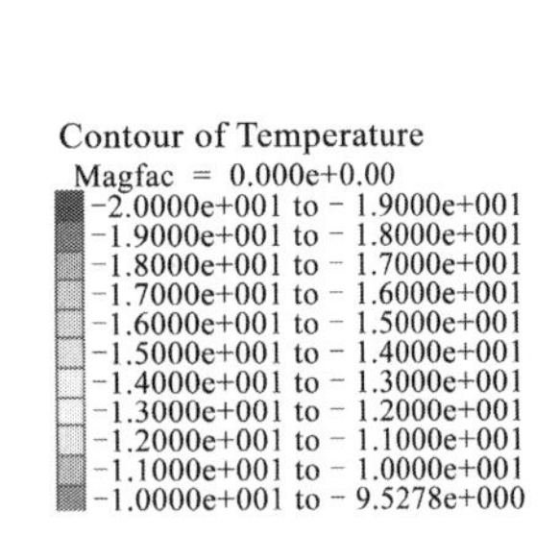

图 3.18　温度场（单位：℃）

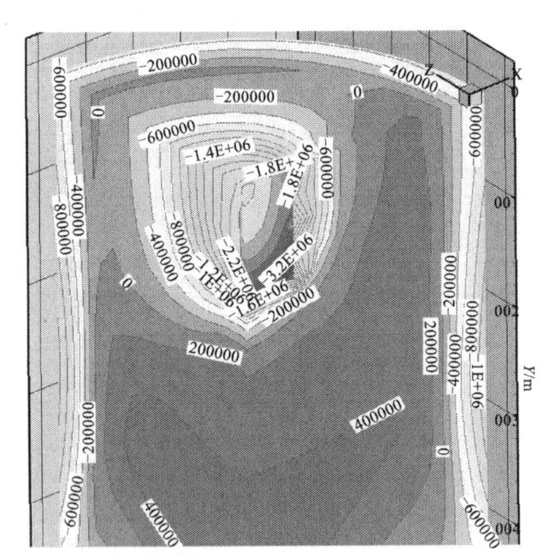

图 3.19　最大主应力场（单位：Pa）

计算过程中，对裂隙面上 *A* 点（如图 3.17 所示，位于裂隙面的正中心）的法向位移进行了动态监测，监测结果如图 3.20 所示。

从图 3.20 中可以看出，*A* 点初始位移为负值，而运行约 3 000 步之后位移开始增加，并在 8 000 步之后转为正值。这一现象可做如下解释：冻结开始时裂隙水未达到冰点，岩样整体冷缩变形，随着热传递过程的进行，裂隙内温度降低，水冰系统冻胀挤压岩石骨架产生正向位移。

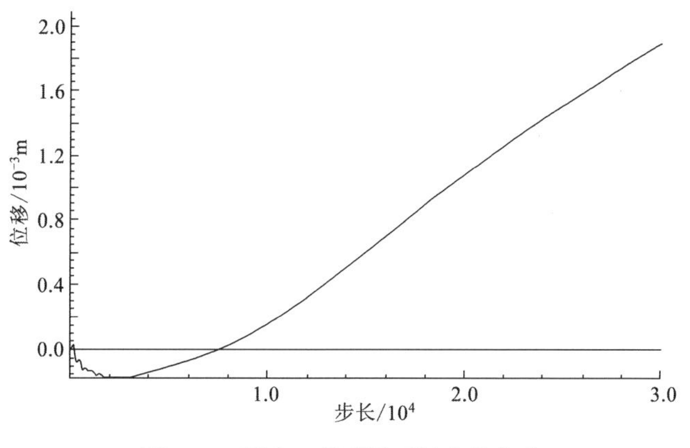

图3.20　测点A沿裂隙面法向的位移

3.4.3　多裂隙冻胀应力场叠加

冻胀作用产生的冻胀应力场可能会对邻近的裂隙产生影响，若达到一定条件，可能导致邻近裂隙的扩展。下面通过一个实例研究邻近裂隙冻胀应力场的叠加效应。

如图3.21所示，试样的尺寸为2.0 m×2.0 m×0.5 m，两条裂隙互相平行，与第三条裂隙相垂直。裂隙长0.5 m，隙宽2.0 mm，裂隙初始饱水。试样初始温度为0℃，冻结温度为−20℃。模型主要参数与3.4.1节中的模型相同。以下两种工况进行计算。

图3.21 计算模型（三）

（1）工况一：纯冻胀应力场。此工况不施加边界应力，仅考察冻胀作用。所得数据文件导入数据后处理软件进行处理，所得最大主应力场分布如图3.22所示。可以看出，邻近裂隙的应力场产生相互干扰，但在尖端没有出现明显的应力集中，可理解为裂隙的冻胀应变对其他裂隙造成的远场应力扰动不明显。图3.22中最大主应力的最高值约0.35 MPa。

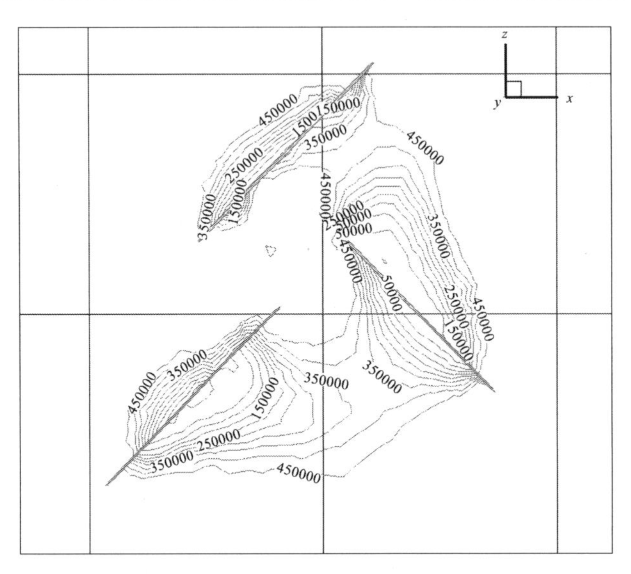

图 3.22　工况一最大主应力场分布（单位：Pa）

（2）工况二：外界应力与冻胀应力共同作用。同时考虑冻胀应力场和外界应力，在模型水平和竖直边界分别施加均布荷载 0.5 MPa 和 1.0 MPa。此工况所得最大主应力场分布如图 3.23 所示。

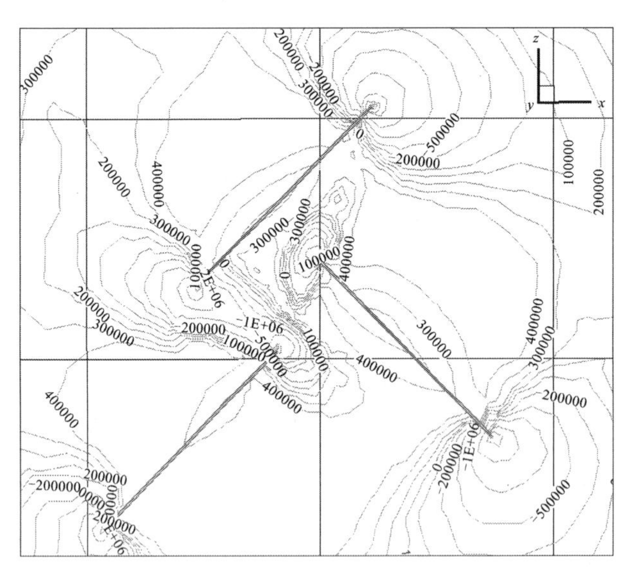

图 3.23　工况二最大主应力场分布

为了避免外界荷载过高而削弱冻胀荷载的影响，并考虑到工况一的最大主应力约 0.35 MPa，工况二施加的外界荷载分别为 1.0 MPa 和 0.5 MPa，与纯冻胀荷载较为接近。

对比图 3.22 和图 3.23 可知，冻胀力主要表现为裂隙面附近的压应力场。此案例中单纯冻胀应力场的叠加并未产生显著的应力集中，而当施加外界应力后，裂隙尖端的应力场显著改变并产生明显的应力集中。

裂隙面（interface 单元）上的正应力与剪应力如图 3.24 和图 3.25 所示。

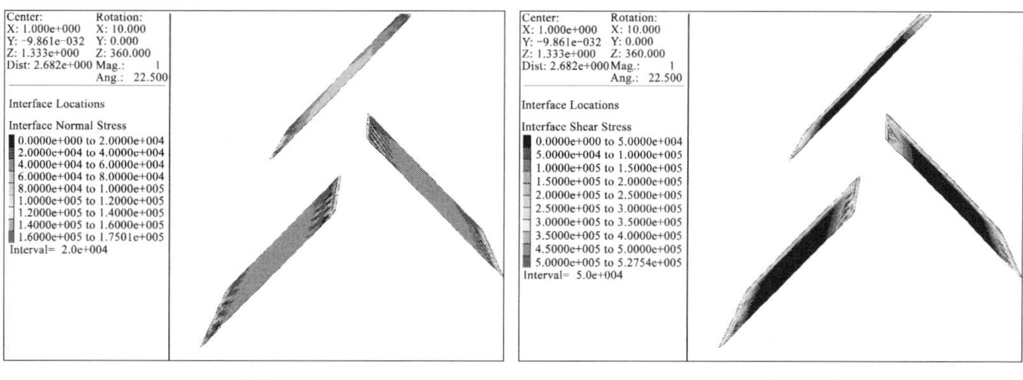

图3.24　裂隙面正应力　　　　图3.25　裂隙面剪应力

3.5　小　　结

相变是研究冻融损伤的重要内容和必经途径。本章在数值模拟中只考虑了温度场和应力场的耦合，未考虑渗流场的影响，忽略了水分迁移作用。模型考虑了岩石基质的热胀冷缩效应，但忽略了冰体的热胀冷缩效应。考虑温度对冻结率的影响，采用等效热膨胀系数法模拟冻胀荷载，与解析解进行对比分析，取得了较为理想的结果，为进一步研究冻胀荷载下裂纹的扩展提供重要途径。

根据克拉佩龙方程分析冻结岩体水冰相变平衡物态方程，得出岩体中冰点与孔隙压力的关系。根据能量守恒、功能原理和一级相变潜热理论，得出基于体积变化的冻结率表达式。

通过 FLAC 3D 建立单裂隙冻胀热–力耦合模型，考虑温度对冻结率的影响，采用等效热膨胀系数法模拟冻胀效应，编制 FISH 程序进行分析计算，得出了裂隙周围应力场分布情况，并与解析解进行对比，表明两者较为吻合。冰体冻胀位移近似沿裂隙面法向，并且岩石基质热胀冷缩效应产生的位移量与冰的冻胀位移量相比较为微弱。

第 4 章　岩石冻胀本构模型研究

4.1 引　　言

在对岩体工程进行数值分析时，需针对岩体特性选择相应的本构模型，有时需开发满足材料特殊性的本构模型。长期的地质作用及成岩过程的复杂性，造成岩体内部结构的复杂性。工程岩体内通常富含节理、裂隙、孔隙等瑕疵，不同岩体的本构关系也是千差万别的。Patton（1966）基于粗糙节理的滑动或剪切变形力学特性对节理岩体本构模型进行研究，之后又有 Ladanyi 等（1969）及 Jaeger（1971）的经验模型、Barton（1976）经验模型、Plesha（1987）理论模型、Grasselli（2003）模型和 Asadollahi 等（2010）的 Barton 修正模型等。朱维申等（2002）及李术才等（1999）应用断裂力学和损伤力学理论，对断续节理岩体开挖卸荷过程中渐进破坏的力学机制进行了研究，从压剪和拉剪两种应力状态出发，建立了复杂应力状态下断续节理岩体的损伤演化方程。张强勇等（1999）根据 Betti 能量互易定理、节理岩体能量损伤演化方程、广义正交法则和塑性损伤一致性条件建立了节理岩体的能量损伤本构模型。蓝航等（2008）基于 VC++语言，开发出适用于 FLAC 3D 的岩体采动损伤本构模型。柴红保等（2010）将裂隙岩体视为含损伤连续介质，用初始损伤张量和裂纹扩展附加损伤张量描述裂隙岩体的损伤演化过程，用 VC++开发了可模拟裂纹在各种应力状态下起裂、扩展损伤演化的本构模型。楮卫江等（2006）基于 FLAC 3D 开发了岩石黏弹塑性流变模型。Lai 等（2010）基于试验结论，提出了一种非线性弹塑本构模型，用以描述冻土的非线性应变特征。

然而，目前关于岩石冻胀本构模型的研究十分罕见。本章将根据前文试验和相变理论分析，以冻结率为枢纽，推导冻胀荷载下含水岩块的冻胀本构模型。

4.2 低温岩石未冻水含量

4.2.1 未冻水含量的组成

水冰相变体积膨胀是导致寒区岩体孔隙开裂的主要原因，在标准大气压下，水冰相变体积会增加约 9%，但压力增大时，纯水的冻结点会降低，因此即使温度处于体积水冻结点以下，仍然只有部分水会发生相变，严格来讲，低温岩土介质是由岩土颗粒、水、冰和空气组成的四相系统（Wen et al., 2012; Drotz et al., 2009）。国内外冻土的研究已有几十年的历史，但冻土中的未冻水含量也是一个难点问题。相对于冻土而言，冻岩的研究时间较短，至今鲜有对冻岩中未冻水含量模型或是试验方面的研究。

关于冻土中的未冻水含量，国内外许多学者 Liu 等（2012）、Kozlowski（2007）、

Watanabe（2002）都进行了大量的试验和模型研究。但目前冻岩中的未冻水含量还难以通过试验获得，以上关于冻土中未冻水含量的测量方法还无法直接应用于冻岩，现有研究也主要是从理论上对岩石孔隙中的未冻水进行定性分析或是直接引用冻土中的研究成果。为了得到低温岩石中的未冻水含量，首先必须对未冻水的组成进行研究。为此，假定岩石中的孔隙均为球形，且不同半径孔隙在岩石中随机分布，根据未冻水的存在形式可将孔隙岩石中的未冻水分为两部分（图4.1）。

（1）由于界面曲率效应，微观孔隙水的冻结点相对于自由体积水的冻结点降低，较小孔隙中的水分会保持液态，这一部分未冻孔隙水称为自由未冻水。

（2）由于界面预融效应，已冻结孔隙中冰与岩体间还存在一层纳米级未冻水膜，称为非自由未冻水。

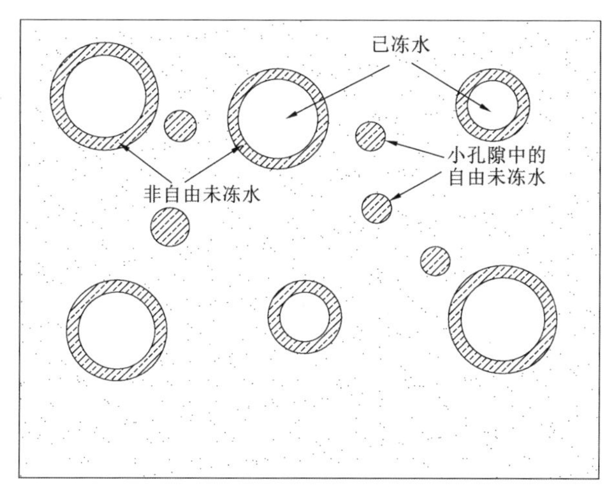

图4.1 岩石孔隙中未冻水分布示意图

岩石孔隙水冻结过程受到孔隙结构的影响较大，相变冰首先从曲率半径较大的孔隙中生成，并随着温度的降低而逐渐向小型孔隙中过渡。岩石中的孔隙半径分布区间十分广泛，从几纳米到几毫米不等，因此不同孔隙中的水分会逐渐冻结。

水冰相变过程中，在某一冻结温度下，只有大于临界半径的孔隙中才会发生冻结。克劳修斯-克拉佩龙方程的一般形式为

$$-(s_1 - s_2)\,\mathrm{d}T + v_1 P_1 - v_2 P_2 = 0 \tag{4.1}$$

式中：s、v 分别为比熵和比体积；T 为热力学温度，即相变点；P 为压力；下标分别代表不同的相。

对于水冰相变而言可以表示为

$$\mathrm{d}P_{\mathrm{i}} = \frac{\rho_{\mathrm{i}}}{\rho_{\mathrm{l}}}\mathrm{d}P_{\mathrm{l}} - \frac{\rho_{\mathrm{i}} L}{T_{\mathrm{m}}}\mathrm{d}T \tag{4.2}$$

式中：L 为相变潜热；ρ_{l}、ρ_{i} 分别为水冰介质的密度；P_{i} 为水冰界面上的冰压力；P_{l} 为水冰界面上的水压力；T_{m} 为冻结温度。

在标准大气压下体积水的冻结温度为 T_{m}=273.15 K，代入式（4.2）进行积分可得任一温度下的冰压力为

$$P_{\mathrm{i}}=\frac{\rho_{\mathrm{i}}}{\rho_{\mathrm{l}}}P_{\mathrm{l}}-\rho_{\mathrm{i}}L\ln\frac{T}{273.15} \tag{4.3}$$

一般情况下相变温度变化范围并不大，因此式（4.3）采用泰勒级数展开可得

$$P_{\mathrm{i}}=\frac{\rho_{\mathrm{i}}}{\rho_{\mathrm{l}}}P_{\mathrm{l}}-\rho_{\mathrm{i}}L\left(\frac{T}{273.15}-1\right) \tag{4.4}$$

式（4.4）与吉布斯–杜安方程表达式一致。

水冰界面上的压力差可由杨–拉普拉斯公式表示为

$$P_{\mathrm{i}}-P_{\mathrm{l}}=\gamma_{\mathrm{it}}\kappa \tag{4.5}$$

式中：L 为水冰相变潜热；γ_{it} 为水–冰界面自由能；κ 为水冰界面曲率；$\Delta T=T_{\mathrm{m}}-T_{\mathrm{f}}$，$T_{\mathrm{m}}$ 为常压下自由体积水冻结点，在标准大气压下其值为 273.15 K，T_{f} 为冻结温度。

将式（4.4）代入式（4.5）可得

$$\gamma_{\mathrm{il}}\kappa=\left(\frac{\rho_{\mathrm{i}}}{\rho_{\mathrm{l}}}-1\right)P_{\mathrm{l}}-\rho_{\mathrm{i}}L\ln\frac{T}{273.15} \tag{4.6}$$

对脆性孔隙介质而言，半径为 r_{f} 的球形孔隙，曲率为 $\kappa=2/r_{\mathrm{f}}$，可得冻结温度与冻结半径间的关系为

$$r_{\mathrm{f}}=\frac{2\gamma_{\mathrm{il}}}{\left(\frac{\rho_{\mathrm{i}}}{\rho_{\mathrm{l}}}-1\right)P_{\mathrm{l}}-\rho_{\mathrm{i}}L\ln\frac{T_{\mathrm{f}}}{273.15}} \tag{4.7}$$

事实上，水压力对冻结点的影响很小，若不考虑水压力的影响，将冻结温度按泰勒级数展开，可以得到对应于冻结温度 T_{f} 的临界冻结半径的简化形式为

$$r_{\mathrm{f}}=\frac{2\gamma_{\mathrm{il}}}{\rho_{\mathrm{i}}L(T_{\mathrm{m}}-T_{\mathrm{f}})}T_{\mathrm{m}} \tag{4.8}$$

式（4.8）与吉布斯–汤姆关系式完全一致。由式（4.8）可知对于在冻结温度 T_{f} 下，存在一个与之对应的临界孔隙半径 r_{f}；当冻结温度等于 T_{f} 时，只有半径大于 r_{f} 的孔隙水才会发生冻结，其余较小孔隙中的水分会保持液态，该部分液态水对岩石的冻胀变形没有贡献，这是第一部分未冻水，即自由未冻水。因此，对于岩石类的孔隙材料而言，在低温情况下，随着温度的降低内部水分的冻结从大孔隙向小孔隙发展。

没有发生相变的孔隙中未冻水体积等于所有未冻孔隙中的水分之和，在假定岩石孔隙为球形的条件下未冻水可表示为

$$V_{\mathrm{u1}}=\sum_{r\leqslant r_{\mathrm{f}}}\frac{4}{3}\pi r^{3} \tag{4.9}$$

利用岩石的累计孔隙体积分布函数，自由未冻水体积分数可表示为

$$w_{\mathrm{u1}}=\frac{V_{\mathrm{u1}}}{V_{\mathrm{w}}}=1-F(r_{\mathrm{f}}) \tag{4.10}$$

式中：$F(r_{\mathrm{f}})$ 为半径大于 r_{f} 的累计孔隙体积占总孔隙体积的百分比，称为累计孔隙体积分数；V_{w} 为岩石的孔隙体积。

对于第二部分未冻水（非自由未冻水）已冻结孔隙中未冻水膜厚度可表示为

$$d=\left(-\frac{2\sigma^2\Delta\gamma T_{\mathrm{m}}}{\rho_1 L\Delta T}\right)^{1/3} \tag{4.11}$$

式中：$\Delta\gamma=\gamma_{\mathrm{il}}+\gamma_{\mathrm{ls}}-\gamma_{\mathrm{is}}$，$\gamma_{\mathrm{ls}}$ 和 γ_{is} 分别为水–岩界面及冰–岩界面自由能；σ 为原子间间距；ρ_1 为体积水密度。

Hamaker 常数可以表示为原子间间距和界面自由能的函数

$$A=12\pi\cdot\sigma^2\Delta\gamma \tag{4.12}$$

将式（4.12）代入式（4.11）中，可得

$$d=\lambda\left(\frac{T_{\mathrm{m}}}{\Delta T}\right)^{1/3} \tag{4.13}$$

式中：$\lambda=-\left[A/(6\pi\rho_1 L)\right]^{1/3}$。

非自由未冻水 V_{u2}（已冻结孔隙中未冻水体积）是所有已冻孔隙中未冻水膜的体积和，因此非自由未冻水体积可表示为

$$V_{\mathrm{u2}}=\sum_{r>r_{\mathrm{f}}}\frac{4}{3}\pi\left[r^3-(r-d)^3\right] \tag{4.14}$$

忽略高阶微量，可得

$$V_{\mathrm{u2}}\approx\sum_{r>r_{\mathrm{f}}}(4\pi r^2\cdot d)=4\pi d\sum_{r>r_{\mathrm{f}}}r^2 \tag{4.15}$$

已冻结孔隙中未冻水体积 V_{u2} 占已冻结孔隙未冻结前体积水 V_{wf} 的比例为

$$\frac{V_{\mathrm{u2}}}{V_{\mathrm{wf}}}\approx\frac{\sum\limits_{r>r_{\mathrm{f}}}(4\pi r^2\cdot d)}{\sum\limits_{r>r_{\mathrm{f}}}\frac{4}{3}\pi r^3}=3d\frac{\sum\limits_{r>r_{\mathrm{f}}}r^2}{\sum\limits_{r>r_{\mathrm{f}}}r^3} \tag{4.16}$$

式（4.16）的求解必须得到岩石中已冻结岩石中球形孔隙的累计表面积分布，这是一个难以获取的物理量，为了数学上的求解方便，在计算时借鉴土体中平均粒径的思想，利用平均孔径 $\overline{r_{\mathrm{f}}}$ 表征已冻结孔隙，即岩石已冻结孔隙平均半径为 $\overline{r_{\mathrm{f}}}$，若已冻结孔隙数为 j，那么认为有如下近似

$$\frac{\sum\limits_{r>r_{\mathrm{fp}}}r^2}{\sum\limits_{r>r_{\mathrm{fp}}}r^3}\approx\frac{j\cdot\overline{r}_{\mathrm{f}}^2}{j\cdot\overline{r}_{\mathrm{f}}^3}=\frac{1}{\overline{r_{\mathrm{f}}}} \tag{4.17}$$

代入式（4.16）中得

$$\frac{V_{\mathrm{u2}}}{V_{\mathrm{wf}}}=\frac{3d}{\overline{r_{\mathrm{f}}}} \tag{4.18}$$

其中平均孔隙半径通过式（4.19）计算

$$\overline{r_{\mathrm{f}}}=F^{-1}\left(\frac{1}{2}F(r_{\mathrm{f}})\right) \tag{4.19}$$

结合式（4.18），可以得到利用岩石的累计孔隙体积分布函数表示的非自由未冻水体积分数为

$$w_{u2} = \frac{V_{u2}}{V_w} = \frac{3d}{\overline{r_f}} F(r_f) \tag{4.20}$$

岩石中所有未冻水体积分数是自由未冻水体积分数与非自由未冻水体积分数之和，表示为

$$w_u = w_{u1} + w_{u2} \tag{4.21}$$

式（4.10）和式（4.20）代入式（4.21）中得利用岩石的累计孔隙体积分数表示的未冻水体积分数为

$$w_u = 1 - \left(1 - \frac{3d}{\overline{r_f}}\right) F(r_f) \tag{4.22}$$

若不考虑非自由未冻水，则未冻水体积分数可简化为

$$w_u = 1 - F(r_f) \tag{4.23}$$

在下面的讨论中我们会看到，非自由未冻水所占比例相对很小，一般情况下可以忽略不计，这样得到的式（4.23）便是常用的未冻水含量方程表达式。只需知道岩石累计孔隙半径分布函数，便可唯一确定岩石中的低温未冻水含量。

4.2.2　未冻水含量方程

累计孔隙体积分数 $F(r_f)$ 是一个难以获取的物理量，一般需要通过孔隙率测试实验获得（Kate et al., 2006）。Ju 等（2008）通过 CT 扫描试验发现岩石中的孔隙半径分布具有一定的统计规律，表现为指数关系。Dana 等（1999）对不同孔隙度岩石的孔隙结构分布特征与气体相对渗透率之间的关系进行了研究，给出了三种不同砂岩的累计孔隙体积分数曲线（图 4.2），砂岩的基本物理参数见表 4.1。此外，Benavente 等（1999）利用光学显微镜、电镜扫描及压汞法对不同颜色的钙质砂岩及石英砂岩的孔隙结构分布进行了研究，

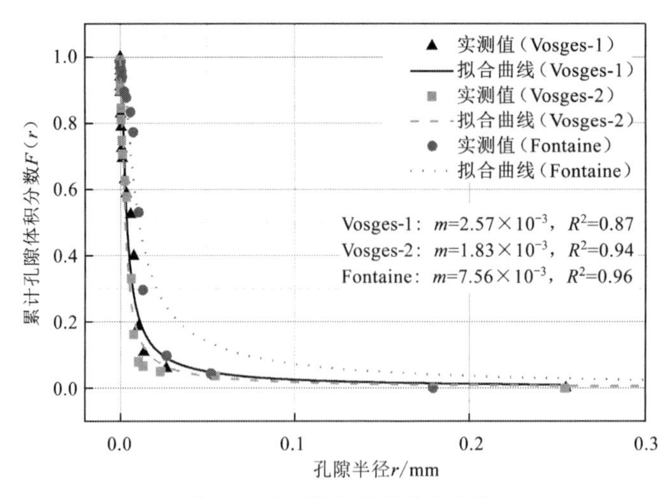

图 4.2　岩石累计孔隙体积分数

$F(r_f)$ 随孔隙半径 r 的变化关系，Vosges-1、Vosges-2 和 Fontaine 分别代表取自孚日山脉（Vosges）和方丹（Fontaine）地区的砂岩编号（Dana et al.,1999）

表 4.1　Dana 等给出的主要岩石参数（Dana et al.,1999）

岩石编号	岩块密度/（kg/m^3）	基质密度/（kg/m^3）	孔隙率/%	比表面积/（m^2/g）
Vosges-1	2 150	2 590	17	0.64
Vosges-2	2 060	2 570	20	3.10
Fontaine	2 360	260	9.5	0.03

同样给出了累计孔隙体积分数曲线（图 4.3），其目的也是为了研究岩石孔隙结构分布随结晶压力的变化。通过对以上的岩石孔隙累计体积分布曲线进行分析发现，岩石的累计孔隙体积分布函数均满足以下的指数形式

$$F(r)=1-e^{-m/r} \tag{4.24}$$

式中：m 为与研究孔隙结构分布有关的参数。从式（4.24）可见 m 是一个有量纲的物理量，单位（mm）；m 大小与岩石中孔隙分布集中度有关，m 越小说明岩石中小孔隙越多。

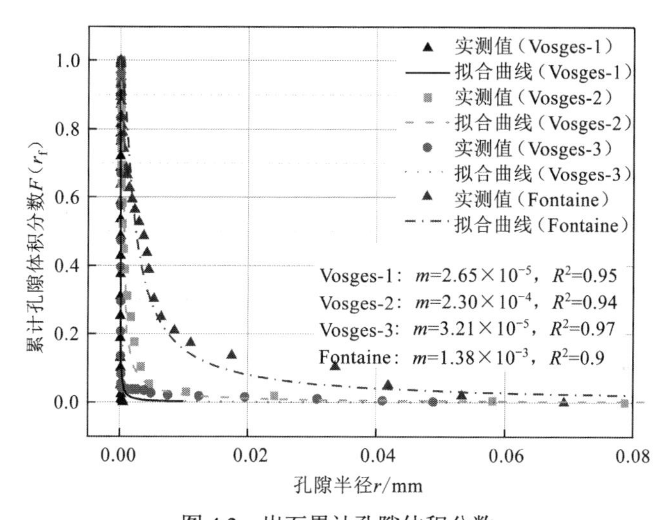

图 4.3　岩石累计孔隙体积分数

$F(r_f)$ 随孔隙半径 r 的变化关系，Vosges-1、Vosges-2、Vosges-3 和 Fontaine 分别代表白色钙质砂岩、层状钙质砂岩、蓝色钙质砂岩及石英砂岩（Benavente et al., 1999）

从图 4.2 和图 4.3 可见利用式（4.24）对实测得到的不同孔隙率岩石累计孔隙体积分布结果进行拟合都具有较高的拟合度，说明岩石的累计孔隙体积分布满足式（4.24）。

因此，将式（4.8）代入式（4.24）可以得到已冻结孔隙累计体积分数为

$$F(r_f)=1-e^{-\frac{m}{W}\Delta T} \tag{4.25}$$

式中：$W=\dfrac{2\gamma_{iw}T_m}{\rho_i L}$。

将式（4.25）代入式（4.19）可得到已冻结孔隙平均孔径与冻结温度的关系式为

$$\bar{r}_f=-\frac{m}{\ln\left(\dfrac{1+e^{-m\Delta T/W}}{2}\right)} \tag{4.26}$$

将式（4.13）、式（4.25）和式（4.26）代入式（4.22）则可得到岩石中未冻水体积分数（冻土中一般称为未冻水含量）的具体函数表达式为

$$w_{\mathrm{u}}=1-\left[1+\frac{3\lambda}{m}\left(\frac{T_{\mathrm{m}}}{\Delta T}\right)^{1/3}\ln\left(\frac{1+\mathrm{e}^{-\frac{m\Delta T}{W}}}{2}\right)\right]\left[1-\mathrm{e}^{-\frac{m\Delta T}{W}}\right] \tag{4.27}$$

其中自由未冻水含量为

$$w_{\mathrm{u1}}=\mathrm{e}^{-\frac{m\Delta T}{W}} \tag{4.28}$$

非自由未冻水含量为

$$w_{\mathrm{u2}}=-\frac{3\lambda}{m}\left(\frac{T_{\mathrm{m}}}{\Delta T}\right)^{1/3}\ln\left(\frac{1+\mathrm{e}^{-\frac{m\Delta T}{W}}}{2}\right)\left[1-\mathrm{e}^{-\frac{m\Delta T}{W}}\right] \tag{4.29}$$

式（4.29）中λ与哈马克常数有关，而哈马克常数也是一个难以获取的物理量，Lomboy 等（2011）通过试验得到了水泥颗粒在水中的哈马克常数范围$-1.92\times10^{-20}\sim-1.49\times10^{-20}$ J，因此本章算例中都取其平均值：A=-1.705×10^{-20} J。将表 4.2 中的参数取值代入中间变量λ和W的表达式中可得：$\lambda=1.393\times10^{-10}$ m，$W=7.276\times10^{-8}$ m·℃。

表 4.2　计算模型中的主要参数取值

参数	取值	参数	取值
相变潜热 L/（m^2/s^2）	334.88×10^3	体积水冻结点 T_{m} / K	273.15
冰的密度 ρ_{i} /（kg/m^3）	917	水冰界面自由能 γ_{il} / kg/s^2）	40.9×10^{-3}
水的密度 ρ_{l} /（kg/m^3）	1 000	冰的弹性模量 E_{i} / GPa	9
混凝土 Hamaker 常数 A/J	-1.705×10^{-21}	冰的泊松比 v_{i}	0.35

4.2.3　未冻水含量模型验证

由于还未见对岩石中未冻水含量试验研究的报道，但仍可以与前人已有的类岩石材料中得到的未冻水含量计算结果进行对比。Coussy 等（2008）给出了不同硅粉含量的混凝土中累计孔隙体积分布结果，如图 4.4 所示，将拟合得到的混凝土孔隙分布特征参数及λ、

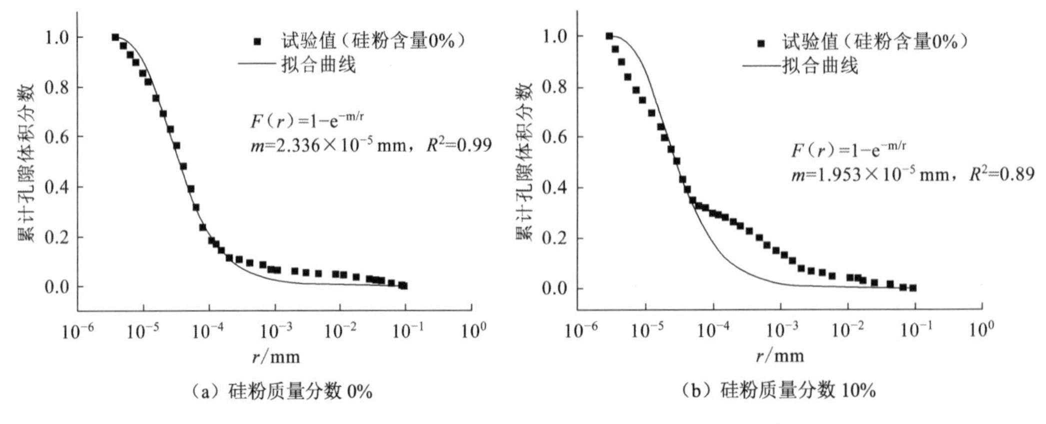

（a）硅粉质量分数 0%　　（b）硅粉质量分数 10%

图 4.4　累计孔隙体积分数随孔隙半径变化关系曲线

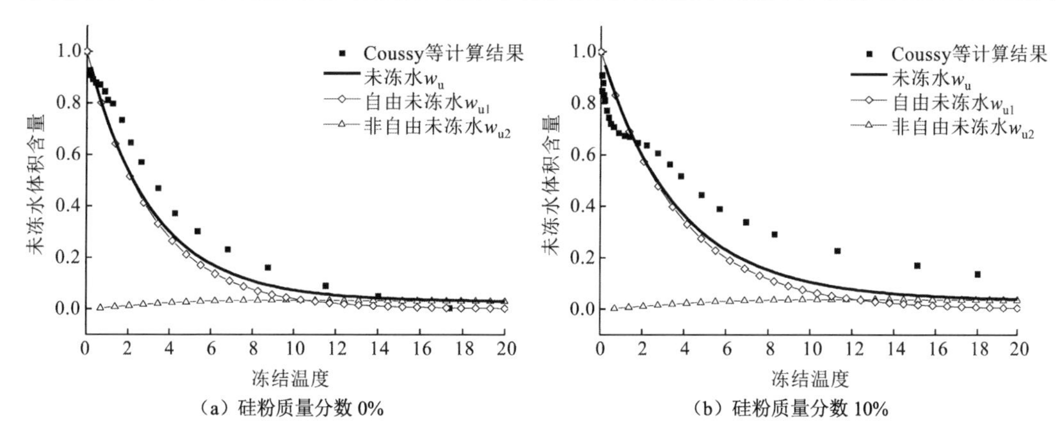

图 4.5 低温混凝土中未冻水含量中式（4.27）的计算曲线与 Coussy 的计算结果对比

W的值分别代入到本章建立的未冻水含量计算式（4.27）、式（4.28）和式（4.29）中，将本章未冻水含量计算曲线与 Coussy 等（2008）的计算结果进行对比，如图 4.5 所示。

从图 4.5 中可以看出，式（4.27）计算得到的未冻水含量曲线与 Coussy 等（2008）给出的计算结果基本一致，说明本章的未冻水含量计算公式同样能够较好地预测该类脆性孔隙介质在低温下的未冻水含量。但需要说明的是，由于还未见岩石和混凝土中未冻水含量的实测结果，无法与真实的试验值进行对比验证。后面我们还将建立低温饱和岩石的冻胀变形与未冻水含量的函数关系，通过冻胀变形模型的计算曲线与已有的冻胀变形实测结果进行对比来间接验证本章建立的未冻水含量模型的正确性与实用性。

因此，由式（4.27）可以得到不同硅粉含量混凝土中未冻水含量随温度变化的关系式如下。

硅粉含量为 0%

$$w_u = \begin{cases} 1 - \left[1 + 0.116\left(\dfrac{1}{\Delta T}\right)^{1/3} \ln\left(\dfrac{1 + e^{-0.321\Delta T}}{2}\right)\right](1 - e^{-0.321\Delta T}), & \Delta T > 0 \\ 1, & \Delta T \leqslant 0 \end{cases} \tag{4.30}$$

硅粉含量为 10%

$$w_u = \begin{cases} 1 - \left[1 + 0.139\left(\dfrac{1}{\Delta T}\right)^{1/3} \ln\left(\dfrac{1 + e^{-0.268\Delta T}}{2}\right)\right](1 - e^{-0.268\Delta T}), & \Delta T > 0 \\ 1, & \Delta T \leqslant 0 \end{cases} \tag{4.31}$$

需要指出的是，由于不同材料颗粒在饱水状态下的哈马克常数相差较大，对于岩土类介质一般认为处于 $-10^{-21}\sim-10^{-18}$ J，如 Watanabe 等（2002）和 Tuller 等（2003）认为水与岩土介质表面接触时应取 $A=-10^{-20}\sim-10^{-19}$ J，而 Vlahou 等（2010）认为岩石与水接触时该值为 -10^{-18} J。为此，结合本例对 A 不同取值下计算得到的未冻水含量曲线进行对比，如图 4.6 和图 4.7 所示，可见当 $-A<10^{-19}$ J 时由于未冻水膜体积较小，对总体未冻水含量影响极小。因此，对于混凝土材料，由于 $-A<10^{-19}$ J，在进行未冻水含量计算时非自由未冻水体积可忽略不计。而对于岩石类材料，其矿物成分相差较大，哈马克常数取值范

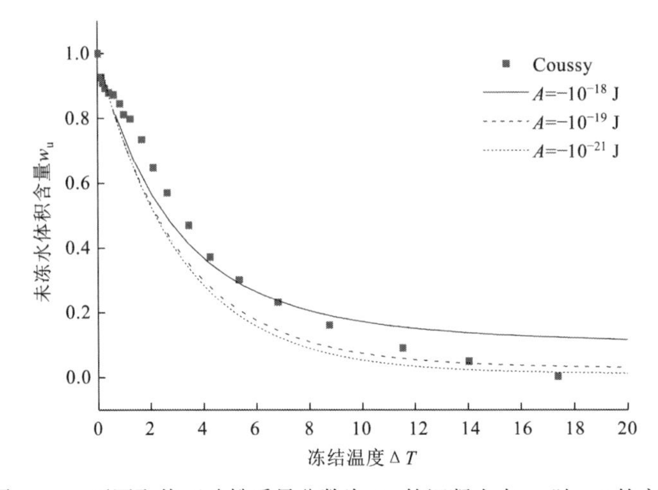

图 4.6　A 不同取值下硅粉质量分数为 0%的混凝土中 w_u 随 ΔT 的变化

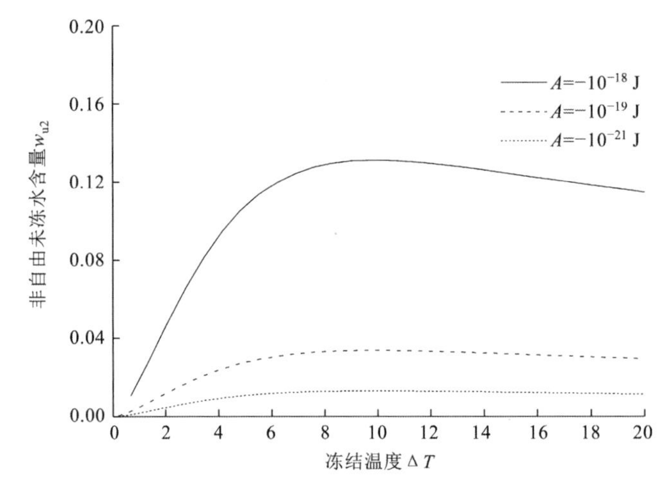

图 4.7　A 不同取值下硅粉质量分数为 0%的混凝土中 w_{u2} 随 ΔT 的变化

围较广，因此低温岩石中是否考虑非自由未冻水的影响还应通过进一步的试验研究决定，但本章在后面建立低温岩体冻胀变形模型时暂不考虑非自由未冻水的影响。

4.3　低温岩石孔隙中的冻胀力

低温下岩石膨胀主要是由岩石孔隙中的冻结冰压力作用引起的，岩石孔隙中的冰压力是水冰相变后体积受到岩石孔隙壁约束而不能自由发生膨胀产生的。事实上，对于低渗透性岩石中的饱和孔裂隙，在冻结过程中能够产生很大的冻胀力，在不考虑水分迁移情况下该冻胀力理论上高达 60 MPa 以上。但对整个岩体而言，仍可采用与弹性多孔介质力学模型相似的解决方法，认为岩石处于弹性状态，基于岩石孔隙与冰体的膨胀耦合关系来求解有效冰压力。然后利用体应变等效的思想得到岩石中的有效冻胀应力。

为了得到岩石低温冻结过程中岩石内部冻胀力，在基于一定事实基础上做如下假定。

（1）孔隙为理想化的球形，每个球形单元包含一个球形孔隙且在岩体中均匀分布（图 4.8）。

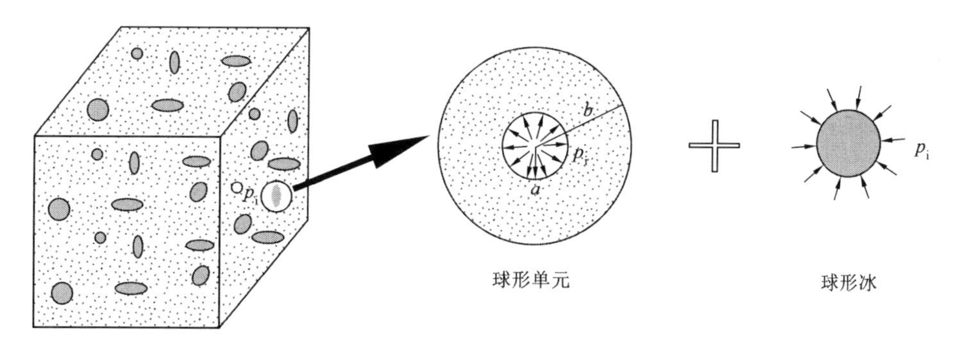

图 4.8　球形孔隙模型示意图

（2）水冰相变是一个准静态过程，岩石均匀各向同性，岩石和冰体均为弹性变形，忽略水的压缩性。

（3）岩石含水饱和，不考虑冻结过程中岩石内部水分迁移。

岩石的初始孔隙率可表示为

$$n=\frac{V_{\mathrm{v}}^{0}}{V_{0}}=\frac{\sum\frac{4}{3}\pi a_{j}^{3}}{\sum\frac{4}{3}\pi b_{j}^{3}}=\frac{\sum a_{j}^{3}}{\sum b_{j}^{3}} \tag{4.32}$$

式中：a_j、b_j 分别为第 j 个孔隙单元的内半径与外半径；V_{v}^{0}、V_0 分别为岩石的初始孔隙体积与岩石的体积。

在选择球形表征单元时保证以下几何关系

$$n=\frac{a_{j}^{3}}{b_{j}^{3}} \tag{4.33}$$

那么式（4.32）恒成立。

因此，对于单个孔隙而言，有以下几何关系

$$n=\frac{V_{\mathrm{v}}^{0}}{V_{\mathrm{t}}^{0}}=\frac{a^{3}}{b^{3}} \tag{4.34}$$

式中：V_{v}^{0} 为冻结前孔隙体积；V_{t}^{0} 为冻结前孔隙、球形单元体积；a、b 为任一孔隙的内半径与外半径。

在不考虑孔隙中水分迁移以及孔隙间相互影响的条件下，孔隙水相变完成后，孔隙冰与孔隙容积间应满足膨胀耦合关系

$$V_{\mathrm{v}}=V_{\mathrm{i}} \tag{4.35}$$

式中：V_{v}、V_{i} 分别为孔隙容积与孔隙冰的体积。

岩石孔隙壁在冰压力 P_{i} 下会产生变形，从而引起岩石孔隙膨胀。由于纳米级未冻水膜的存在，因此岩石中的冰压力可认为是均匀存在的，岩石壁面膨胀位移可由弹性理论得到（图 4.8）

$$u_{\mathrm{v}}=\frac{(1+\nu_{\mathrm{m}})a}{E_{\mathrm{m}}}\left[\frac{b^3P_{\mathrm{i}}}{2(b^3-a^3)}+\frac{1-2\nu_{\mathrm{m}}}{1+\nu_{\mathrm{m}}}\frac{a^3P_{\mathrm{i}}}{b^3-a^3}\right] \tag{4.36}$$

式中：E_{m}、ν_{m} 分别为岩石基质的弹性模量与泊松比。

将式（4.34）代入式（4.36）有

$$u_{\mathrm{v}}=a\frac{P_{\mathrm{i}}}{E_{\mathrm{m}}}\frac{\left[1+\nu_{\mathrm{m}}+2(1-2\nu_{\mathrm{m}})n\right]}{2(1-n)} \tag{4.37}$$

式（4.37）为在冻胀力作用下球形孔隙半径的膨胀量。因此，单球形孔隙水冰相变后的体积由球形体积公式可表示为

$$V_{\mathrm{v}}=\frac{4}{3}\pi(a+u_{\mathrm{v}})^3 \tag{4.38}$$

为了得到孔隙水冻结后的体积膨胀量，将水冰相变过程分为两个阶段。

（1）孔隙水在常压下自由冻结膨胀，此时不考虑孔隙壁的压力。

（2）对已经自由膨胀的孔隙冰施加约束反力 P_{i}，将孔隙冰压缩到相当于在孔隙约束下相变膨胀后的体积 V_{i}。

体积为V_{v}^0的孔隙水发生自由膨胀后的体积即自由膨胀冰的体积为

$$V_{\mathrm{i}}'=(1+\beta)\cdot V_{\mathrm{v}}^0 \tag{4.39}$$

式中：V_{i}' 为孔隙水自由膨胀后的体积；β 为自由水冻结体积膨胀系数。

自由膨胀冰的体积又可以表示为

$$V_{\mathrm{i}}'=\frac{4}{3}\pi a_{\mathrm{i}}^3 \tag{4.40}$$

式中：a_{i} 为自由膨胀冰的球形半径。

于是可以得到自由冰的球形半径为

$$a_{\mathrm{i}}=a\sqrt[3]{1+\beta} \tag{4.41}$$

其中自由水冻结体积膨胀系数可以表示为

$$\beta=\frac{1}{\rho_{\mathrm{i}}}-\frac{1}{\rho_{\mathrm{l}}}=0.09 \tag{4.42}$$

在第二个阶段，自由膨胀冰在静水压力 P_{i} 下的径向变形同样可以由弹性力学得

$$u_{\mathrm{i}}=-a_{\mathrm{i}}\frac{1-2\nu_{\mathrm{i}}}{E_{\mathrm{i}}}P_{\mathrm{i}} \tag{4.43}$$

在孔隙约束下水冰相变后的体积可表示为

$$V_{\mathrm{i}}=\frac{4}{3}\pi(a_{\mathrm{i}}+u_{\mathrm{i}})^3 \tag{4.44}$$

将式（4.38）和式（4.44）代入式（4.35）中可以得到孔隙冰半径与孔隙半径相等，即

$$a_{\mathrm{i}}+u_{\mathrm{i}}=a+u_{\mathrm{v}} \tag{4.45}$$

将式（4.37）、式（4.41）及式（4.43）代入式（4.45）中，可以得到岩石弹性孔隙冰压力为

$$P_{\mathrm{i}}=\frac{0.029}{\frac{1}{E_{\mathrm{m}}}\frac{1+2n+(1-4n)\nu_{\mathrm{m}}}{2(1-n)}+1.029\frac{1-2\nu_{\mathrm{i}}}{E_{\mathrm{i}}}} \tag{4.46}$$

式中：E_i 和 ν_i 分别为孔隙冰的弹性模量与泊松比。

岩石孔隙中的冰压力可以等效为岩石表面的有效拉应力而保持岩石应变不变，但由于未冻水对岩石的冻胀没有贡献，因此只考虑冻结孔隙中的冰压力，则岩石表面的等效拉应力可以表示为

$$P_{\mathrm{e}}=-n(1-w_{\mathrm{u}})P_{\mathrm{i}} \tag{4.47}$$

因此，岩石中的有效冻胀力可表示为

$$\sigma_{\mathrm{e}}=P_{\mathrm{e}}=-\frac{0.029n(1-w_{\mathrm{u}})}{\frac{1}{E_{\mathrm{m}}}\frac{1+2n+(1-4n)\nu_{\mathrm{m}}}{2(1-n)}+1.029\frac{1-2\nu_{\mathrm{i}}}{E_{\mathrm{i}}}} \tag{4.48}$$

一般有 $\nu_{\mathrm{m}}<0.5$，故 $\partial\sigma_{\mathrm{e}}/\partial n>0$，表明岩石中的有效冻胀力随着岩石孔隙率的增加而增大，且与岩石中未冻水含量、岩石基质的力学性质有关。Yavuz 等（2006）进行的室内冻融试验同样证实了高孔隙率岩石的冻融强度损伤程度较低孔隙率大，证明式（4.48）符合一般的冻胀规律。

需要指出的是，式（4.48）表示的冻胀力没有考虑岩石中的水分迁移作用。因此，存在两种情况可以不考虑岩石中的水分迁移作用：岩石本身的渗透性极低，水分迁移可以忽略不计；渗透水压力及分凝势等都很小，难以引起较大的水分迁移。因此，式（4.48）适用于低渗透性岩石或者孔隙水压力很小的情况。

而对于高渗透性岩石，若岩石中的水分迁移不可忽略，则岩石孔隙中的冰压力由克劳修斯-克拉佩龙方程表示，岩石中的冰压力是渗透水压力的函数

$$P_{\mathrm{i}}=\frac{\rho_{\mathrm{i}}}{\rho_{\mathrm{l}}}P_{\mathrm{l}}-\rho_{\mathrm{i}}L\ln\frac{T_{\mathrm{f}}}{273.15} \tag{4.49}$$

4.4　冻胀本构方程

第 2 章岩石冻胀变形测试数据反映冻胀融缩变形规律的复杂性，主要影响因素为：岩石类型、各向异性特征、冻结温度、含水率、冻结时间等。与常温岩石相比，低温岩石本构模型的特殊性主要表现为两个方面：①岩石中水分相变产生冻胀附加应变；②冻结过程使得岩体强度等力学参数提高。岩块孔隙中的水结冰会产生体积膨胀而对岩石骨架产生压力，引起冻胀应变。同时，冰晶的出现导致岩体整体弹性模量、抗压强度等力学参数提高，从而改变岩体的材料特性，如弹性区增加及塑性屈服面改变等。下面依据试验数据变化规律，以影响冻胀应变的主要因素为出发点，对岩体冻胀本构模型进行分析。

4.4.1　冻岩应变分析

为使问题简化，考虑影响冻胀作用的主要因素，忽略其次要因素，做如下假设。

（1）水冰体和岩石骨架均视为均质各向同性弹性介质。

（2）冻胀冰压在岩石内均匀分布，忽略气体的影响。

（3）忽略相变初期的过冷效应，假定水冰系统温度低于冰点时开始冻结过程。

（4）总应变为岩石骨架温度应变、冻胀应变和围压应变之和，即

$$\varepsilon = \varepsilon_{s}^{T} + \varepsilon_{i}^{F} + \varepsilon_{s}(\sigma) \tag{4.50}$$

式中：ε 为总应变；ε_{s}^{T} 为岩石骨架热应变；ε_{i}^{F} 为岩石骨架的冻胀应变；$\varepsilon_{s}(\sigma)$ 为围压产生的应变。

1. 岩石骨架温度应变

岩石骨架的热胀冷缩变形与常温环境下的热应变没有本质区别，可认为是干燥岩石的热应变，可表示为

$$\varepsilon_{ij}^{T} = \alpha_{t}\Delta T\delta_{ij} \tag{4.51}$$

式中：ε_{ij}^{T} 为岩石骨架热应变张量；α_{t} 为线性热膨胀系数（℃$^{-1}$）；ΔT 为温度变化量，δ_{ij} 为克罗内克 δ 符号。第 2 章对干燥岩样的低温应变测试已证明，在没有水分参与的状态下，岩样发生热胀冷缩变形，且应变–温度曲线十分接近直线，即在试验温度范围内热膨胀系数接近定值。

2. 冻胀应变

温度是影响冻胀效应的重要因素之一，它是影响水冰相变和冻胀融缩效应的诱发因素。冻胀应变与孔隙度、饱和度及冻结率密切相关。

如图 4.9 所示，考虑单元体孔隙度 n 和饱和度 S_{r}。将孔隙视为均匀分布于单元体内，岩石各向同性。将冻胀孔隙压力进行等效转化，相当于对岩石骨架施加了一个静水拉应力。设冰压力为 P_{i}，将其等效至骨架表面应力 P_{e} 为

$$P_{e} = \kappa P_{i} \tag{4.52}$$

式中：κ 为冻胀传压系数，根据有效接触面积理论可近似取 n。若考虑非饱和状态，在冻结膨胀压力势的驱动下，未冻水会迁移至非饱和孔隙中，实现“假饱和”（即冰水充满孔隙）之后才出现明显的冻胀变形。

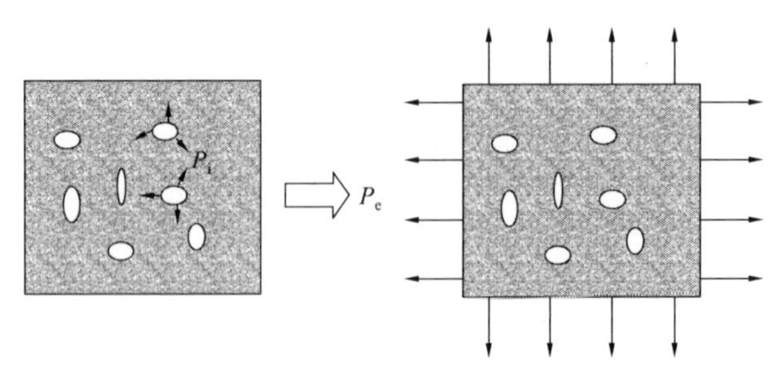

图 4.9　冻胀力与冰压

设水相变成冰的体积膨胀系数为 β，则可得无约束状态下的体积增量为

$$\Delta V_{f}' = \left[\beta n S_{r} u - n(1 - S_{r})\right] H(u - \chi) \tag{4.53a}$$

$$H(u-\chi)=\begin{cases}0, & u\leqslant\dfrac{1-S_r}{\beta S_r}\\ 1, & u>\dfrac{1-S_r}{\beta S_r}\end{cases} \tag{4.53b}$$

$$\chi=\frac{1-S_r}{\beta S_r} \tag{4.53c}$$

式中：u 为冻结率，表征参与冻结的水分的多少，是控制冻胀力与冻胀应变的关键变量。它受温度、压力、冻结历时等多种因素的影响。H 为阶跃函数，“假饱和”前为 0，实现“假饱和”之后取值为 1。考虑骨架束缚作用时，骨架的冻胀体积应变为

$$\varepsilon_{\mathrm{VS}}=\frac{P_e}{K_s} \tag{4.54}$$

冰体的压缩应变为

$$\varepsilon_{\mathrm{Vi}}=\frac{P_i}{K_i}=\frac{P_e}{nK_i} \tag{4.55}$$

根据体积连续性，在“假饱和”之后的冻胀阶段有如下关系

$$\varepsilon_{\mathrm{VS}}+nS_r\varepsilon_{\mathrm{Vi}}=\left[\beta nS_r u-n(1-S_r)\right]H(u-\chi) \tag{4.56}$$

因而

$$\left[\frac{1}{K_s}+\frac{S_r}{K_i}\right]P_e=\left[\beta nS_r u-n(1-S_r)\right]H(u-\chi) \tag{4.57}$$

从而得

$$P_e=\frac{\left[\beta nS_r u-n(1-S_r)\right]K_sK_i}{K_sS_r+K_i}H(u-\chi) \tag{4.58}$$

若岩体初始饱和，$S_r=1$，则 $H(u-\chi)=1$，得

$$P_e=\frac{\beta nS_r uK_sK_i}{K_sS_r+K_i} \tag{4.59}$$

得骨架的冻胀体积应变为

$$\varepsilon_{\mathrm{VS}}=\frac{\left[\beta nS_r u-n(1-S_r)\right]K_i}{K_sS_r+K_i}H(u-\chi) \tag{4.60}$$

K_i 和 K_s 分别为冰和岩石骨架的体积模量。冻胀应变可表示为

$$\varepsilon_{ij}^{\mathrm{F}}=\frac{1}{3}\frac{\left[\beta nS_r u-n(1-S_r)\right]K_i}{K_sS_r+K_i}H(u-\chi)\,\delta_{ij} \tag{4.61}$$

当岩石初始饱和时，冻胀应变为

$$\varepsilon_{ij}^{\mathrm{F}}=\frac{1}{3}\frac{\beta nuK_i}{K_s+K_i}\delta_{ij} \tag{4.62}$$

3. 围压作用下的应变

考虑岩石为各向同性介质。设屈服函数为 f, $f<0$ 为弹性状态，$f=0$ 为塑性状态，位于屈服面上。弹性区围压产生的弹性应变可表示如下

$$\varepsilon_{ij}(\sigma)=\frac{1+\nu}{E_{\mathrm{S}}}\sigma_{ij}-\frac{\nu}{E_{\mathrm{S}}}\sigma_{kk}\delta_{ij} \tag{4.63}$$

$$\mathrm{d}\varepsilon_{ij}^{\mathrm{P}}=\mathrm{d}\lambda\frac{\partial f}{\partial\sigma_{ij}} \tag{4.64}$$

式中：E_{S} 为岩石骨架的弹性模量。

4.4.2　冻结率的数值实现

冻结率表征岩体中参与冻结的水分的多少，它是决定岩体冻胀变形及冻融损伤的关键变量。冻胀变形受冻结温度、冻结时间等多种因素的影响，本质是这些因素控制着冻结率，从而影响冻胀变形。冻结率可有多种表达方式，应根据需要采用不同的形式。前文已给出基于体积变量的表达式，主要适用于裂隙中的水冰相变。现在以岩块中水分冻结率为研究对象，以冻结温度和冻结时间为变量进行分析。冻结率与冻结温度、时间的关系如图 4.10 所示。

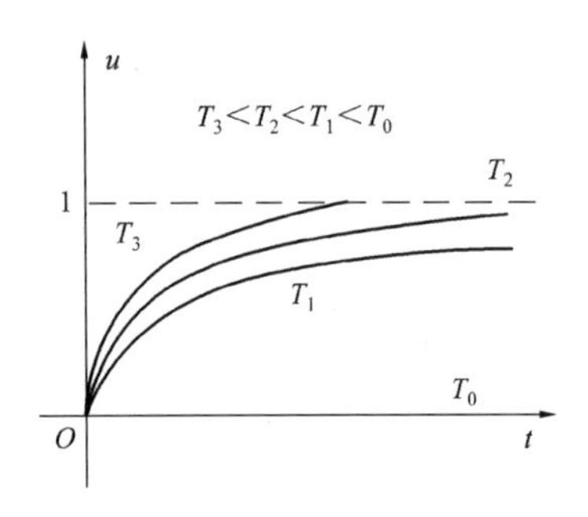

图 4.10　冻结率函数示意图

当水温高于冰点时，没有冰晶出现，冻结率为 0。当温度低于冰点并持续降温时，冰晶逐渐增长，冻结率随之逐渐增加。温度越低，冻结率达到极值的时间越短。冻结率的值域为[0, 1]。本书重点考察冻结率随冻结温度与冻结历时的变化规律。

1.　冻结过程的热传导

依据傅里叶定律及能量守恒定律可知，冻结温度与时间本质上是通过控制水冰系统与岩石基质间的热传递而决定冻结率的。当岩石基质温度低于水冰系统的温度时，水冰系统将释放潜热，水分不断结冰，直至潜热全部被岩石基质吸收，水分才会完全冻结；相反，当岩石温度较高时，水冰系统吸热而导致部分冰融化，传递的热量储存为潜热。所涉及的基本物理化学理论如下。

（1）晶体熔化过程中虽然吸热，但温度不变；凝固过程虽然放热，但温度不变。

（2）热量总是从高温物体传到低温物体，或从物体的高温部分传到低温部分，且热传递符合傅里叶定律。

对于冰水混合物而言，若外界温度低于冰水系统，混合物会放热，未冻水结冰而释放潜热，系统仍维持在冰点，直至水全部结冰；反之，若外界温度高于冰水系统的温度，水冰系统吸收的热量转化为冰的潜热，冰融化而放热，系统温度不变（维持在冰点），直至冰晶全部消融。因此，只要冰水共存，就可认为温度会始终保持在冰点。

理论上讲，只要外界温度低于岩体中水的冰点，在足够长的时间内，冻结率都会达到极值 1。冻结温度越低，则温度梯度越大，依据傅里叶定律则传热越快，冰晶增长越快，冻结率达到 1 的时间越短。而外界冻结温度较高（且低于冰点）时，温度梯度较低，冻结缓慢。因此，冻结率在时间上是关于时间和温度梯度的函数。

如图4.11所示的单元体，岩石基质的温度为T_s，冰点为T_0，冰水界面与岩石之间的热传导系数为λ_{wi}。

假定 $t=0$ 初始时刻，$T_s<T_{w-i}=T_0$，T_0为冰点，T_{w-i}为冰水系统的温度。根据傅里叶定律和能量守恒定律，在岩石基质和水冰系统组成的单元体内，岩石基质散失的热量等于传递至水冰系统的热量

$$C_s\rho_s(1-n)\frac{\partial T_s}{\partial t}=\lambda_{wi}(T_0-T_s) \tag{4.65}$$

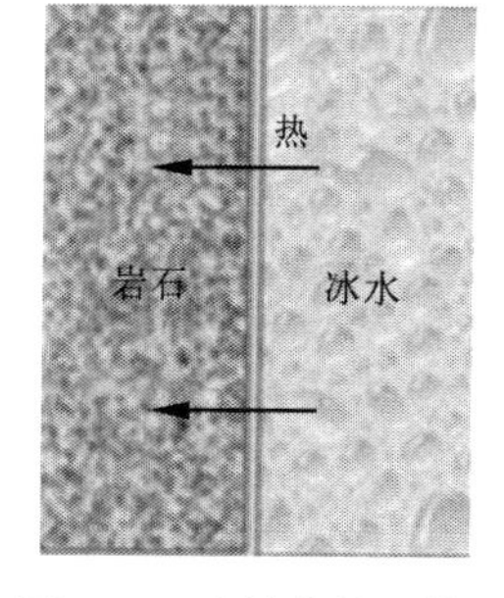

图4.11　冻结热传导模型

转换得

$$\frac{\partial t}{\partial T_s}=\frac{C_s\rho_s}{\lambda_{wi}}\frac{1-n}{T_0-T_s} \tag{4.66}$$

对式（4.66）两边积分得

$$t=-\frac{(1-n)C_s\rho_s}{\lambda_{wi}}\ln(T_0-T_s)+C_1 \tag{4.67}$$

从而得岩石基质温度衰减函数为

$$T_s=T_0-C_2\mathrm{e}^{-\frac{\lambda_{wi}t}{(1-n)C_s\rho_s}} \tag{4.68}$$

式中：C_1，C_2均为常数。

设当$t=0$时，$T_s=T_{s0}$，即$T_{s0}=T_0-C_2$，可得$C_2=T_0-T_{s0}$。代入式（4.68）得

$$T_0-T_s=(T_0-T_{s0})\mathrm{e}^{-\frac{\lambda_{wi}t}{(1-n)C_s\rho_s}} \tag{4.69}$$

依据假定，在有效冻结温度范围内，水冰系统的温度维持在冰点不变，岩石吸收（或传递至）水冰系统的热量被认为全部转化为相变潜热。同时，根据热力学第二定律：在不引起外界变化的情况下，热量只能从高温物体转向低温物体，或者从物体的高温部位转向低温部位。因此，在自由冻结过程中，岩石基质温度不可能高于冰水系统的温度，而在自由融化过程中，岩石基质的温度也不会低于冰水系统的温度。即当岩冰传热总量达到水全部结冰即冻结率为1时，式（4.20）函数关系曲线终结，继续传热会导致冰体温度下降，而不是继续维持在T_0。达到这一临界条件的标准为岩冰传热总量为冰水系统潜热总量，即

$$Ln\rho_w S_r=C_s\rho_s(1-n)\Delta T_{se} \tag{4.70}$$

$$\Delta T_{se}=\frac{Ln\rho_w S_r}{C_s\rho_s(1-n)} \tag{4.71}$$

式中：ΔT_{se}称为临界温差。存在以下三种情形。

（1）$T_0-T_{s0}=\Delta T_{se}$。岩石温度降至T_0时，岩冰传热正好使水全部结冰。当然，这是一种理想状态。

（2）$T_0-T_{s0}<\Delta T_{se}$。岩石温度衰减至T_0时，岩冰传热不能使水全部结冰，即岩石初始温度不够低，冻结率不会达到1。

（3）$T_0-T_{s0}>\Delta T_{se}$。岩石温度足够低，当岩石温度升至T_{se}时，冻结率达到1，继续传热会导致冰温降低而非继续维持在冰点。

因而式(4.20)的有效冻结时间区间:当$T_0-T_{se}\leqslant\Delta T_{se}$时,$0\leqslant t<+\infty$;当$T_0-T_{se}>\Delta T_{se}$时,$0\leqslant t<t_e$

$$t_e=\frac{(1-n)C_s\rho_s}{\lambda_{wi}}\ln\frac{T_0-\Delta T_{se}}{T_0-T_{s0}-\Delta T_{se}} \tag{4.72}$$

2. 相变潜热与冻结率

水冰冻结速率由热传导的速率决定,在有效冻结时间内,单位时间水冰系统散失的热量等于相变潜热,因此根据能量守恒定律得

$$Ln\rho_w S_r\frac{\partial u}{\partial t}=\lambda_{wi}(T_0-T_s) \tag{4.73}$$

因而,根据式(4.69),得

$$\frac{\partial u}{\partial t}=\frac{\lambda_{wi}}{Ln\rho_w S_r}(T_0-T_{s0})\,\mathrm{e}^{-\frac{\lambda_{wi}t}{(1-n)C_s\rho_s}} \tag{4.74}$$

令$\frac{\partial u}{\partial t}=A\mathrm{e}^{Bt}$,则

$$A=\frac{\lambda_{wi}}{Ln\rho_w S_r}(T_0-T_{s0}),\quad B=-\frac{\lambda_{wi}}{(1-n)C_s\rho_s} \tag{4.75}$$

从而得

$$u=\int_t A\mathrm{e}^{Bt}\mathrm{d}t=\frac{A}{B}\mathrm{e}^{Bt}+C_3 \tag{4.76}$$

式中:C_3为常数。

边值条件:$t=0$时刻,$T_s=T_{s0}$,$T_{wi}=T_0$,$u=0$。得

$$C_3=-\frac{A}{B}=\frac{(1-n)C_s\rho_s}{Ln\rho_w S_r}(T_0-T_{s0})$$

从而得

$$u(t)=\frac{(1-n)C_s\rho_s}{Ln\rho_w S_r}(T_0-T_{s0})\left(1-\mathrm{e}^{-\frac{\lambda_{wi}t}{(1-n)C_s\rho_s}}\right) \tag{4.77}$$

根据冻结温度有效区间得

(1)当$T_0-T_{s0}\leqslant\Delta T_{se}$时,

$$u(t)=\frac{(1-n)C_s\rho_s}{Ln\rho_w S_r}(T_0-T_{s0})\left(1-\mathrm{e}^{-\frac{\lambda_{wi}t}{(1-n)C_s\rho_s}}\right),\quad 0\leqslant t<+\infty \tag{4.78}$$

(2)当$T_0-T_{s0}>\Delta T_{se}$时,$0\leqslant t<t_e$,

$$u(t)=\begin{cases}\frac{(1-n)C_s\rho_s}{Ln\rho_w S_r}(T_0-T_{s0})\left(1-\mathrm{e}^{-\frac{\lambda_{wi}t}{(1-n)C_s\rho_s}}\right), & 0\leqslant t<t_e\\ 1, & t\geqslant t_e\end{cases} \tag{4.79a}$$

$$t_{\mathrm{e}} = B\ln\frac{A}{A-1} \tag{4.79b}$$

式中：$B = \dfrac{(1-n)C_{\mathrm{s}}\rho_{\mathrm{s}}}{\lambda_{\mathrm{wi}}}$，$A = \dfrac{(1-n)C_{\mathrm{s}}\rho_{\mathrm{s}}}{Ln\rho_{\mathrm{w}}S_{\mathrm{r}}}(T_0 - T_{\mathrm{s}})$。

式（4.78）和式（4.79）即为冻结率与时间的函数关系式。冻结率随时间变化的曲线，如图 4.12 所示。

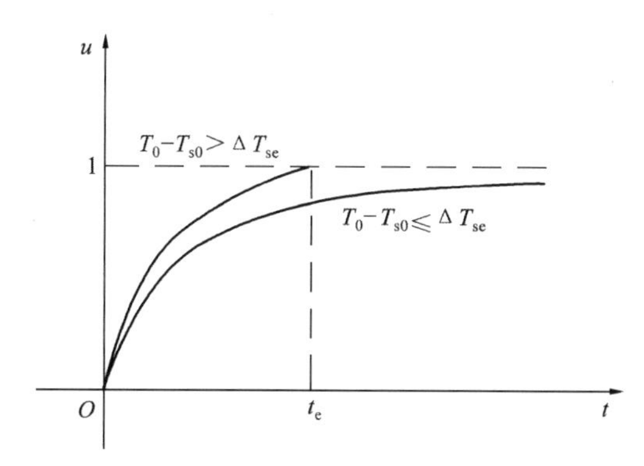

图 4.12　冻结率–历时曲线

将冻结率表达式代入式（4.61），得初始饱和岩体冻胀应变为

$$\varepsilon_{ij}^{\mathrm{F}} = \frac{1}{3}\left[\frac{\beta K_{\mathrm{i}}}{K_{\mathrm{s}}+K_{\mathrm{i}}}\right]\cdot\frac{(1-n)C_{\mathrm{s}}\rho_{\mathrm{s}}}{L\rho_{\mathrm{w}}}(T_0 - T_{\mathrm{s0}})\left(1-\mathrm{e}^{-\frac{\lambda_{\mathrm{wi}}t}{(1-n)C_{\mathrm{s}}\rho_{\mathrm{s}}}}\right)\delta_{ij} \tag{4.80}$$

式中：K_{i} 和 K_{s} 为水冰系统和岩石骨架的体积模量；$T_0 - T_{\mathrm{s0}}$ 为温度荷载。

从式（4.80）可以看出，冻胀条件下的应变是与冻结时间相关的。岩石冻胀变形体现了时效渐进过程，与时间相关的岩石本构模型类似于岩体蠕变本构方程。FLAC 3D 提供了黏弹性本构模型二次开发接口，可将以上分析的理论结果融入现有的本构模型，开发出适合含水岩体冻胀变形的本构模型。

4.4.3　含时间效应的准蠕变冻胀本构模型

现有的本构模型难以描述低温环境下含水岩体的变形特征。含水岩体低温与常温变形的重要差别在于水冰相变的参与，当岩体温度高于冰点时未出现冻胀作用，与常温变形特征相同。当岩体温度低于冰点且出现冰晶时，冻胀作用发生。因此，单一的经典弹塑性本构模型不能描述低温岩体变形特征。本节采用准蠕变冻胀本构模型，如图 4.13 所示。根据冻胀应变分析结论，岩样冻胀应变量最终能达到一个稳定值，因此冻胀应变的时间效应采用广义 Kelvin 体来表述。

冻胀本构模型为两种元件的组合：其一为经典弹塑性体，采用 Mohr-Coulomb 模型；其二为 Kelvin 体与一个冻胀激活单元的组合。冻胀激活单元（H）的作用是控制 Kelvin 体产生是否发生蠕变。当温度高于冰点时，冻胀激活单元闭合，Kelvin 体不发生作用，冻胀模型实际为经典弹塑性体；当温度低于冰点时，冻胀激活单元开启，Kelvin 体开始发挥作用，产生冻胀应变。

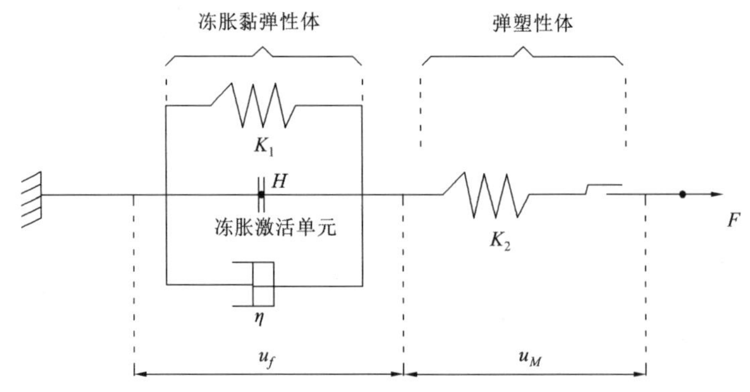

图 4.13 准蠕变冻胀本构模型示意图

冻胀激活单元是冻胀本构模型与 FLAC 3D 原有的 Burger-creep viscoplastic 模型的主要区别之一。两者的另一个重要区别是在 Burger-creep viscoplastic 模型是 Kelvin 体、Maxwell 体组合与 Mohr-Coulomb 模型组合而成的黏–弹–塑性复合模型，而冻胀本构模型为 Kelvin 体与 Mohr-Coulomb 模型组合。

该模型总应变由两部分决定，其一为弹塑性体，也可称为 Mohr-Coulomb 体，该部分表征非冻胀作用引起的应变；其二为冻胀黏弹性体，该部分由冻胀激活单元与 Kelvin 体（弹簧与黏壶并联）组合而成，表征冻胀作用引起的应变。总的应变速率为

$$\dot{\varepsilon} = \dot{\varepsilon}^{\mathrm{K}} H(T - T_0) + \dot{\varepsilon}^{\mathrm{P}} \tag{4.81}$$

式中：$\dot{\varepsilon}^{\mathrm{K}}$ 为 Kelvin 体的应变速率；$H(T-T_0)$ 为阶跃函数，表达式为

$$H(T-T_0) = \begin{cases} 0, & T \geqslant T_0 \\ 1, & T < T_0 \end{cases} \tag{4.82}$$

1. 冻胀黏弹性体

冻胀黏弹性体由“冻胀激活单元”与 Kelvin 体组合而成。Kelvin 体为弹簧与黏壶并联结构，两元件的应变相等，都为 ε^{K}，其应力为弹簧与黏壶应力之和，表达式为

$$\sigma^{\mathrm{K}} = \sigma_1^{\mathrm{K}} + \sigma_2^{\mathrm{K}} \tag{4.83}$$

而弹簧本构关系满足胡克定律，$\sigma_1^{\mathrm{K}} = E_1 \varepsilon^{\mathrm{K}}$，而黏壶应力与应变速率线性相关，有如下关系式：$\sigma_2^{\mathrm{K}} = \eta \dot{\varepsilon}^{\mathrm{K}}$。

本构关系可表示为

$$\sigma^{\mathrm{K}} = E_1 \varepsilon^{\mathrm{K}} + \eta \dot{\varepsilon}^{\mathrm{K}} \tag{4.84}$$

在恒力 σ_0 作用下，应变随时间的蠕变关系式为（杨挺青，1990；蔡峨，1989）

$$\varepsilon(t) = \frac{\sigma_0}{E_1}(1 - \mathrm{e}^{-E_1 t/\eta}) \tag{4.85}$$

$$\dot{\varepsilon} = \frac{\sigma_0}{\eta} \mathrm{e}^{-E_1 t/\eta} \tag{4.86}$$

式中：E_1 为弹簧弹性系数；t 为时间；η 为黏性系数。

通过表达式可以看出应变随着时间的持续而增长，当$t \to \infty$时，$\varepsilon \to \sigma_0 / E_1$，在外力的作用下变形逐渐趋近于定值，这符合冻胀岩体的变形特征，这也是冻胀时间效应选择 Kelvin 体而非 Maxwell 体的原因。三维状态下的应变本构关系表达式为

$$\sigma_{ij} = 2\eta \dot{\varepsilon}_{ij}^{\mathrm{K}} + 2G\varepsilon_{ij}^{\mathrm{K}} \tag{4.87}$$

对于冻胀本构方程如何对 Kelvin 体的黏度系数进行类比取值十分关键，前文已得出与温度相关的冻胀岩体应变为

$$\varepsilon_{ij}^{\mathrm{F}} = \frac{1}{3}\left[\frac{\beta K_{\mathrm{i}}}{K_{\mathrm{s}} + K_{\mathrm{i}}}\right] \cdot \frac{(1-n)\,C_{\mathrm{s}}\rho_{\mathrm{s}}}{L\rho_{\mathrm{w}}}(T_0 - T_{\mathrm{s0}})\left(1 - \mathrm{e}^{-\frac{\lambda_{\mathrm{wi}} t}{(1-n)C_{\mathrm{s}}\rho_{\mathrm{s}}}}\right)\delta_{ij} \tag{4.88}$$

对于冻胀本构方程如何对 Kelvin 体的黏度系数和弹性模量进行类比取值十分关键。分析过程如下。

冻岩单元体内，温度变化引起的热响应分为两种，一种为岩石骨架的热胀冷缩变形，另一种为冻胀应变。二两者都是温度变化引起的。不同的是，前者与时间无关，是瞬间完成的应变响应；而后者是与时间相关的，因为水冰系统吸收热量并发生相变需要热传导时间，前文已经进行了详细论述分析。弹性元件的热响应为热胀冷缩，即给出一个温度变化量 ΔT，则会产生应变为 $\alpha\Delta T$，应变过程瞬间发生，不与时间相关。单元体的热应变为弹性应变，相当于一个温度荷载 $P^T = E\alpha\Delta T$ 作用在弹性元件上，与温度荷载单独作用时效果完全一致。当温度回归初始值时，该应变也归零。冻胀黏弹性体的热响应不是瞬间完成的，而是与相变速率即冻结率的变化速度相关，在有效冻结温度范围内，冻胀黏性单元体发生一个温度差 ΔT，应变会呈指数函数曲线缓慢增加，最终趋近一个极值。相当于一个与温度相关的荷载作用于 Kelvin 体上，应变缓慢趋近于某个极值。冻胀应变为时间 t 的指数函数，与之最为接近的是蠕变本构模型中的 Kelvin 体。

将式（4.88）变换为

$$\varepsilon_{\mathrm{S}}^{\mathrm{F}} = \frac{P_{\mathrm{V}}}{E}\left(1 - \mathrm{e}^{-\frac{Et}{\eta}}\right) \tag{4.89}$$

$$P_{\mathrm{V}} = \frac{E}{3}\left[\frac{\beta K_{\mathrm{i}}}{K_{\mathrm{s}} S_{\mathrm{r}} + K_{\mathrm{i}}}\right] \cdot \frac{C_{\mathrm{s}}\rho_{\mathrm{s}}(T_{\mathrm{s0}} - T_0)}{L\rho_{\mathrm{w}}} \tag{4.90}$$

$$\eta = \frac{(1-n)\,EC_{\mathrm{s}}\rho_{\mathrm{s}}}{\lambda_{\mathrm{wi}}} \tag{4.91}$$

η 可视为冻胀等效黏度系数。在各向同性连续介质中，冻胀力可等效为施加了一个静水拉应力 $P_{\mathrm{V}}\delta_{ij}$。在数值模拟时就可以通过编写 FISH 函数对相应参数进行定义计算，还可以随着计算过程进行动态调整。

2. 弹塑体

弹塑体采用莫尔–库仑模型，基于最大剪应力的屈服准则。其剪应力临界值为该点上同一平面中正应力的函数$|\tau| = c - \sigma\tan\varphi$（Chen et al., 2005）。$\sigma - \tau$ 平面上莫尔–库仑定律如图 4.14 所示（Itasca Consulting Group Inc., 1997）。

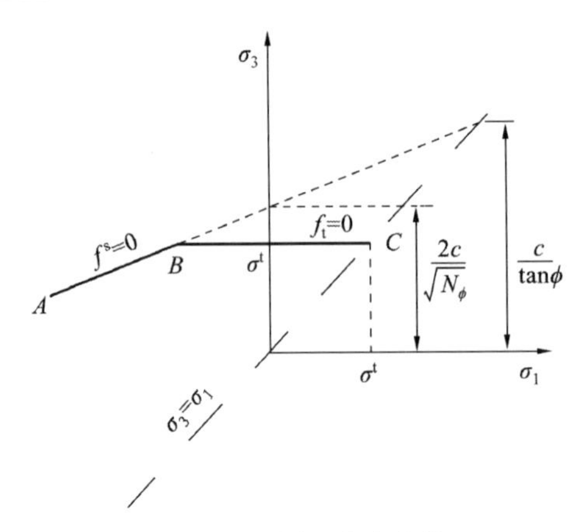

图 4.14　莫尔-库仑定律

f^{t}为抗拉势函数；f^{s}为剪切势函数

假定三个主应力为$\sigma_1 \geqslant \sigma_2 \geqslant \sigma_3$，莫尔-库仑屈服准则可表示为

$$\frac{1}{2}(\sigma_1-\sigma_3)\cos\phi = c-\left(\frac{\sigma_1+\sigma_3}{2}+\frac{\sigma_1-\sigma_3}{2}\sin\phi\right)\tan\phi \tag{4.92}$$

式中：c 为黏聚力；ϕ为内摩擦角。

式（4.92）可转化为以下形式

$$\frac{\sigma_1}{f_{\mathrm{t}}'}-\frac{\sigma_3}{f_{\mathrm{c}}'}=1 \tag{4.93a}$$

$$f_{\mathrm{t}}'=\frac{2c\cos\phi}{1+\sin\phi},\quad f_{\mathrm{c}}'=\frac{2c\cos\phi}{1-\sin\phi} \tag{4.93b}$$

式中：f_{t}'、f_{c}'为辅助变量。

在主应力坐标系下，剪切破坏准则可表述为

$$f=\sigma_1-\sigma_3 N_\phi+2c\sqrt{N_\phi} \tag{4.94a}$$

$$N_\phi=\frac{1+\sin\phi}{1-\sin\phi} \tag{4.94b}$$

降温冻胀荷载增加时

$$f=0\ 且\ \frac{\partial f}{\partial\sigma_{ij}}\mathrm{d}\sigma_{ij}>0 \tag{4.95}$$

在回温迟滞阶段

$$f=0\ 且\ \frac{\partial f}{\partial\sigma_{ij}}\mathrm{d}\sigma_{ij}=0 \tag{4.96}$$

继续升温且冰融化时

$$f=0\ 且\ \frac{\partial f}{\partial\sigma_{ij}}\mathrm{d}\sigma_{ij}<0 \tag{4.97}$$

拉伸破坏准则为

$$f=\sigma_{\mathrm{t}}-\sigma_3 \tag{4.98}$$

式中：c 为黏聚力；ϕ 为内摩擦角；σ_t 为抗拉强度；σ_1 和 σ_3 分别为最小和最大主应力（压应力为负）。

剪切屈服势函数为

$$g_s = \sigma_1 - \sigma_3 N_\psi \tag{4.99a}$$

$$N_\psi = \frac{1+\sin\psi}{1-\sin\psi} \tag{4.99b}$$

式中：ψ 为岩石的剪胀角。

张拉屈服势函数为

$$g_t = -\sigma_3 \tag{4.100}$$

考虑塑性应变速率，可表示如下（Chen et al., 2005）

$$\dot{\varepsilon}_{ij}^{\mathrm{P}} = \lambda^* \frac{\partial g}{\partial \sigma_{ij}} - \frac{1}{3}\dot{\varepsilon}_{\mathrm{V}}^{\mathrm{P}}\delta_{ij} \tag{4.101}$$

$$\dot{\varepsilon}_{\mathrm{V}}^{\mathrm{P}} = \lambda^* \frac{\partial g}{\partial \sigma_{ii}} \tag{4.102}$$

式中：$\varepsilon_{\mathrm{V}}^{\mathrm{P}}$ 为塑性体积应变；g 为塑性势函数；λ^*为发生塑性流动时的一个非零参数。

体积应变特征为

$$\dot{\sigma}_0 = K(\dot{\varepsilon}_{\mathrm{V}} - \dot{\varepsilon}_{\mathrm{V}}^{\mathrm{P}}) \tag{4.103}$$

式中：$\dot{\sigma}_0$ 为静水压力；K 为体积模量。

实际工程岩体（如隧道围岩、边坡等）发生冻胀融缩效应时，围岩压力一般都已处于平衡稳定之后，起主要作用的是冻胀荷载。在研究冻融条件下的本构方程时，可将问题视为初始应力状态下附加一个静水压力。

弹性区：当 $f<0$ 时，岩体处于弹性区内，应变可表示为

$$\varepsilon_{ij} = \frac{1+\nu}{E}\sigma_{ij} - \frac{\nu}{E}\sigma_{kk}\delta_{ij} + \alpha\Delta T\delta_{ij} \tag{4.104}$$

式中：σ_{ij} 为应力张量；E 为弹性模量；ν 为泊松比；α为岩石骨架的热膨胀系数。

塑性区：当 $f>0$ 时，岩体处于塑性区内，总应变增量可表示为

$$\mathrm{d}\varepsilon_{ij} = \mathrm{d}\varepsilon_{ij}^{\mathrm{T}} + \mathrm{d}\varepsilon_{ij}^{\mathrm{e}} + \mathrm{d}\varepsilon_{ij}^{\mathrm{P}} \tag{4.105}$$

式中：$\mathrm{d}\varepsilon_{ij}$ 为总应变增量；$\mathrm{d}\varepsilon_{ij}^{\mathrm{T}}$ 为温度应变增量；$\mathrm{d}\varepsilon_{ij}^{\mathrm{e}}$ 为弹性应变增量；$\mathrm{d}\varepsilon_{ij}^{\mathrm{P}}$ 为塑性应变增量。

4.4.4 冻融力学参数

冻结过程中因孔隙水结冰产生充填作用，会使岩块整体弹性模量等参数发生显著改变，大量试验已证明：干燥岩样的力学参数随降温过程变化不大，而含水岩样的力学参数发生显著变化。考虑岩石为各向同性连续多孔介质，可近似采用以下有效接触面积模型进行研究（图 4.15）。

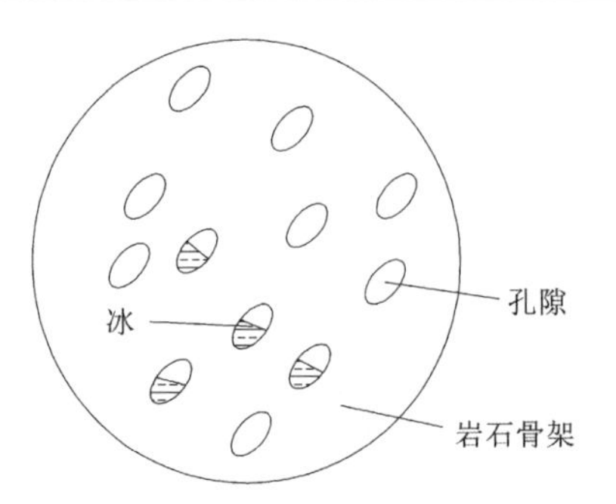

图 4.15　有效接触面积示意图

常温下岩石骨架弹性模量为 E_0,则在冻结率为 u 时,冻结生成的冰增加的有效接触面积为 nS_ru,引起的弹性模量增量为: $\Delta E=nS_ruE_i$, E_i 为冰的弹性模量。

因而冻结过程中弹性模量服从以下函数关系

$$E_S = E_0 + nS_rE_iu \tag{4.106}$$

可见,冻结弹性模量为冻结率、饱和度及孔隙度的函数。在数值模拟中,也可采用经验公式的方法,在冻结过程中对参数进行动态调整。

大量试验结果表明:冻结过程对岩体的弹性模量产生显著的影响,弹性模量、单轴抗压强度、内摩擦角和黏聚力等会显著提高。徐光苗(2006)通过试验得出饱和试样弹性模量、单轴抗压强度与温度之间的关系曲线如图 4.16 所示。

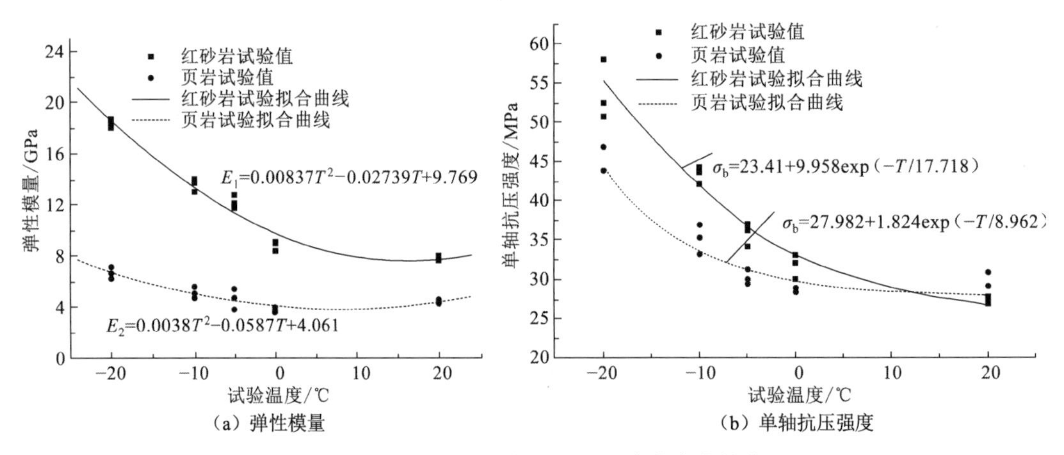

图 4.16　主要力学参数随冻结温度的变化趋势

弹性模量是与冻结温度和冻结率密切相关的。前文已对弹性模量与冻结率的关系做过分析,认为两者关系近似服从函数 $E_S=E_0+nS_rE_iu$。实际上,可以理解为温度直接影响的是冻结率,在有效冻结温度范围内,温度越低,冻结率越高,则冻结岩体表现出的切线弹性模量值越高。为简化计算,采用徐光苗(2006)中的试验结论,对不同温度下的弹性模量采用经验公式,用二次函数拟合关系曲线。

将有效冻结区域(图 4.17 T_e—T_0)内的切线弹性模量与温度的关系定义为二次相关函数形式,有效冻结区域以外的切线弹性模量定义为常数。需说明的是:在有效冻结区域

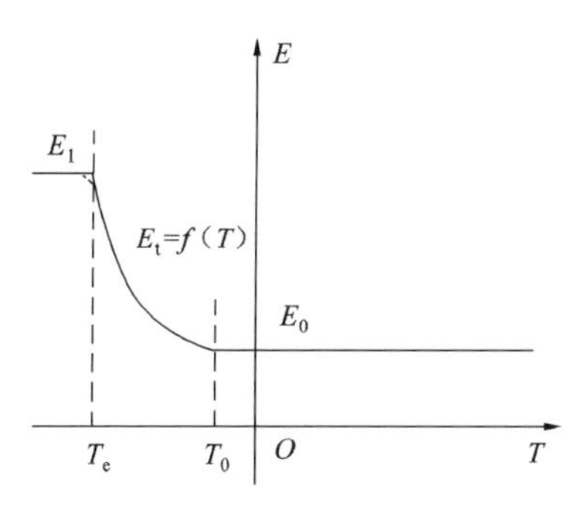

图 4.17　切线弹性模量简化函数

的下限（即 T_e 处），理论上应该有一个平缓光滑的过渡区域，但为了简化，将此过渡区做忽略。

假定抛物线顶点位于 T_0 处，此处抛物线一次导数 $f'(T_0)$ 为 0，此为极值点。且 $f(T_e)=E_1$。参照图 4.17，切线模量可表达为

$$E_t=\begin{cases}E_0, & T\geqslant T_0\\ f(T)=ax^2+bx+c, & T_e<T<T_0\\ E_e, & T\leqslant T_e\end{cases}\tag{4.107}$$

对于抛物线函数 $f(T)$，有以下边值条件

$$\begin{cases}f(T_0)=E_0\\ f'(T_0)=0\\ f(T_0)=E_e\end{cases}\tag{4.108}$$

即

$$\begin{cases}T_0^2a+T_0b+c=E_0\\ T_e^2a+T_eb+c=E_e\\ 2T_0a+b=0\end{cases}\tag{4.109}$$

由式（4.109）求解得待定未知系数 a、b、c 为

$$a=\frac{E_e-E_0}{(T_e-T_0)^2},\quad b=-2T_0\frac{E_e-E_0}{(T_e-T_0)^2},\quad c=E_0+\frac{T_0^2(E_e-E_0)}{(T_e-T_0)^2}\tag{4.110}$$

因此，只要给出 E_0、E_e、T_0、T_e，抛物线 $f(T)$ 的方程就可以确定。类似的方法处理强度、内摩擦系数、内摩擦角等参数，在本构二次开发时可编制 FISH 函数，以温度为变量，对冻结过程中的各参数值进行动态调整。

4.5　FLAC 3D 冻胀本构模型二次开发

4.5.1　程序二次开发流程

FLAC 3D（3D Fast Lagrangian Analysis Code）是美国伊塔斯卡咨询公司（Itasca Consulting Goup lnc）开发的三维快速拉格朗日分析程序，该程序能较好地模拟岩土地质材料的应力应变特征，并可实现多场全耦合计算分析，具有强大的内嵌语言 FISH。

FLAC 3D 对模拟塑性破坏和塑性流动采用的是“混合离散法”。此方法比有限元法常采用的“离散集成法”更为准确、合理。即使模拟的是静态系统，采用动态运动方程，可以避免模拟不稳定过程时的数值障碍。FLAC 3D 不必存储刚度矩阵，计算中不需修改刚度矩阵,模拟大变形问题耗时较低(刘珊珊 等,2010;Itasca Consulting Group Inc., 1997)。

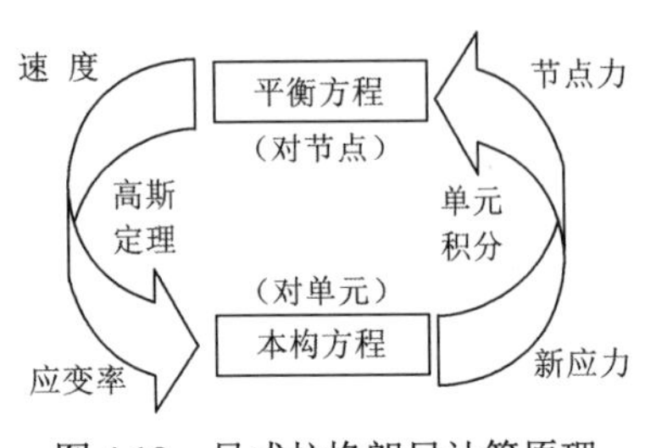

图 4.18　显式拉格朗日计算原理

FLAC 3D 的求解方法是显式拉格朗日有限差分法,基于显式差分法来求解偏微分方程(图 4.18)。先将计算区域划分成差分网格，然后对某一节点施加荷载,在一个微小时间内,作用在该节点的荷载仅对周围的几个节点产生影响，根据单元节点的速度变化和时间 求出单元之间的相对位移,进而求出单元应变，然后由单元材料的本构方程求得单元的应力,随着时间的延长,这一求解过程扩展到整个模型的全部单元网格，直到模型的边界。在计算中得出单元之间的不平衡力。然后把得到的不平衡力施加到相应的各个节点上，再进行下一步迭代运算，直至达到计算的终止条件(如达到平衡条件、时步条件等)。若某一时刻各节点的速度已知，则根据高斯定理求得单元的应变率，进而根据材料本构方程得出单元的新应力。应变增量计算式为

$$\Delta\varepsilon_{ij} = \frac{1}{2}(\dot{u}_{i,j} + \dot{u}_{j,i})\Delta t \tag{4.111}$$

式中：$\dot{u}$ 为速度分量；Δt 为时步。

FLAC 3D 自定义本构模型的主要作用是对给出的应变增量得到新应力，其他功能还包括提供模型名称、版本等基本信息并完成读写等基本操作。本构模型文件的编写主要分为以下五部分。①基类（class constitutive model）的描述；②成员函数的描述；③模型注册；④模型与 FLAC 3D 之间的信息交换；⑤模型状态指示器的描述。FLAC 3D 自带的本构模型和用户自定义的本构模型继承的为同一基类，因而 UDM 与 FLAC 3D 自带的本构模型的执行效率处于同一水平（杨文东 等，2010；张传庆 等，2008；陈育民 等，2007）。

FLAC 3D 是通过面向对象的语言 C++编写的，其本构模型都是以动态链接库文件（.dll）提供的。FLAC 3D 提供了用户自定义本构模型（UDM）的接口，可以通过 VC++编写反映特殊岩体（冻岩）应力-应变关系的模型。UDM 模型像其他内置模型一样，可作为动态链接库文件在 FLAC 3D 程序执行时被载入。通常，需要修改一个 FLAC 3D 内置的本构模型，使其材料特性与其他模型参数相关，可通过 3 种方法进行修改（刘波 等，2005）。

（1）通过 FISH 函数定义一个指定步长的增量（如每次 10 步）对所有单元体进行覆盖扫描，来修改内置变量的属性。

（2）通过参考公式，对用户自定义的模型属性进行修改。

（3）通过查询表格（TABLE 命令）对材料属性进行修改，如内置的应变软化模型和双屈服模型。

自定义本构模型需要 Stensor、Axes 和 Con Table List 3 类，它们分别包含在 Stensor.h、Axes.h、Contable.h 文件中。从功能上看，Stensor 类存储对称张量，并且包含可对这些张

量进行处理的函数；Axes 类为可定一个特殊的坐标系统，在计算过程中，该类的函数可以转换对象的坐标系统（包括局部坐标系统和整体坐标系统）；ConTableList 类为定义模型的接口，将模型中的 ID 转换为指针（柴红宝 等，2010）。本构模型开发流程如图 4.19 所示。

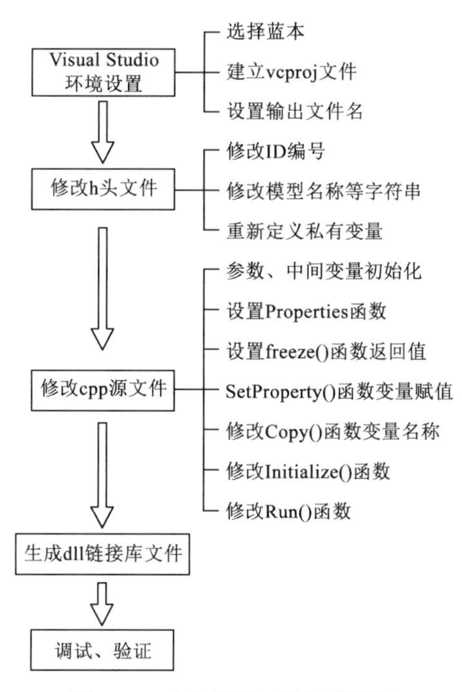

图 4.19　本构模型二次开发流程

FLAC 3D 内置的 Burger-creep viscoplastic 模型特点为黏–弹–塑性复合变形，体积变形为弹塑性。其黏弹性变形符合 Burger–creep viscoplastic 模型（Kelvin 体和 Maxwell 体组合），其塑性变形符合 Mohr-Coulomb 模型。该模型与本章研究的冻胀模型变形特征最为接近，因此，本章选择 Burger-creep viscoplastic 模型为开发蓝本。

以 Burger-creep viscoplastic 模型为蓝本，在 Visual Studio 2005 中，运用 VC++语言编写头文件 freeze.h 和源文件 freeze.cpp，再通过编译、链接、调试最终生成岩体冻胀模型的动态链接库文件 freeze.dll，将其复制到 FLAC 3D 的安装目录下，通过以下加载命令加载和调用（陈育民 等，2009）。

Config cppudm，设置成 cppudm 选项才可载入自定义模型。

Model load freeze.dll，加载新模型语句。

4.5.2　冻胀本构模型验证

新开发的本构模型需要加载以后才能被 FLAC 3D 调用。冻结过程对力学参数的影响需要进行动态调整。freeze 模型有两种计算模式，需要编制 FISH 函数并根据冻结程度进行选择，当单元温度高于冰点时，采用经典弹塑性计算模式，与常温下计算相同。当温度低于冰点时，冻胀激活单元开启，进入冻胀计算模式，并计算蠕变黏度系数。

以下通过一个冻融模型对 freeze 模型进行分析验证。计算流程及模型分别如图 4.20 和图 4.21 所示。

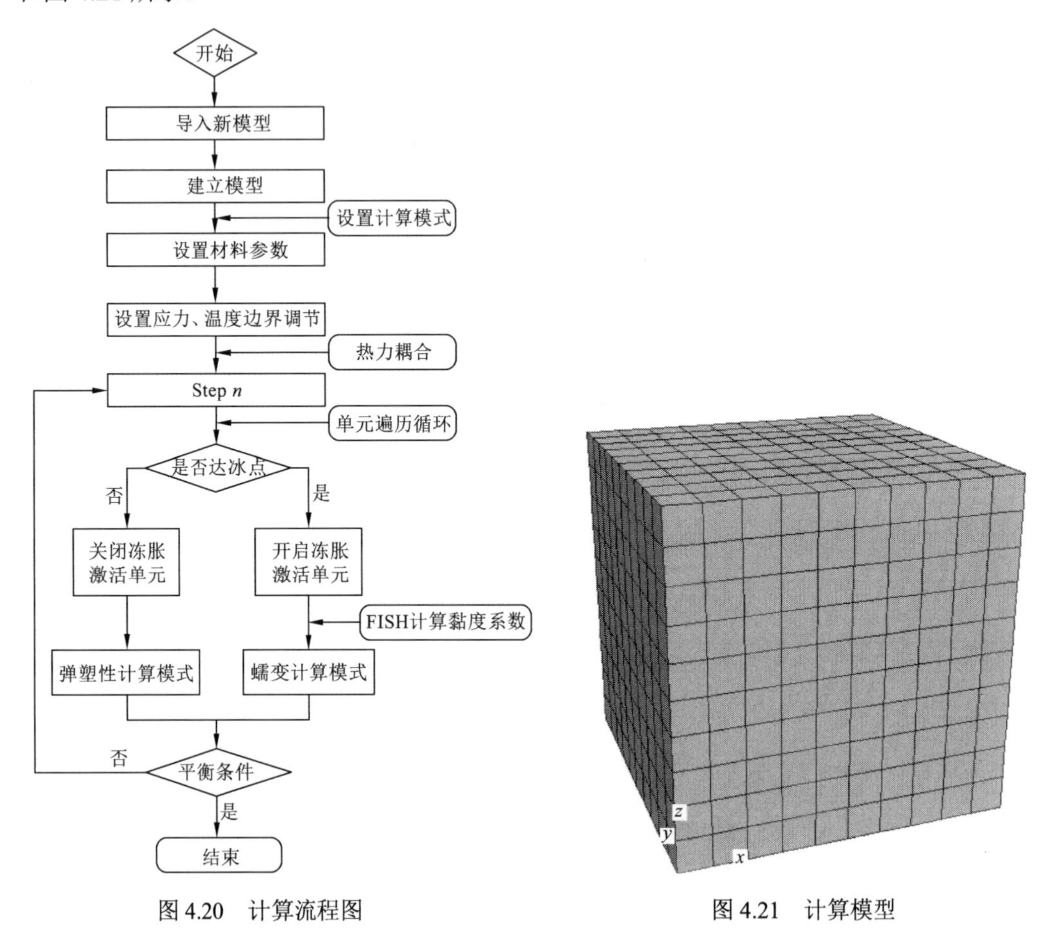

图 4.20　计算流程图

图 4.21　计算模型

岩石试件模型为棱长为 0.1 m 的立方体。孔隙度为 0.3，饱和度为 1。模型初始温度为 0℃。固定外部冻结温度为 −20℃。先进行初始预平衡计算，然后通过以下命令，对初始位移清零：

```
ini xdis 0;
ini ydis 0;
ini zdis 0。
```

冻结过程导致岩体力学参数发生变化，按照前文分析，采用二次函数近似编写 FISH 文件 Para_modify.fis，计算过程中每 1 000 步调用一次 Para_modify.fis，对参数进行调整。计算一定时间后的温度场剖视图如图 4.22 所示。随着冻结时间的延续，温度场发生变化，冰点以下的单元进入冻胀阶段，启用 freeze 模型，温度高于冰点的区域为 Mohr-Coulomb 模型，某一时刻模型分区如图 4.23 所示。可见，该时刻最外面一层单元进入冻胀阶段，内部为未冻区。计算中设置对点（0.5，0.5，1.0）的位移及蠕变时间进行监测。

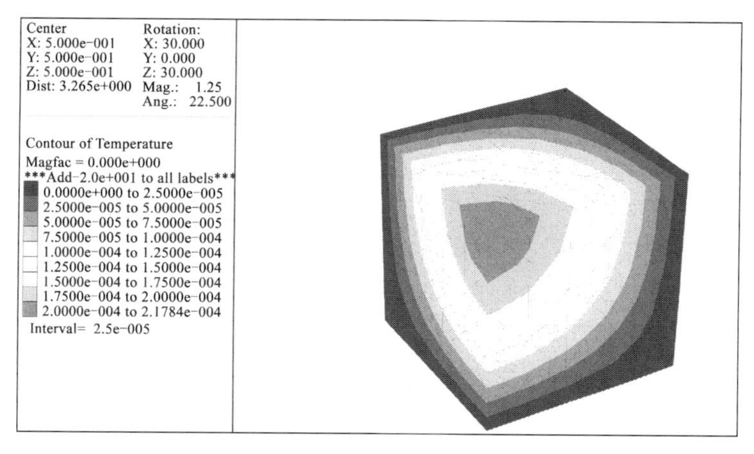

图 4.22　冻结温度场切面

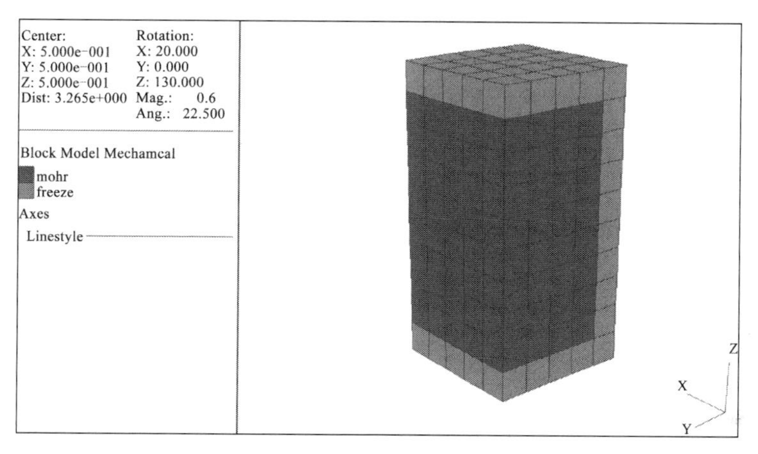

图 4.23　某一时刻未冻区和已冻区（切面）

hist z_disp 0.5 0.5 1.0;!坐标为（0.5,0.5,1.0）的点竖直方向的位移
hist crtime;!蠕变时间

监测点的位移曲线如图 4.24 所示，监测位移先减小后增加。减小是因为试件热胀冷

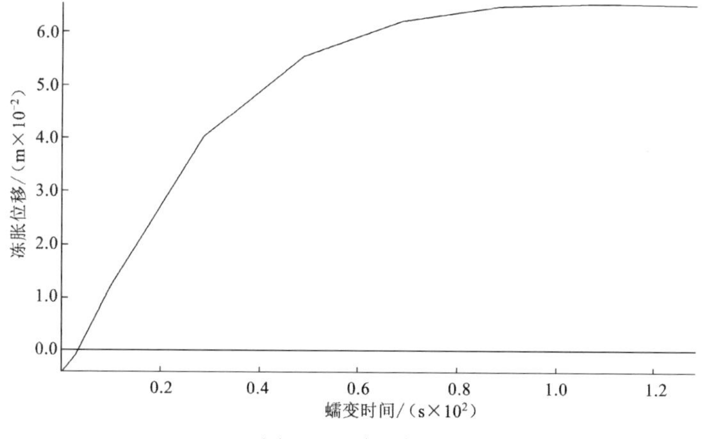

图 4.24　冻胀位移

缩，此时并未产生冻胀效应。继续降温时，冻胀效应产生，从而引起应变增加，随着时间延长逐渐趋近于极限值。初始值即为瞬时弹性变形，蠕变理论中的弹塑性变形为瞬时完成的，与冻结时间无关。

在冻胀接近平衡状态时改变温度条件，将外界温度调整为 5℃，完成一个完整的冻融循环。冻胀位移随蠕变时间的变化曲线如图 4.25 所示。

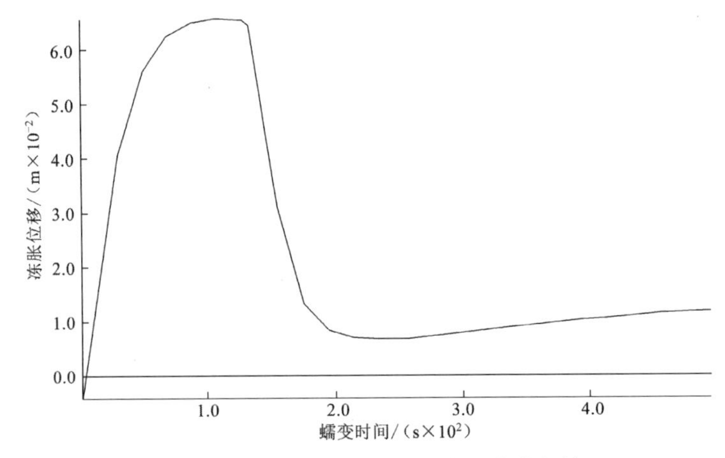

图 4.25　一次冻融循环中冻胀位移变化规律

可见，融化过程中冻胀位移逐渐减小，当融化到一定程度时，应变降至最低点，继续升温位移又增加，此刻热胀冷缩效应重新主导岩石变形。需要说明的是：在融化阶段位移开始增长时岩体单元并未全部融化进入热胀阶段，内部仍有冻结状态的单元为 freeze 模型，因而蠕变时间仍对模型有效。

对照图 4.24、图 4.25 与第 2 章试验得到的饱和岩样冻胀变形曲线，可知模拟曲线与试验曲线变形特征非常相近，各阶段的应变特征都得到了体现，表明该模型能较好地反映冻胀融缩变形特征。

4.6　小　　结

现有模型不能准确地反映含水岩体冻胀融缩变形。本章基于岩体低温变形特征试验结论及相变理论，建立岩体冻胀本构模型。该模型以水冰相变冻结率为纽带，考虑冻胀融缩时间效应，将弹塑性体与 Kelvin 体组合，引入冻胀激活单元，判断单元是否进入冻胀状态。

根据冻胀本构方程得出 Kelvin 体的黏度系数等参数表达式，并考虑冻胀状态对岩体弹性模量、黏聚力等参数的影响。通过 VC++编写本构方程进行程序二次开发，生成可供 FLAC 3D 调用的 freeze.dll 链接库文件，将新模型植入 FLAC 3D。

最后通过一个冻融模型对 freeze 模型进行验证，模拟了一个冻融循环过程中的冻胀变形，并与岩石低温变形特征试验曲线进行对比，表明：模拟曲线与试验曲线的相近程度较高，新模型能较好地反映含水岩体的冻胀融缩效应。

第 5 章 裂隙岩体低温 THM 耦合研究

5.1 引　言

岩体的冻融损伤涉及低温环境下复杂的温度场、渗流场和应力场的耦合问题。数十年来，不少科研工作者对冻结岩体多场耦合问题进行了研究。Loch 等（1978）认为冻结冰（水）压与渗透性及温度相关，可假定符合热动力学平衡条件，忽略岩石基质的变形，得出水冰热动力学平衡方程的如下形式

$$P_{\mathrm{i}}=\rho_{\mathrm{i}}\left[\frac{P_{\mathrm{l}}-\pi}{\rho_{\mathrm{l}}}-h_{\mathrm{iw}}^{\mathrm{o}}\ln\left(\frac{T}{T^{\mathrm{o}}}\right)\right]\quad \pi=C_{\mathrm{l}}RT \tag{5.1}$$

式中：P 为压力；ρ 为密度（kg/m^3）；π 为渗透压力（Pa）；h_{iw} 为相变潜热（J/kg）；T 为温度（K）；C 为容重；R 为气体常数；上标 o 代表状态。

以往的研究多将冻结岩体视为等效连续多孔介质，很少考虑裂隙的影响。冻结会引起岩体渗透性的改变，此为冻岩多场耦合的重要特征，但目前关于此问题的研究也十分罕见。

双重孔隙介质理论最早可追溯到 1960 年 Barenblatt 等提出的均质、各向同性双重孔隙介质理论，认为含裂隙的多孔介质中的孔隙由两部分组成，即基质孔隙和裂缝孔隙。基质孔隙的孔隙率高但渗透性差，为流体的主要存储区；裂缝孔隙的孔隙率低而渗透率高，为流体运移的主要通道，但是该理论假定多孔介质为刚体，无法考虑流固耦合作用。Aifantis（1980）真正意义上可实现流固耦合的双重孔隙介质模型。之后，Elsworth 等（1992）、Leiws（1998）分别研究了考虑裂隙间距及法向刚度的双重孔隙介质耦合理论及多相流固耦合双重孔隙介质模型。孔亮等（2007）提出了一种非饱和双重孔隙介质耦合模型，并经离散化处理后运用于数值计算。张玉军等（2010）建立了一种双重孔隙介质水–应力耦合模型，考虑裂隙的组数、间距、方向、连通率和刚度变化的影响，并通过算例证明裂隙间距对双重介质岩体的位移影响很大，但对岩体主应力及孔隙与裂隙水压力的影响很小，岩体水压力主要取决于孔隙与裂隙的孔隙率与渗透系数。

冻岩低温 THM 耦合与常温耦合的重要区别在于水冰相变的参与。当温度高于冰点时，低温 THM 耦合机制与常温相同。但当温度低于冰点并产生冰晶时，THM 耦合的机制会发生变化。水结冰引起相变潜热释放，会影响温度场，同时，体积膨胀会产生附加应力场。冰晶还会导致裂隙岩体渗透系数降低。常温下，地下水的存在形式为完全流体状态，而在寒区工程岩体中，当温度降至冰点以下时，自由水结冰导致多孔介质的渗流性降低。此外，相变还会引起岩体其他物理力学性质的变化。

以往关于冻岩低温 THM 耦合的研究多采用等效多孔介质的方法,不能充分反映裂隙的影响。本章尝试采用双重孔隙介质理论对冻结岩体低温 THM 耦合问题进行研究，根据质量守恒定律、能量守恒定律和静力平衡原理及相应的物性方程，推导裂隙岩体低温 THM 耦合方程。

5.2　低温THM耦合过程中的关键耦合参数研究

要建立低温岩石的THM耦合模型，首先要对关键耦合参数进行研究，关键参数的选取直接关系到计算结果的成败。由于涉及低温相变，所以这些热–水–力学参数都与温度有关。下面对这些关键参数与冻结温度等物理量的关系进行研究，找到适合于低温岩石的各关键参数表达式。

5.2.1　未冻水含量

考虑孔隙水压力影响下的低温饱和岩石的未冻水体积分数为

$$w_{\mathrm{u}}=\exp\left[-m\frac{\left(\dfrac{\rho_{\mathrm{i}}}{\rho_{\mathrm{l}}}-1\right)p_{\mathrm{l}}-\rho_{\mathrm{i}}L\ln\dfrac{T_{\mathrm{f}}}{273.15}}{2\gamma_{\mathrm{il}}}\right]\tag{5.2}$$

若不考虑渗透压力的影响，则低温饱和岩石中的未冻水体积分数为

$$w_{\mathrm{u}}=\mathrm{e}^{-M\Delta T}\tag{5.3}$$

式中：$M=m\rho_{\mathrm{i}}L/(2\gamma_{\mathrm{il}}T_{\mathrm{m}})$，是与岩石孔隙半径分布有关的特征参数（$\mathrm{K}^{-1}$）。

$$\varepsilon_{ij}=\begin{cases}\left[\alpha_{\mathrm{s}}(T_{\mathrm{f}}-T_0)-n\dfrac{P_{\mathrm{i}}}{3K_{\mathrm{s}}}(1-w_{\mathrm{u}})\right]\delta_{ij}, & \Delta T\leqslant 0\\ \alpha_{\mathrm{s}}(T_{\mathrm{f}}-T_0)\delta_{ij}, & \Delta T>0\end{cases}\tag{5.4}$$

式中：P_{i}为低温岩石冻结后的孔隙冰压力；K_{s}为岩石的体积模量。

对室内饱和标准试样进行冻胀变形测试，利用式（5.3）可以很方便地获得岩石冻胀特征参数M，在下面的分析中我们会看到获取参数M的值十分重要，因为几乎所有的关键参数都与未冻水含量有着密切的关系。

5.2.2　孔隙冰压力

对于低渗透性的岩石而言，可以将岩石中的孔隙简化为球形，不考虑孔隙水的迁移，利用孔隙冰与孔隙壁的相互作用关系得到孔隙冰压力为

$$P_{\mathrm{i}}=\frac{0.029}{\dfrac{1}{E_{\mathrm{m}}}\dfrac{1+2n+(1-4n)\nu_{\mathrm{m}}}{2(1-n)}+1.029\dfrac{1-2\nu_{\mathrm{i}}}{E_{\mathrm{i}}}}\tag{5.5}$$

式中：E_{i}、ν_{i}分别为孔隙冰的弹性模量与泊松比；E_{m}、ν_{m}分别为岩石基质的弹性模量与泊松比；n为孔隙率。

对于高渗透性的岩石而言，岩石孔隙与外界连通，孔隙冰压力由渗透水压力决定，由克劳修斯–克拉佩龙公式可知，此时冰压力可表示为渗透水压力与冻结温度的函数。由孔隙中的未冻水压力P_{l}与渗透水压力P_{p}相等可得

$$P_{\mathrm{i}} = \frac{\rho_{\mathrm{i}}}{\rho_{\mathrm{l}}} P_{\mathrm{p}} - \rho_{\mathrm{i}} L \ln \frac{T}{273.15} \tag{5.6}$$

岩石中的孔隙冰压力可以转化为岩石中的有效冻胀力

$$P_{\mathrm{f}} = n(1 - w_{\mathrm{u}}) P_{\mathrm{i}} \tag{5.7}$$

在建立低温 THM 模型时，有效冻胀力可用式（5.7）表示。可见，有效冻胀力是未冻水含量的函数，其具体含义还与岩石的渗透性有关。

5.2.3　等效热传导系数

1. 模型的建立

影响岩石等效热膨胀系数的因素众多，包括温度、饱和度、压力及岩石基质本身的热传导性质等。Abdulagatova 等（2009）研究了温度和围压对岩石热传导系数的影响，并且系统总结了预测孔隙岩石等效热传导系数的各种混合模型。Sun 等（2005）和 Lai 等（1999）采用相变温度区间线性插值的方法计算了等效热传导系数。Wegmann 等（1998）在研究低温冻岩中的温度场时根据干燥、饱和岩石及水冰介质的热传导系数采用经验估算的形式来选取等效热传导系数，但缺乏有效的理论支撑。Singh 等（2007）对岩石的物理力学性质与岩石的热传导性之间的关系进行了研究，采用人工神经网络技术，将岩石的纵波波速、孔隙率、体积密度及单轴抗压强度作为输入参数来预测岩石的热传导系数，通过预测结果与实测值对比，说明该方法具有较高的精度。李守巨等（2007）利用 ANSYS 进行了岩土材料导热系数与孔隙关系的数值分析，利用随机混合理论，计算在不同孔隙率下的岩石等效热传导系数。可见采用混合物理论模型是研究岩石类材料等效热传导系数的常用方法。

现有的基于混合物理论的等效热传导系数的理论模型较多，最基本有以下三种（Brigaud et al., 1989）。

基于指数加权方法的几何平均模型

$$\lambda_{\mathrm{e}} = \lambda_{\mathrm{s}}^{\theta_{\mathrm{s}}} \lambda_{\mathrm{w}}^{\theta_{\mathrm{w}}} \lambda_{\mathrm{i}}^{\theta_{\mathrm{i}}} \tag{5.8}$$

调和平均模型（串联形式）

$$\lambda_{\mathrm{e}} = \frac{\theta_{\mathrm{s}}}{\lambda_{\mathrm{s}}} + \frac{\theta_{\mathrm{l}}}{\lambda_{\mathrm{l}}} + \frac{\theta_{\mathrm{i}}}{\lambda_{\mathrm{i}}} \tag{5.9}$$

算术平均模型（并联形式）

$$\lambda_{\mathrm{e}} = \lambda_{\mathrm{s}}\theta_{\mathrm{s}} + \lambda_{\mathrm{i}}\theta_{\mathrm{i}} + \lambda_{\mathrm{l}}\theta_{\mathrm{l}} \tag{5.10}$$

式中：λ_{s} 为固体骨架的热传导系数；λ_{l} 为未冻水的热传导系数，λ_{i} 为冰的热传导系数；θ_{s}、θ_{i}、θ_{l} 分别为岩石基质、未冻水和冰的体积分数，且 $\theta_{\mathrm{s}} + \theta_{\mathrm{l}} + \theta_{\mathrm{i}} = 1$。对于冻结岩石而言岩石固体骨架、孔隙未冻水及冻结冰的体积分数可分别表示为 $\theta_{\mathrm{s}} = 1 - n$，$\theta_{\mathrm{l}} = n w_{\mathrm{u}}$ 和 $\theta_{\mathrm{i}} = n(1 - w_{\mathrm{u}})$。

谭贤君（2010）将冻土当作由土体介质、水、冰及孔隙组成的混合物，利用多孔随机混合介质数值模型得到了冻土的等效热传导系数，验证了采用混合物理论建立数值模型研究等效热传导系数的可靠性。并与以上三种模型进行了对比，但由于未冻水含量方程的选取问题，以上三种模型与数值模型计算结果相差较大。本章采用同样的方法对低温冻岩等效热传导系数进行求解，目的是找到能够表征低温岩石等效热传导系数的模型。

对于低温饱和岩石等效热传导系数通过试验获取较难，而利用混合物理论，结合数值模型的方式研究不同状态下的岩石等效热传导系数操作方便且精度较高。因此本节将低温饱和岩石当作未冻水、冰及岩石介质组成的混合物。根据谭贤君的研究成果可以随机生成 50×50 个孔隙与岩石骨架的混合单元模型，如图 5.1 所示。岩石孔隙完全饱和，随着冻结温度的降低，孔隙水单元逐渐转换为冰单元，未冻水体积所占比例为 w_u。采取就近取整的原则，可得到骨架单元数为 $N_s=\mathrm{round}[2\,500\cdot(1-n)]$，那么孔隙水单元数可表示为 $N_w=\mathrm{round}[2\,500\cdot n\cdot w_u]$，孔隙冰单元数为 $N_i=\mathrm{round}[2\,500\cdot n\cdot(1-w_u)]$。结合未冻水含量方程，从而可以确定在不同冻结温度下的孔隙水单元与孔隙冰单元数目，同样采用随机赋值的方式得到基质单元、水单元及冰单元的随机混合数值模型。

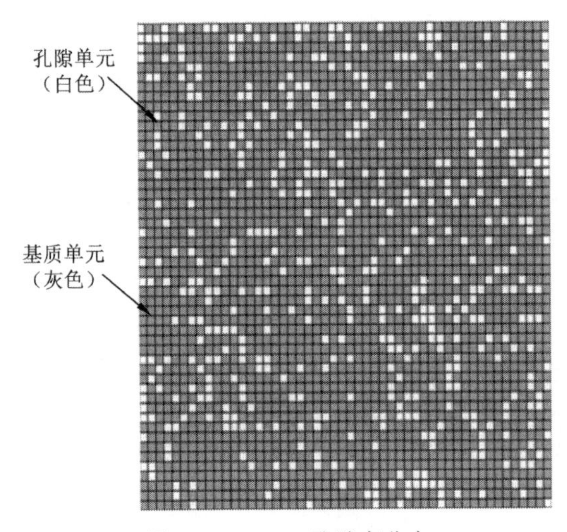

图 5.1　$n=20\%$孔隙率分布

如果要计算 y 方向的热传导系数，则设定 x 方向为绝热，y 方向上下表面施加温度分别为 T_c和 T_h。利用有限元软件容易得到稳定状态下的边界总热流 Q 和 y 方向上的平均温度梯度∇T_y，y 方向的热传导系数可通过式（5.11）计算

$$\lambda_e=\frac{Q}{\nabla T_y} \tag{5.11}$$

2. 理论模型验证及参数确定

选取未冻水含量特征参数 $M=0.2$，设计三种不同孔隙率岩石的低温热传导数值试验，进行孔隙率分别为 $n=5\%$、$n=10\%$、$n=20\%$的低温岩石热传导系数研究。岩石的导热系数取为 3 W/（m·℃），比热容为 800 J/（kg·℃），岩石密度为 2 400 kg/m^3。水冰介质和岩石基质热力学参数取值见表 5.1。

表5.1　水冰介质和岩石基质热力学参数取值

材料	热传导系数/[W/（m·℃）]	比热容/[J/（kg·℃）]	密度/（kg/m³）
岩石基质	3.0	800	2 400
水	0.6	4 200	1 000
冰	2.2	2 100	917

将未冻水含量特征参数 $M=0.2$ 代入式（5.2）中可以得到未冻水含量方程为

$$w_{\mathrm{u}}=\begin{cases}\exp\left[0.2(T_{\mathrm{f}}-T_{\mathrm{m}})\right], & T_{\mathrm{f}}-T_{\mathrm{m}}\leqslant 0\\ 1, & T_{\mathrm{f}}-T_{\mathrm{m}}>0\end{cases}\tag{5.12}$$

未冻水含量方程决定了不同冻结温度下水单元与冰单元所占比例。从而确定了数值模型中各类单元数目。利用数值计算得到的结果代入式（5.10）中，可以得到不同孔隙率饱和岩石低温下的等效热传导系数，如图5.2 所示。

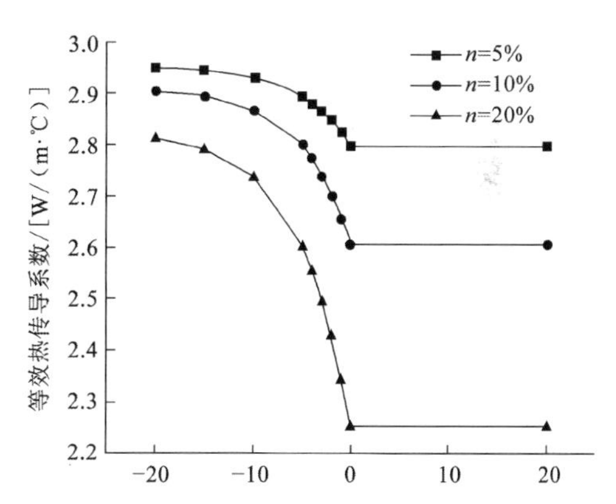

图5.2　不同孔隙率饱和岩石等效热传导系数随冻结温度变化

从图5.2 中可以看出，随着温度的降低，孔隙水逐渐冻结，由于冰的热传导系数远大于水，所以低温饱和岩石的等效热传导系数逐渐增大。且孔隙率越大，冻结温度对饱和岩石的热传导系数影响越大，这与一般认为岩石的热传导系数只在某一较小的相变温度区间变化不同，由于岩石孔隙中的水分在冻结过程中是逐渐冻结，所以在整个冻结温度区间上岩石的等效热传导系数都是变化的。由于孔隙水热传导系数较低，会对热传导产生明显的阻碍作用，而当水冰相变逐渐完成，孔隙冰的导热性明显大于水，所以孔隙对热传导的阻碍作用降低，热传导作用加强。

将未冻水含量方程（5.2）分别代入式（5.8）、式（5.9）和式（5.10），可以得到采用几何平均模型、调和平均模型及算术平均模型计算的低温饱和岩石的热传导系数。将以上三种理论模型计算结果与数值试验结果进行对比如图5.3 所示。

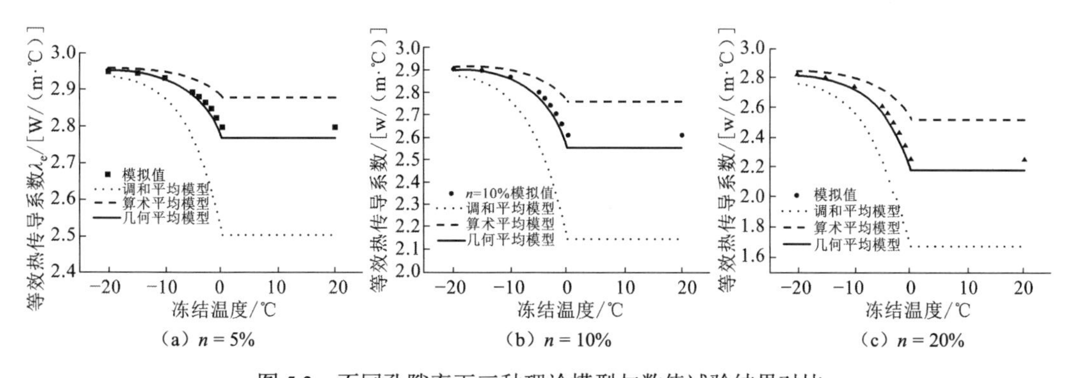

图5.3　不同孔隙率下三种理论模型与数值试验结果对比

从图 5.3 中可见采用指数加权模型可以较好地描述低温饱和岩石的等效热传导系数随着冻结温度的变化。因此，在进行数值分析时可以采用式（5.13）表达低温岩石的等效热传导系数

$$\lambda_e = \lambda_s^{1-n} \lambda_l^{n\cdot e^{-M\Delta T}} \lambda_i^{n\cdot(1-e^{-M\Delta T})} \tag{5.13}$$

3. λ_s 的确定方法

式（5.13）中岩石基质的热传导系数 λ_s 只是一个理论存在的物理量，岩石中必然会存在大量的孔隙，而岩石基质的热传导系数也无法直接通过试验获得。但不同饱和度岩石的热传导系数可以通过试验得到，陈益峰等（2011）考虑微裂纹影响建立了脆性岩石热传导与饱和度之间的函数关系，采用的等效热传导形式实际仍是一种体积平均加权模型的形式。其具体表达式为

$$\lambda_e = \lambda_s + n(\lambda_c - \lambda_s)\frac{R_\lambda}{1-n(1-R_\lambda)} \tag{5.14}$$

式中：λ_e 为岩石的等效热传导系数；λ_s、λ_c 分别为岩石基质及非饱和孔裂隙中的热传导系数；n 为等效的孔隙度；R_λ 为裂隙形状与介质间热传导差异性影响的参数。

其中非饱和孔裂隙中的热传导系数又是岩石饱和度及孔隙率的函数，为了反映孔隙尺寸与湿润性对传导性的影响，非饱和孔裂隙中的热传导系数可表示为

$$\lambda_c = S_r^m \lambda_l + (1 - S_r^m)\lambda_a \tag{5.15}$$

式中：λ_a 为孔隙空气的热传导系数；λ_l 为孔隙水的热传导系数。

式（5.15）代入式（5.14）可得

$$\lambda_e = \lambda_s + n\left[S_r^m \lambda_l + (1 - S_r^m)\lambda_a - \lambda_s\right]\frac{R_\lambda}{1-n(1-R_\lambda)} \tag{5.16}$$

可见若不考虑微裂隙几何形态以及不同介质间热传导差异性的影响，则式（5.16）可化为

$$\lambda_e = (1-n)\lambda_s + nS_r^m \lambda_l + n(1 - S_r^m)\lambda_a \tag{5.17}$$

由于实际中微观裂纹尺寸难以获取，立足于本节，不考虑微裂隙几何形态及不同介质间热传导差异性的作用，但考虑孔隙尺寸分布及湿润性的影响，采用几何平均模型，则非饱和岩石导热系数的表达式可以表示为

$$\lambda_e = \lambda_s^{1-n} \cdot \lambda_l^{nS_r^m} \cdot \lambda_a^{n(1-S_r^m)} \tag{5.18}$$

在实际中，岩石基质的热传导系数是未知量，而岩石孔隙率、水的热传导系数及孔隙热传导系数是已知物理量，如果能够得到岩石等效热传导系数随岩石饱和度的试验数据，通过拟合可以得到岩石基质的热传导系数 λ_s 及未知参数 m。

例如，Clauser 等（1995）给出了高孔隙率的砂岩（$n = 0.18$）等效热传导系数随岩石饱和度变化的试测数据。试验结果与公式拟合曲线如图 5.5 所示，可见采用式（5.18）可以较好地得到岩石等效热膨胀系数随饱和度的变化规律，得到的砂岩基质的热传导系数为 $\lambda_s = 7.1$ W/（m·℃）。

若仅获得了饱和岩石的热传导系数，即 $S_r=1$，代入式（5.18）可以近似得到岩石基质的热传导系数为

$$\lambda_s=\left(\frac{\lambda_e}{\lambda_1^n}\right)^{n-1} \tag{5.19}$$

饱和砂岩热传导系数为 $\lambda_e=4.493$ W/（m·℃），代入式（5.19）可以近似求得砂岩基质的热传导系数为 $\lambda_s=6.99$ W/（m·℃）。可见从式（5.19）得到的近似解与利用式（5.18）拟合得到的数值十分接近，如图 5.4 所示。值得指出的是，为了避免由于单点计算（只计算饱和岩石的热传导系数）可能引起较大的误差，尽可能采用式（5.18）通过拟合的方式得到岩石基质的热传导系数，其精度更高。

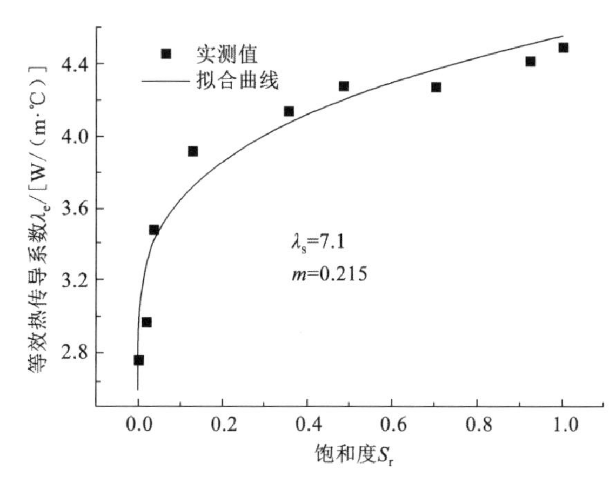

图 5.4　砂岩的等效热传导系数随饱和度的变化

从以上分析可以看出，要得到低温饱和岩石的等效热传导系数是十分困难的，但准确地获得该参数值对进行低温下的岩土体热水力耦合仿真却至关重要。

徐光苗（2006）测试了饱和与干燥的红砂岩在 −5℃ 和 −10℃ 环境下的等效热传导系数，测试结果见表 5.2。

表 5.2　岩石试样热力参数

岩性	温度/℃	热传导系数/[W/（m·℃）]	
		饱和	干燥
红砂岩	−5	2.64	1.79
	−10	2.73	1.99

将饱和状态下的热传导系数及相应的冻结温度代入式（5.13）中，可以得到红砂岩骨架的热传导系数及未冻水特征参数分别为：$\lambda_s=2.86$ W/（m·℃），$M=0.317$。将岩石骨架的热传导系数 λ_s 代入式（5.18）中，可以得到常温下的干燥岩石热传导系数为：$\lambda_d=1.357$ W/（m·℃）。对于干燥岩石而言，随着温度的降低，岩石的热传导系数会升高，可见由本章模型求得的干燥孔隙岩石在常温下的热传导系数与其在 −5℃ 和 −10℃ 下的

实测值具有这样的规律，由于徐光苗等没有进行常温下的岩石导热系数测试，所以无法与本章的计算结果进行直接对比，但从规律上是完全满足的，进一步说明了式（5.13）是合理的。因此，可进一步得到红砂岩等效热传导系数与冻结温度的函数关系，如图 5.5 所示。

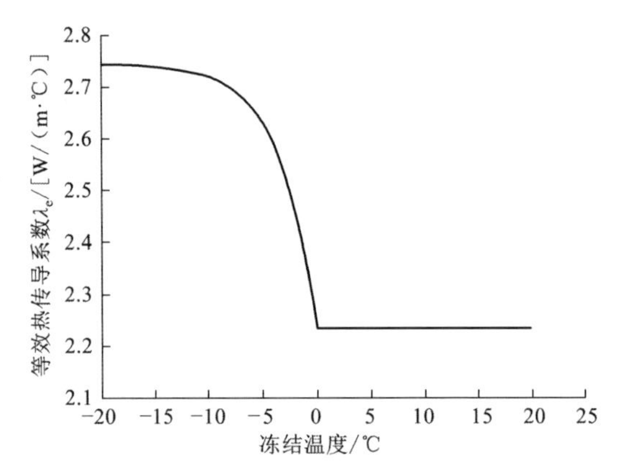

图 5.5　红砂岩等效热传导系数随温度变化

4. 耦合过程中的渗透系数

对于低温岩土介质而言，冻结区和未冻区的渗透系数相差较大，由于冻结区的渗透性很小，在以往的文献中冻结区的水分迁移通常不考虑。但事实上，对于温度低于冰水相变点的已冻结区域，岩石中也可能存在着大量的未冻水，所以已冻结区域并不能总是当作非渗透区域处理。

在低温岩石中未冻水的渗流可以用达西定律描述

$$\boldsymbol{v}_l = -\frac{k_r}{\mu_l}\boldsymbol{k}(\nabla p_l - \rho_l \boldsymbol{g}) \tag{5.20}$$

式中：k_r为相对渗透率；μ_l为水的黏度系数；$\boldsymbol{k}$为饱和岩石的渗透矩阵；p_l为孔隙水压力；ρ_l为水密度；$\boldsymbol{g}$为重力加速度矢量。

可见，对于低温岩土介质而言主要目标是求解相对渗透率与冻结温度之间的关系。Nishimur 等（2009）认为低温岩土介质的相对渗透率是饱和度的函数，可表示为

$$k_r = \sqrt{S_l}\left[1-(1-S_l^{1/\lambda})^{\lambda}\right]^2 \tag{5.21}$$

可知，对于未冻结岩土体，$S_l = 1$，得到相对渗透率为$k_r = 1$。而当岩土体完全冻结，没有未冻水存在时，$S_l = 0$，得到相对渗透率为$k_r = 0$。说明对于水分完全冻结的岩土体由于孔隙被冰体填充，可以不考虑其渗透性。

在冻结温度下的岩石饱和度就是在该温度下的岩石中未冻水体积含量为

$$S_l = w_u \tag{5.22}$$

可以得到考虑孔隙水压力影响下的低温岩石饱和度与冻结温度函数关系

$$S_l = \exp\left[-m\frac{\left(\dfrac{\rho_i}{\rho_l}-1\right)p_l - \rho_i L\ln\dfrac{T_f}{273.15}}{2\gamma_{il}}\right] \tag{5.23}$$

由此可以进一步确定低温岩石渗透率与冻结温度的函数关系。

若取孔隙分布参数 $m=1.31\times10^{-8}$ m，由低温岩石相对渗透率在不同的冻结温度下随孔隙水压力的变化关系可以得到低温岩石相对渗透率在不同的冻结温度下随孔隙水压力的变化关系，如图 5.6 所示。不考虑过饱和对岩石渗透性的影响，所以在未冻结时，饱和岩石的相对渗透率均为 1。从图 5.6 可以看出，对岩石渗透率产生根本性影响的是冻结温度，而水压力的影响很小；说明对于已冻结区其渗透率较未冻区低很多，所以在以往研究低温岩土介质的水热迁移特性时，广大学者常常忽略已冻区的水分迁移。不考虑孔隙水压力对岩石渗透性的影响下的岩石相对渗透率与冻结温度的函数关系，如图 5.7 所示。可以看出，虽然在冻结温度为−5℃以下时相对渗透率几乎为 0，但在 0～−5℃这段冻结区间内，渗透率是一个缓慢的降低过程，所以并不能将冻结区一概当成非渗透区域考虑，此外，采用连续函数表示岩石渗透性随冻结温度的变化关系，数值计算收敛性更好。

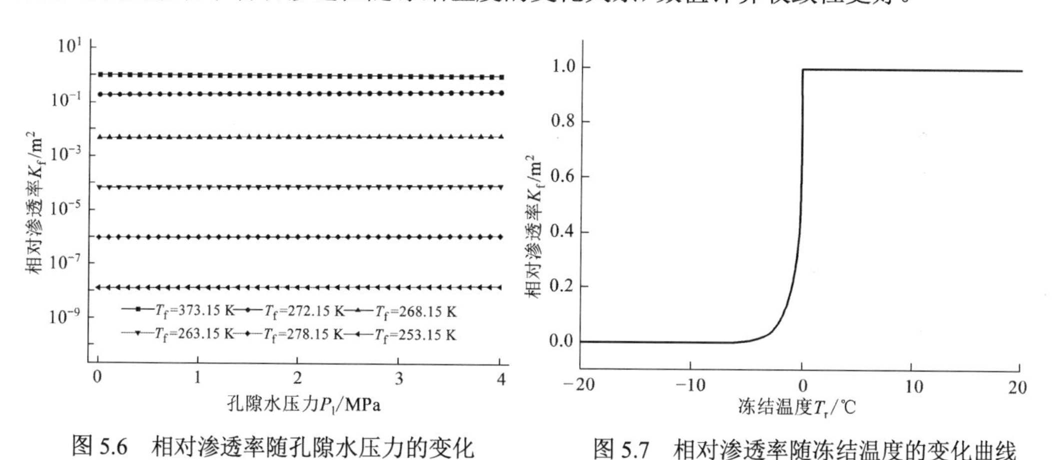

图 5.6　相对渗透率随孔隙水压力的变化　　图 5.7　相对渗透率随冻结温度的变化曲线

5.3　岩体低温 THM 耦合控制方程

5.3.1　应力平衡方程

将裂隙岩体视为裂隙介质和岩块组成的双重孔隙介质系统。水（冰）主要赋存在裂隙介质中。局部坐标系（$x'-O'-y'$）及整体坐标系（$x-O-y$）下的夹冰（含水）裂隙如图 5.8 所示。

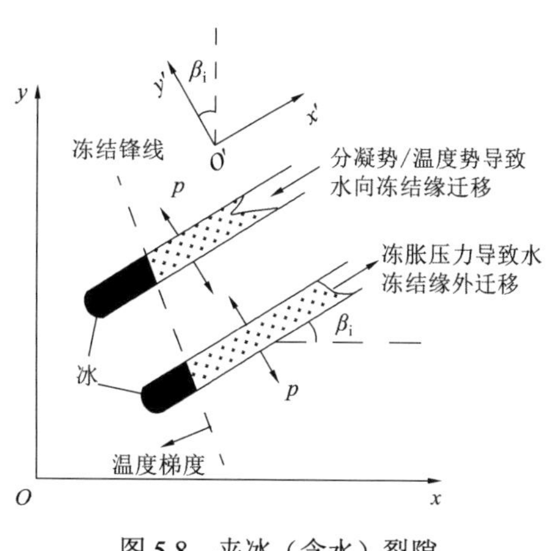

图 5.8　夹冰（含水）裂隙

采用双重孔隙介质模型对冻结裂隙岩体进行研究。对裂隙介质的描述，考虑平面应力问题，设岩体内分布有 n 组裂隙，应变–应力增量关系式可表示为（张玉军，2009a；黎水泉 等，2001）

$$\mathrm{d}\varepsilon_{ij}=\boldsymbol{C}\mathrm{d}\sigma_{ij}+\alpha_{\mathrm{s}}\mathrm{d}T\delta_{ij} \tag{5.24}$$

$$\boldsymbol{C}=\boldsymbol{C}_0+\sum_{i=1}^{n}\boldsymbol{C}_{\mathrm{f}i} \tag{5.25}$$

式中：$\boldsymbol{C}$ 为总的柔度矩阵；$\boldsymbol{C}_0$ 为孔隙介质（岩块）的柔度矩阵；$\boldsymbol{C}_{\mathrm{f}i}$ 为整体坐标系下第 i 组裂隙的柔度矩阵；α_{s} 为岩石骨架的线性热膨胀系数；$\mathrm{d}T$ 为温度变化量。

冰与水共同充填孔隙，保持良好的联通性，可近似认为 $P_{\mathrm{w}}=P_{\mathrm{i}}=P$。

$$\mathrm{d}\sigma_{ij}=\mathrm{d}\sigma_{ij}^{\mathrm{s}}-\kappa\mathrm{d}P\delta_{ij} \tag{5.26}$$

式中：σ_{ij} 为总应力张量分量，σ_{ij}^{s} 为孔隙介质应力张量分量，P 为裂隙冻胀压力；κ 为冻胀传压系数。

$$\boldsymbol{C}_0=\frac{1+\nu}{E}\begin{bmatrix}1-\nu & -\nu & 0\\ -\nu & 1-\nu & 0\\ 0 & 0 & 2\end{bmatrix} \tag{5.27}$$

$$\boldsymbol{C}_{\mathrm{f}i}=\boldsymbol{L}_i\boldsymbol{C}_{\mathrm{f}i}'\boldsymbol{L}_i^{\mathrm{T}} \tag{5.28}$$

$$\boldsymbol{C}_{\mathrm{f}i}'=\begin{bmatrix}0 & 0 & 0\\ 0 & l_i/K_{\mathrm{n}i}A_i & 0\\ 0 & 0 & l_i/K_{\mathrm{s}i}A_i\end{bmatrix} \tag{5.29}$$

式中：ν 为泊松比；$\boldsymbol{C}_{\mathrm{f}i}'$ 为局部坐标系下第 i 组裂隙的柔度矩阵；$\boldsymbol{L}_{\mathrm{i}}$ 为坐标转换矩阵；$K_{\mathrm{n}i}$、$K_{\mathrm{s}i}$、l_{i}、A_i 分别为裂隙的法向刚度、切向刚度、连通率和间距。

5.3.2 冰-水系统连续性方程

认为水分迁移的驱动力主要包括：冻胀压力引起的水势梯度、孔隙水压力，分凝势及温度梯度。冻结压力势导致水分背离冻结缘迁移，而分凝势和温度梯度导致未冻水向冻结缘迁移。

冻结条件下水的连续性方程可表示为

$$\frac{\partial\left[\rho_{\mathrm{w}}nS_{\mathrm{r}}(1-u)\right]}{\partial t}-\frac{\partial(\rho_{\mathrm{i}}nS_{\mathrm{r}}u)}{\partial t}+\nabla\cdot(\rho_{\mathrm{w}}n\boldsymbol{q}_{\mathrm{w}})=0 \tag{5.30}$$

式中：n 为孔隙率；u 为冻结率；ρ 为密度；i 代表冰，w 代表水；$\boldsymbol{q}$ 为水流矢量；S_{r} 为饱和度。

对于一般的孔隙介质而言，水流矢量可表示为（陈益峰 等，2009）

$$\boldsymbol{q}_w=-\frac{k_{\mathrm{w}}\boldsymbol{k}}{\mu_{\mathrm{w}}}(\nabla P_{\mathrm{w}}-\rho_{\mathrm{w}}\boldsymbol{g})-\boldsymbol{k}_{\mathrm{IT}}\nabla T \tag{5.31}$$

式中：$\boldsymbol{k}$ 为岩石介质的固有渗透系数张量；k_{w} 为水的相对渗透系数；μ_{w} 为水的黏滞系数；∇P_{w} 为水势梯度；$\boldsymbol{k}_{\mathrm{IT}}$ 为热流耦合系数张量，表征热梯度对水的流速影响；∇T 为温度梯度。

对于双重孔隙介质模型，裂隙的渗透系数远大于基质孔隙介质。假定单裂隙的渗流遵从立方定律

$$q=K_{\mathrm{f}}bJ_{\mathrm{f}} \tag{5.32}$$

$$K_{\mathrm{f}}=\frac{\xi\omega b^2\gamma_{\mathrm{w}}}{\eta} \tag{5.33}$$

式中：K_f 为裂隙的渗透系数；q 为单宽流量，其方向由裂隙分布决定；b 为张开度；J_f为沿裂隙方向的水力梯度；η 为水的动黏滞系数；γ_w 为水的容重；ξ 为与裂隙面粗糙度相关的系数，光滑平直时取 $\xi=1/12$；ω 为冻结率–渗流耦合系数，表征因相变冻结而导致裂隙渗透性降低。

多组裂隙时，假定不同方向裂隙组在裂隙网络中互相连通且各方向渗流互不干扰，则裂隙介质岩体的渗流方程可表示为（Nishimura et al., 2009）

$$\boldsymbol{q}_w = \boldsymbol{K}_f J_f = \frac{\gamma_w \xi}{\mu} \sum_{i=1}^{m} b_i^3 S_i (\boldsymbol{I} - \alpha_i \alpha_i)\ J_f \tag{5.34}$$

式中：$\boldsymbol{q}_w$ 为水流矢量；J_f 为水力梯度；$\boldsymbol{K}_f$ 为渗透系数张量分量；m 为岩体内裂隙组数；S_i 为第 i 组裂隙的平均密度；b_i 为第 i 组裂隙的平均隙宽；$\boldsymbol{I}$ 为单位矢量，α_i 为第 i 组裂隙的平均方向余弦矢量。

考虑外界应力及冻结过程的影响，采用渗透系数张量修正式为

$$\boldsymbol{K}_f = \boldsymbol{K}_{f0} \sigma^{-D_f} \psi(u) \tag{5.35}$$

式中：$\boldsymbol{K}_{f0}$ 为初始渗透系数张量；D_f为裂隙分布的分维数，一般 $0<D_f\leqslant 2$，D_f取 0 时表示岩体内无裂隙存在；$\psi(u)$为冻结率–渗透率耦合系数，$0<\psi(u)\leqslant 1$ 考虑其为冻结率的函数，当 $u=0$ 时，取 $\psi(u)=1$，当 $u\to 1$ 时 $\psi(u)\to 0$。

关于引起裂隙水迁移的水力梯度，应主要考虑冻胀压力、分凝势及温度梯度的影响为

$$J_f = \nabla P_i - \phi_T \nabla T \tag{5.36}$$

式中：P_i 为裂隙介质内的冻结压力；∇T 为温度梯度；ϕ_T 为分凝势，与冻结速度、介质特征和含水率等因素相关（赵刚 等，2009）。

5.3.3　能量守恒方程

裂隙岩体的热传递方式主要包括：热传导、相变潜热、裂隙水渗流迁移热。定义两种系统传热方式：静态传热和动态传热。前者是不引起宏观物质运动而产生的热迁移方式，后者是由宏观物质交换引起的热转移。冻结岩体热平衡方程可表示为

$$C_V \frac{\partial T}{\partial t} + \nabla\cdot\ (-\lambda \nabla T) + L\rho_i \frac{\partial u_i}{\partial t} + C_w \rho_w \frac{\partial T}{\partial t} (\nabla\cdot \boldsymbol{q}_w) = 0 \tag{5.37}$$

式中：C_V 为系统等效体积比热容；C_w 为水的体积比热容，L 为水的相变潜热系数；λ 为岩体等效导热系数，冻岩和未冻岩取值不同；u_i 为冻结率，表征参与冻结的水分比例；ρ_i 为冰密度；$\boldsymbol{q}_w$ 为水流矢量。

$$\begin{aligned} C_V &= \theta_s C_s + \theta_w C_w + \theta_i C_i \\ &= \theta_s C_s + nS_r(1-u_i)\ C_w + nS_r u_i C_i \end{aligned} \tag{5.38}$$

$$\begin{aligned} \rho &= \theta_s \rho_s + \theta_w \rho_w + \theta_i \rho_i \\ &= \theta_s \rho_s + nS_r(1-u_i)\ \rho_w + nS_r u_i \rho_i \end{aligned} \tag{5.39}$$

式中：θ_s、θ_w、θ_i 分别为单位体积内岩石基质、水和冰的体积比；C_s、C_w、C_i 分别为岩石基质、

水和冰的体积热容；ρ_s、ρ_w、ρ_i 分别为岩石基质、水和冰的密度。

温度梯度引起的热传递符合傅里叶定律（沈维道 等，2001）

$$q_T = -\lambda(\nabla T) \tag{5.40}$$

式中：T 为温度（℃）；∇T 为温度梯度（$C\cdot m^{-1}$）；λ 为热传导系数［（W/（m·℃）］。

由水渗流作用产生的热量变化为

$$q_w = C_w \rho_w \frac{\partial T}{\partial t}(\nabla \cdot \vec{q}_w) \tag{5.41}$$

式中：C_w 为水的体积热容；ρ_w 为水的密度。

在冻融岩体内，水冻结放热，融化吸热，水冰相变产生的潜热为

$$q_L = L\rho_i \frac{\partial \theta_i}{\partial t} = L\rho_i n S_r \frac{\partial u}{\partial t} \tag{5.42}$$

式中：L 为水冰相变潜热系数（J/kg），融化过程取正值，冻结过程取负值；S_r 为初始饱和度；u 为冻结率。

5.4　裂隙岩体低温 THM 耦合过程模拟分析

5.4.1　寒区隧道 THM 全耦合过程有限元分析

运用有限元方法，以堪称目前世界上最长的多年冻土隧道——昆仑山隧道进口断面围岩衬砌系统为研究对象，进行开放条件下隧道围岩、衬砌系统温度、渗流、应力耦合问题的二维数值模拟计算，分析围岩-衬砌系统在施工完毕及运行后的温度、应力及位移的变化规律，指出根据现有的青藏铁路昆仑山隧道设计方法，计算断面能满足正常运行而不出现安全问题。

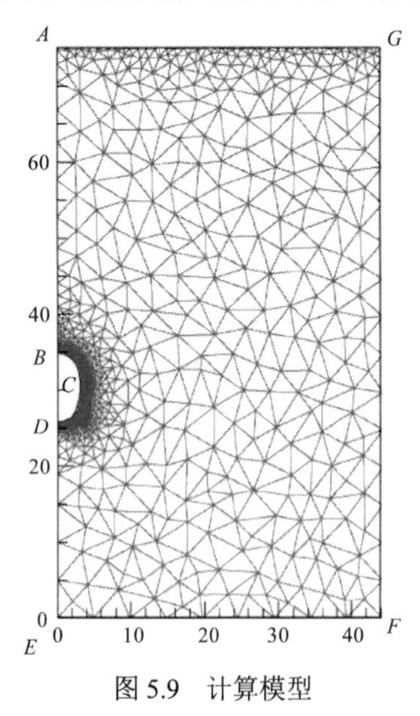

图 5.9　计算模型

昆仑山隧道岩性主要为板岩夹片岩，岩体破碎，富含裂隙冰，地质条件十分复杂。选取隧道进口断面为计算断面，根据现场地质资料，此断面位于 V 级围岩中。采用曲墙带仰拱模筑钢筋混凝土复合式衬砌形式，隧道内衬为模筑钢筋混凝土，然后是一层防水层，在防水层的外面铺设保温板，再铺设一层防水层，最后整体模筑内层。

计算模型根据实际设计资料确定，实际计算时根据其对称性，取断面的一半作为计算域。本章分析采用节点角形单元，单元划分及计算断面情况如图 5.9 所示。

岩体具有典型的弹塑性特征，单纯运用弹性理论，无法计算岩体的塑性屈服区，从而得出计算结果难以满足分析精度要求。引入弹塑性理论，假定冻融区岩体均为弹塑性材

料，并满足弹塑性一般假定，进行岩体在冻融条件下的弹塑性分析。正冻区和融区隧道围岩及衬砌均服从屈服准则，屈服面函数为

$$f = \alpha I_1 + \sqrt{J_2} - H = 0 \tag{5.43}$$

式中：I_1 为应力张量第一不变量；J_2 为应力偏量第二不变量；α、H 为材料参数，可分别表示为

$$\alpha = \frac{2\sin\varphi}{\sqrt{3}(3-\sin\varphi)} \tag{5.44}$$

$$H = \frac{6\cos\varphi}{\sqrt{3}(3-\sin\varphi)} \tag{5.45}$$

主要参数中，有些是根据混合物理论得出，如密度、导热系数、比热容等，有的在冻区和融区呈连续性变化，如弹性模量、剪切强度参数、渗透系数等。围岩、衬砌混凝土、防水保温层的各种物理参数见表 5.3。根据地质勘探资料，该断面围岩等级为 V 级围岩，因此围岩力学参数按《铁路隧道设计规范》（TB 10003—2016）建议取值，并参考试验结果，将岩体的弹性模量视为温度的函数，根据规范 $E(T=10)=900$ MPa，$E(T=0)=950$ MPa，$E(T=-10℃)=1\,300$ MPa，则

$$E(T) = 980 - 20T + 1.5T^2 \tag{5.46}$$

表 5.3　隧道模型物理参数

名 称	密度/（kg/m^3）	比热容/[J/(kg·℃)]	导热系数/[W/(m·℃)]	孔隙率
板岩	2 500	850	2.50	0.35
混凝土	2 600	993	1.93	0.10
保温材料	600	5 000	0.03	0.00
水	1 000	4 182	0.56	/
冰	917	2 100	2.24	/

而由于衬砌中存在保温层，可以不考虑衬砌周围岩体冻融损伤的影响，其他参数如岩体重度、线性热膨胀系数、渗透系数在正冻状态和融化状态取不同的值，并通过连续函数将正冻区和融区联系起来。力学参数与渗透系数见表 5.4 和表 5.5。

表 5.4　隧道模型力学参数

名称	弹性模量/GPa	泊松比	重度/（kN/m^3）	黏聚力/MPa	内摩擦角	线性热膨胀系数/（10^{-5}/℃）
冻结围岩（V 级）	—	0.35	19.0	0.50	25°	1.1
融化围岩（V 级）	—	0.40	19.5	0.06	45°	1.5
混凝土 C25	29.5	0.20	25.0	2.00	60°	1.0
混凝土 C30	31.0	0.20	25.0	3.00	60°	1.0
保温材料	14.6	0.20	0.6	/	/	/

表 5.5　隧道模型渗透系数

名称	冻结时渗透系数/（m/s）	融化时渗透系数/（m/s）
围岩	9.3×100^{-9}	8.1×10^{-6}
混凝土	3.1×100^{-9}	2.0×10^{-7}
保温材料	1.3×100^{-11}	1.3×10^{-11}

1. 计算边界及初始条件

隧道围岩 5.0 m 以内的初始温度可根据现场观测资料获得。而且根据多年现场监测资料，昆仑山地区的平均地温为−3～−2℃，取为−2.5℃，因此，隧道围岩以外的初始温度可以通过地热梯度增加获得。由于隧道施工时洞内气温受施工活动及天然气候影响，施工时隧道洞内气温由式（5.47）给出

$$T_a=\begin{cases}14.9\sin\left(\dfrac{2\pi}{t_n}t+\dfrac{11}{12}\pi\right), & \sin\left(\dfrac{2\pi}{t_n}t+\dfrac{11}{12}\pi\right)>0\\ 3\sin\left(\dfrac{2\pi}{t_n}t+\dfrac{11}{12}\pi\right), & \sin\left(\dfrac{2\pi}{t_n}t+\dfrac{11}{12}\pi\right)\leqslant 0\end{cases}\tag{5.47}$$

当隧道施工完成后，根据昆仑山地区的多年温度监测资料，该地区的多年年平均气温为−5.2℃，因此，考虑气候变暖，昆仑山隧道山顶表面和隧道内侧的气温为

山顶气温

$$T_a=-5.2+2.5+\frac{1.5}{30t_n}t+12\sin\left(\frac{2\pi}{t_n}t+\frac{11}{12}\pi\right)\tag{5.48}$$

洞内气温

$$T_a=-5.2+\frac{1.5}{30t_n}t+12\sin\left(\frac{2\pi}{t_n}t+\frac{11}{12}\pi\right)\tag{5.49}$$

式中：T_a为空气温度为一个冻融周期的时间；t_n为隧道施工完成后的运行时间。

如图 5.9 所示，水头压力边界为：根据对称性，*AB*、*DE* 取不透水边界，底边 *EF* 也取不透水边界，*FG* 取水头压力边界，压力水头（75.22−*y*）*m*，在 *G* 点给定一个水源 Q_G=1.25 m³/d。计算时，*BCD* 边取不透水边界，并设墙角点的水压力为，以模拟排水过程。

由于该断面隧道埋深不大，且根据该地区地应力现场测试资料，该地区地应力以自重应力为主，构造应力较小。因此，计算时，主要考虑自重作用，模拟隧道围岩开挖与支护过程。根据弹性力学理论，本算例问题属于平面应变问题，初始地应力为自重应力，*AB*、*DE* 为轴对称边界，其在水平方向位移为 0，由于模型边界取得较大。因此，*FG* 边界上水平位移也为 0，*EF* 边界竖直方向位移为 0。具体的模拟过程为：第一步模拟全断面开挖和一次衬砌施工，第二步模拟二次衬砌和保温层的施作。

2. 施工结束时围岩和衬砌应力场、位移场分析

图 5.10 为计算断面隧道围岩施工结束时的位移场分布图。根据计算结果，施工结束

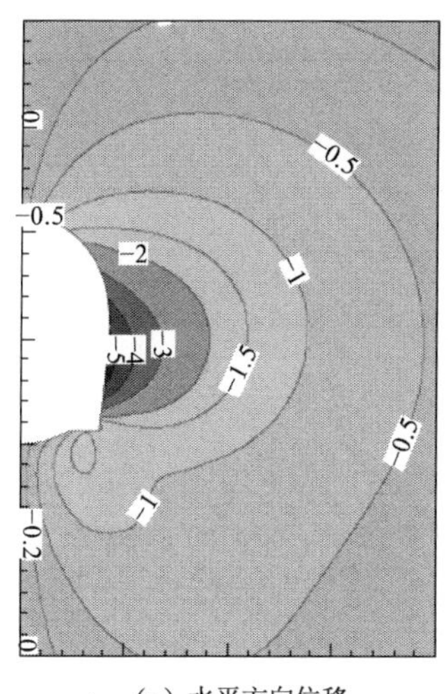

（a）水平方向位移

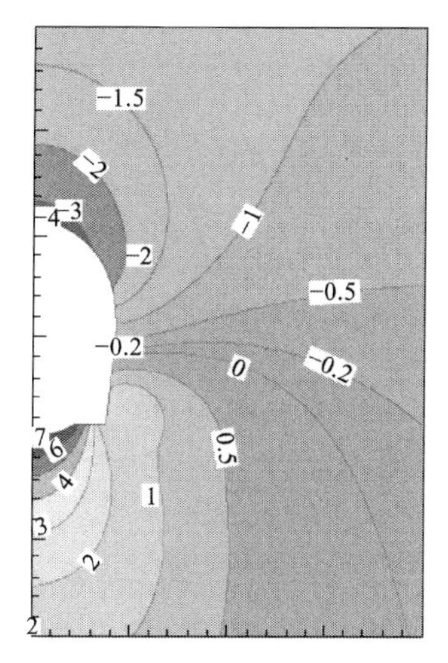

（b）竖直方向位移

图 5.10　计算断面施工结束时的位移场（单位：mm）

时，考虑自重应力作用下，围岩边墙最大水平位移为 5.53 mm，拱顶下沉位移为 4.73 mm，仰拱向上最大位移为 7.23 mm。

图 5.11 为计算断面隧道围岩在自重应力作用下施工结束时的最大主应力和最小主应力分布图，图中压应力为负，拉应力为正，下同。该断面施工结束时，围岩未出现拉应力，最大主应力的最小值出现在围岩墙脚处，其值约−1.08 MPa。围岩最小主应力的最小值出现在墙脚处，约为−2.89 MPa，它代表围岩施工结束时的最大压应力值。根据计算结果，施工结束时，该计算断面围岩未出现塑性屈服区，说明现有的衬砌设计发挥良好的作用。

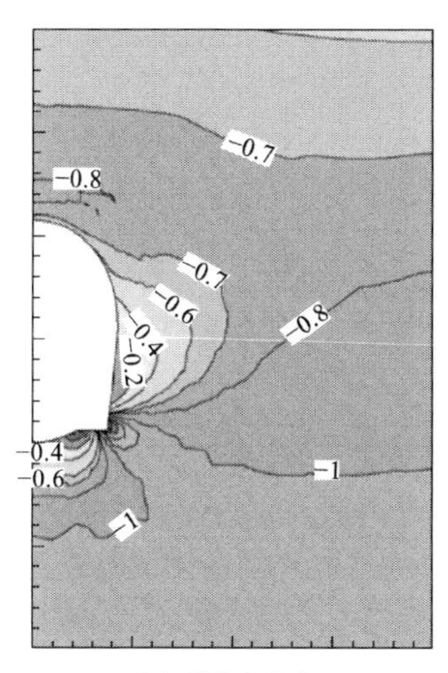

（a）最大主应力

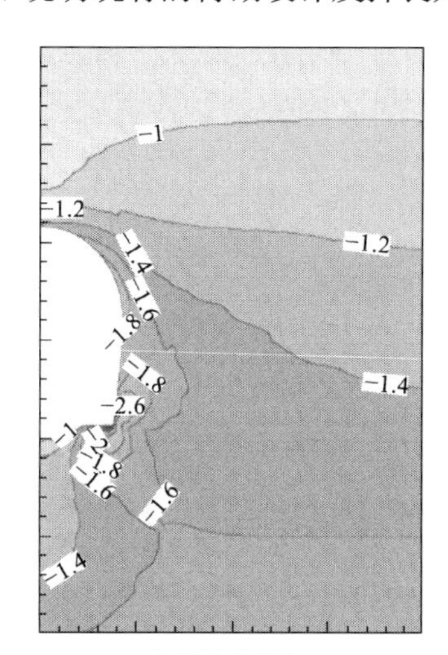

（b）最小主应力

图 5.11　施工结束时围岩主应力（单位：MPa）

图 5.12 为隧道计算断面施工结束时由于围岩自重应力作用，一次衬砌最大主应力和最小主应力分布图。该断面一次衬砌在施工结束时的最大拉应力约为 2.92 MPa，出现在

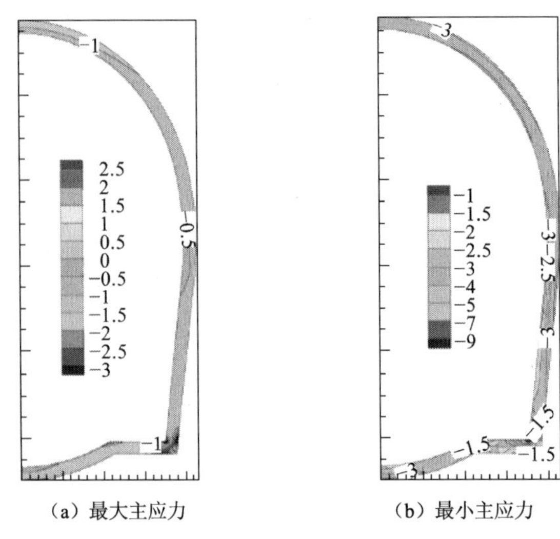

（a）最大主应力　　（b）最小主应力

图 5.12　施工结束时一次衬砌主应力分布（单位：MPa）

衬砌边墙与拱底交接处内侧。该断面一次衬砌在施工结束时的最大压应力约为 9.25 MPa，出现在衬砌边墙与拱底交接处外侧。

图 5.13 为隧道计算断面施工结束时由于围岩自重应力作用，二次衬砌最大主应力和最小主应力分布图。施工结束时该计算断面二次衬砌的最大拉应力为 1.31 MPa，出现在衬砌仰拱底内侧。施工结束时该计算断面二次衬砌最大压应力为 3.53 MPa，出现在衬砌边墙外侧墙脚处。

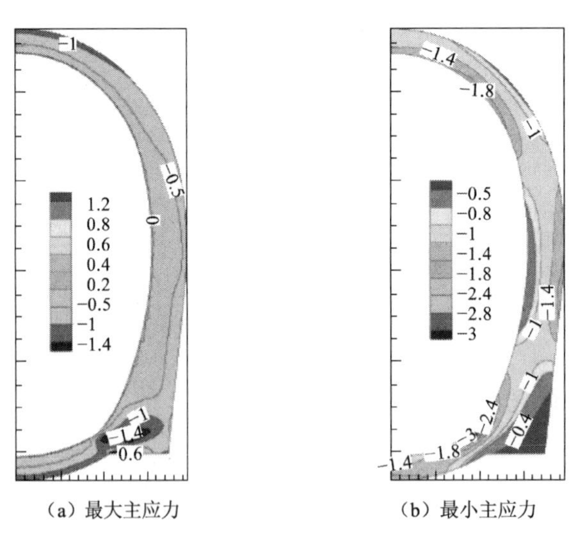

（a）最大主应力　　（b）最小主应力

图 5.13　施工结束时二次衬砌的主应力分布（单位：MPa）

3. 施工结束后第 30 年 10 月围岩和衬砌应力场、位移场分析

图 5.14 为基于温度、应力、渗流完全耦合模型计算出的隧道施工结束后的第 30 年 10 月围岩位移场分布图。隧道施工结束后第 30 年 10 月，该计算断面围岩最大水平位移为 7.27 mm，发生在边墙处，且相对于施工结束时的边墙最大水平位移，位移值增长了约 31%。

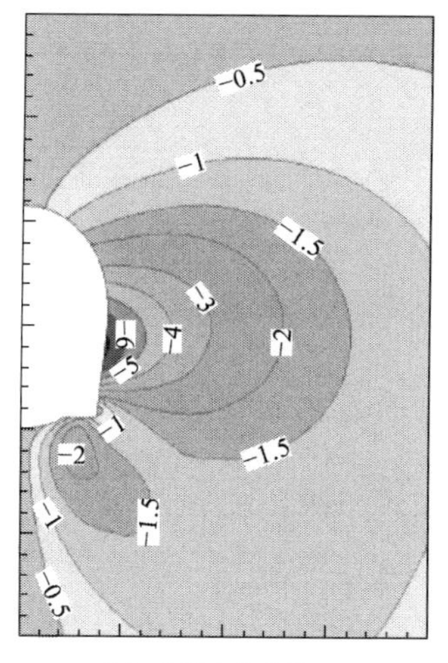

（a）水平方向位移

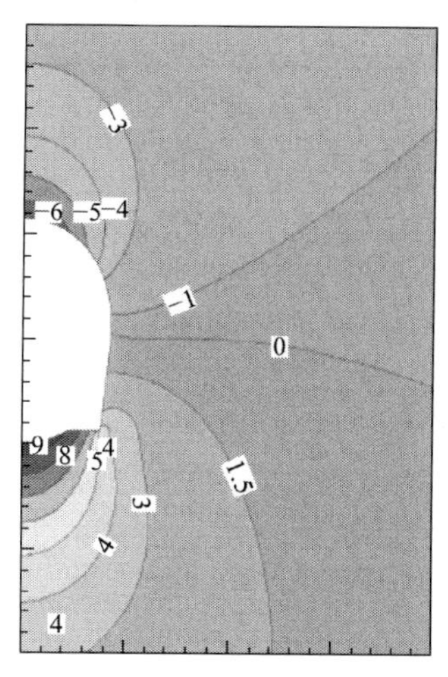

（b）竖直方向位移

图 5.14　计算第 30 年 10 月围岩位移场分布图（单位：mm）

隧道施工结束后第 30 年 10 月，该计算断面围岩拱顶最大下沉位移为 6.56 mm，拱底向上最大位移为 9.62 mm，相对于施工结束时的位移，分别增长了约 39%和 33%。可见随着时间推移，隧道围岩位移增长幅度不大，位移控制能满足要求。

图 5.15 为隧道施工结束后第 30 年 10 月围岩最大主应力和最小主应力分布图。根据计算结果，该计算断面围岩在施工结束后 30 年内均未出现拉应力。由图 5.17（a）可以看出，第 30 年 10 月围岩最大主应力最大值发生在围岩边墙中点，约为−0.24 MPa，最小值发生在边墙墙脚处，约为−1.58 MPa。由图 5.17（b）可以看出，该计算断面围岩在施工结束后第 30 年 10 月最小主应力的最小值约为−3.31 MPa，相对施工结束时，第 30 年 10 月围岩最大压应力增长了约 14.5%。并根据计算结果，在第 30 年 10 月，该计算断面围岩未出现塑性屈服区，说明现有的衬砌设计可以保证隧道长期安全要求。

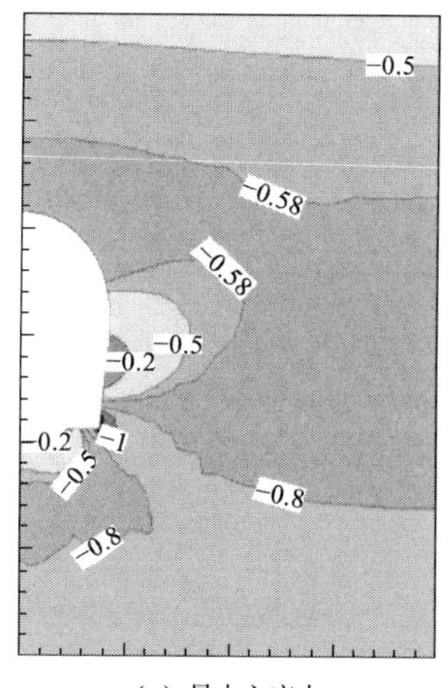

（a）最大主应力

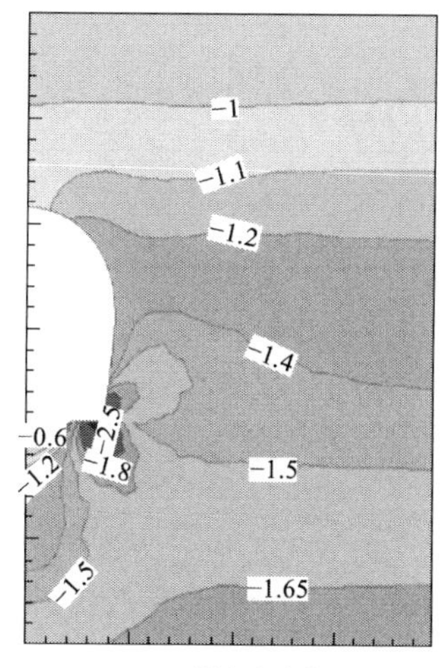

（b）最小主应力

图 5.15　计算第 30 年 10 月围岩主应力分布图（单位：MPa）

图 5.16 为计算断面施工结束后第 30 年 10 月隧道一次衬砌最大主应力和最小主应力分布图。该断面一次衬砌在第 30 年 10 月的最大拉应力约为 3.45 MPa，出现在衬砌内侧墙脚处。该断面一次衬砌在第 30 年 10 月的最大压应力约为 11.72 MPa。相比施工结束时，最大拉应力和最大压应力分别增长了约 18%和 27%。

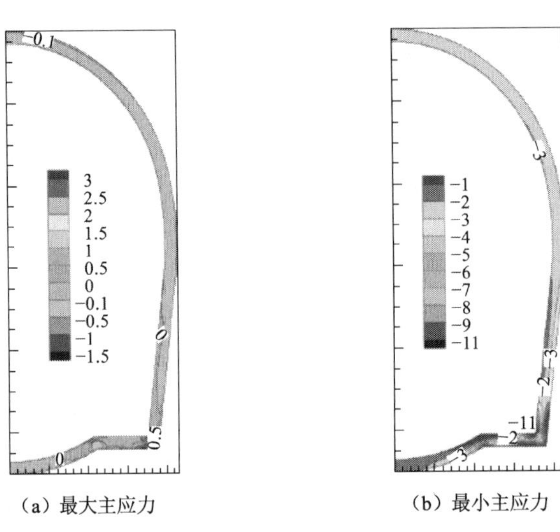

图 5.16　计算第 30 年 10 月隧道一次衬砌主应力分布图（单位：MPa）

图 5.17 为计算断面施工结束后第 30 年 10 月隧道二次衬砌最大主应力和最小主应力分布图。在计算第 30 年 10 月，二次衬砌也出现了拉应力，最大拉应力约为 1.78 MPa，出现在衬砌仰拱底内侧，最大压应力约为 5.92 MPa，出现在衬砌边墙外侧墙脚处。相比施工结束时，第 30 年 10 月隧道二次衬砌最大拉应力和最大压应力分别增长了约 36%和 59%。

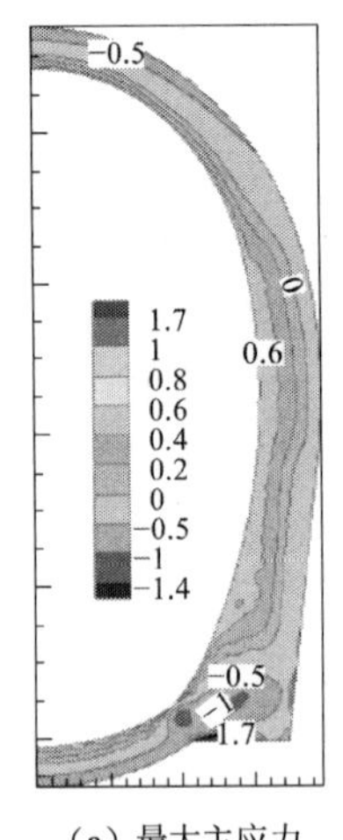

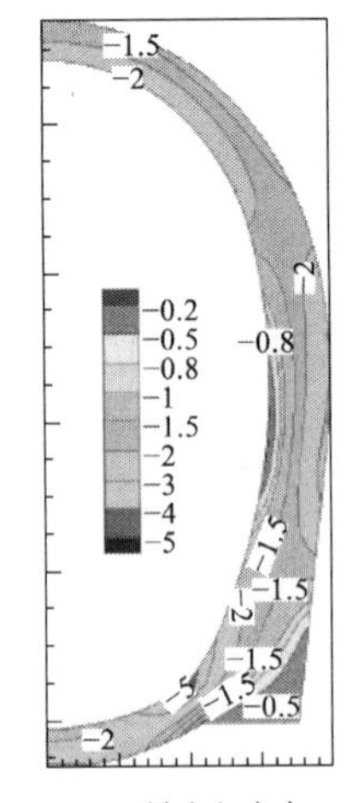

(a) 最大主应力　　(b) 最小主应力

图 5.17　计算第 30 年 10 月隧道二衬主应力分布图（单位：MPa）

在考虑温度、应力、渗流完全耦合及气候变暖的情况下，隧道围岩和衬砌位移场、应力场均发生了改变，均随时间增长有所增大。从计算结果来看，该计算断面根据现有的设计方法，无论是围岩还是衬砌，其位移和应力的变化不会对隧道的安全造成很大威胁。但在实际工程中，寒区隧道衬砌破坏的例子屡见不鲜，这是多方面原因造成的，而冻害是造成寒区隧道衬砌失效的最直接原因之一。造成隧道冻害的原因一般有以下三个方面。

（1）施工时，混凝土早期受冻，混凝土施工质量难以保证，影响混凝土后期强度，或设计混凝土的标号过低。

（2）由于严寒地区防排水设施失效，尤其排水通道因水结冰堵塞，使得衬砌背后的水进入不了排水沟，水沟内的水结冰不能排出洞外，导致病害发生。

（3）衬砌结构设计没有充分考虑冻胀力对结构的影响，对于多年冻土隧道，没有对冻融圈的大小和变化采取有效的控制措施，围岩冻融循环作用导致结构破坏。

5.4.2 考虑裂隙网络的隧道围岩低温 THM 耦合过程模拟

冻害问题严重影响寒区隧道的正常运行。冻害常造成衬砌风化、拱顶开裂、侧壁挤出等破坏，对围岩的长期稳定构成潜在威胁。一般的隧道围岩经长期的地质构造作用而富含节理，裂隙等弱面结构，尤其在断层带内，裂隙更为发育。本章建立含裂隙的隧道模型，模拟低温环境下的 THM 耦合过程。

1. 模型建立

本章采用 ANSYS 建立含裂隙的隧道模型，并划分网格，之后导入 FLAC 3D 中进行计算分析。所得隧道模型如图 5.18 所示，计算模型的尺寸为：长×宽×高 = 20 m×60 m ×40 m，隧洞毛断面拱高 8 m，边墙宽 12 m，衬砌厚度 0.4 m。

裂隙内含水初始水压 0.5 MPa。裂隙开度 2 mm，表面设置接触面 interface 单元（图 5.19），为透水界面。考虑为平面应变问题，隧洞走向前后界面固定位移。计算中模型顶部施加 10 MPa 初始地应力，水平地应力为 5 MPa+ γH 渐变面力荷载，γ 为岩石容重，H 为单元体距顶面距离。

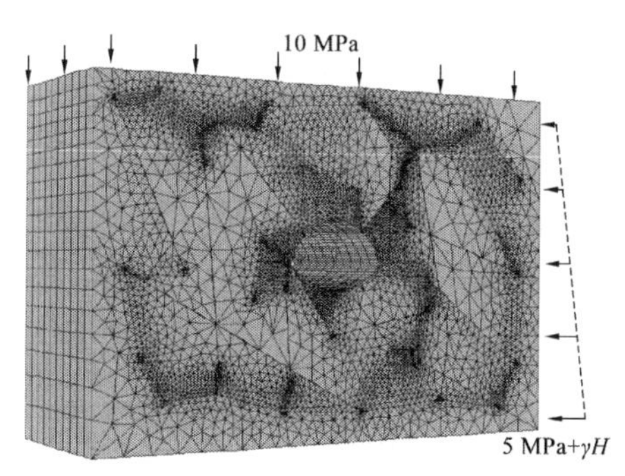

图 5.18　计算模型

图 5.19　夹冰（含水）裂隙单元

温度边界条件：初始岩体温度为 0℃，裂隙水 1℃，隧洞内气温为−20℃。裂隙介质和岩石基质分别定义不同的渗透系数、热传导系数、比热容等物理力学参数值，裂隙的渗透系数远大于岩石。低温多场耦合的重要特征之一是相变，耦合过程中相变潜热的主要作用体现在：降温热传递过程中水冰系统的温度较未发生相变时偏高，可理解为潜热导致

冰–水系统温度上升，增加量为

$$\Delta T = \frac{uL\rho_{\mathrm{w}}}{C_{\mathrm{wi}}} \tag{5.50}$$

式中：L 为相变潜热系数；ρ_{w} 为水的密度；u 为冻结率；C_{wi} 为冰–水系统的体积热容。

$$C_{\mathrm{wi}} = (1-u)\ C_{\mathrm{w}} + uC_{\mathrm{i}} \tag{5.51}$$

计算中，对于冻结率 u，FLAC 3D 没有自带的内置变量，需通过 FISH 函数定义。为简化计算，定义其在冰点（取−20～−2℃）近似呈线性分布，T=−2℃时取 u=0，T=−20℃时取 u=1。同时，相变导致围岩的渗透系数变化，设围岩单元的渗透系数与冻结率线性相关。定义潜热系数变量 L，计算中调用该函数对温度进行调整，同时采用 FISH 遍历单元法对不同 Group 单元渗透系数进行调整。采用等效热膨胀系数方法模拟冻胀过程，设水的冰点为−2℃，设置−20～−2℃夹冰（含水）单元的热膨胀系数为负值，温度降低时体积增加，与常温的热胀冷缩效应相反。

2. 计算结果分析

冻结约 10 h 后隧道围岩的温度场、孔隙压力及最大主应力分布分别如图 5.20～图 5.22 所示。

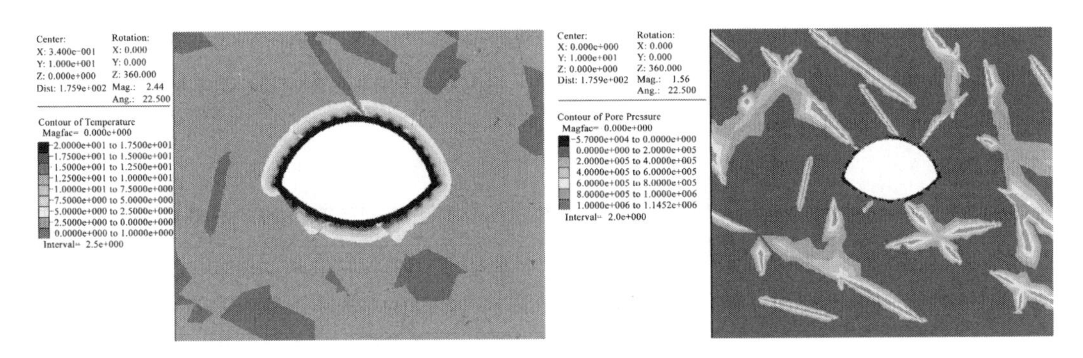

图 5.20　温度场分布（单位：℃）　　图 5.21　孔隙压力分布（单位：Pa）

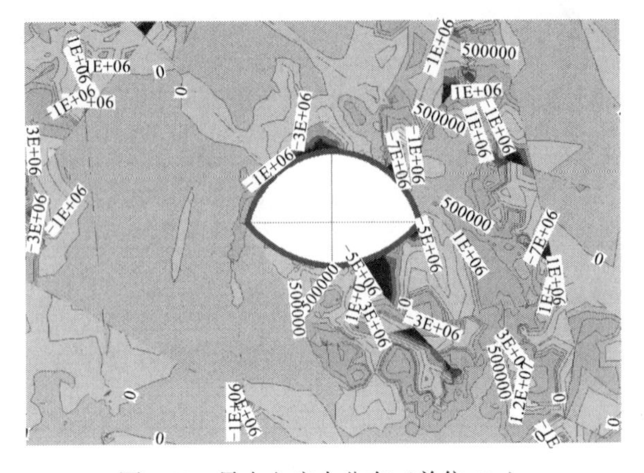

图 5.22　最大主应力分布（单位：Pa）

受裂隙的影响，温度场、孔隙压力及应力场都呈现明显的不连续性，裂隙构造的影响得以显现。由图 5.20 可知，取冰点为−2℃时，10 h 后冻结深度约 0.5 m。最大主应力以压应力为主，但部分裂隙尖端附近存在明显的拉应力集中区，且裂隙面两侧的压力分布等值线断续密集。

计算结束时的渗透系数分布如图 5.23 所示，可见，渗透系数呈现不均匀性。因冻结作用影响，隧洞内壁近场围岩渗透性明显降低。

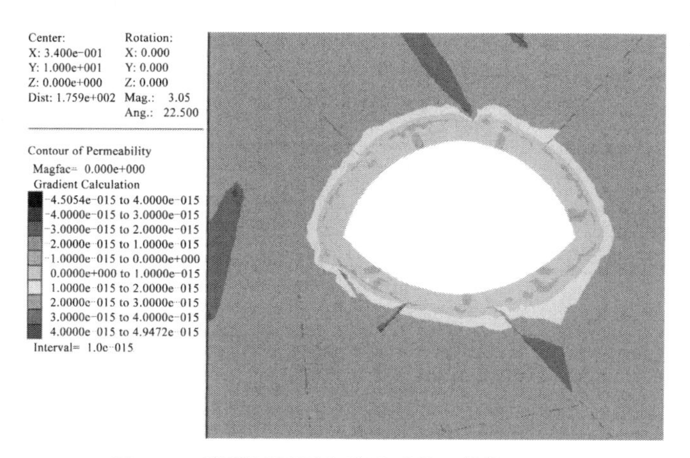

图 5.23　隧道近场围岩渗透系数（单位：m/s）

水冰相变对渗流场的一个重要影响是渗透系数的变化。水结冰后，冰的填充密实作用会导致渗透系数下降，此影响过程在本算例的模拟计算中得到充分体现。通过编制程序对单元渗透系数进行调节，具有一定的创新性，可为进一步模拟冻岩问题提供参考思路。

但是，为便于推导计算，作者对问题做了一些假设和简化，所得结果与实际情况肯定存在误差。例如，在数值计算中，假定渗透系数与温度变化线性相关，而两者的实际关系更为复杂，此问题尚待进一步研究。

5.5　小　　结

针对裂隙岩体水冰相变特性，首先分析了冻融损伤的诱导因素和岩体低温 THM 耦合特征。采用双重孔隙介质模型理论对裂隙岩体的低温 THM 耦合问题进行研究，得出裂隙岩体 THM 耦合的应力平衡方程、冰–水系统连续性方程和能量守恒方程，考虑了岩体裂隙分布、相变、水热迁移等因素的影响。

最后给出一个含裂隙隧洞低温 THM 耦合算例。采用 ANSYS 建模划分网格，之后导入 FLAC 3D 进行运算。分别对岩块和裂隙参数赋不同的参数值，并考虑冻结对围岩渗透系数的影响，计算出冻结一定时间后的温度场、应力场及孔隙压力的分布状况。

本章在双重孔隙介质理论运用于冻岩领域，以及考虑裂隙分布等方面都做了尝试性的研究，期待作者的研究方法可对冻岩多场耦合问题的进一步研究产生一定的参考价值。

第 6 章　裂隙岩体冻融损伤破裂机理及数值仿真

6.1　引　　言

一般的工程岩体中分布有大量裂隙、节理等弱面构造，显著影响岩体的力学特征。岩体是由岩块和非连续裂隙（节理）组成的地质结构体。裂隙岩体的工程特性已成为岩土工程的重要研究领域。

岩石材料内部富含微裂隙、孔洞等非连续界面，在外界荷载的作用下常发生脆性破坏。Horii 等（1985）和 Ashby（1986）等提出的滑动裂纹模型，假定受压材料内压剪裂纹间摩擦力和正压力满足莫尔-库仑屈服准则。当远场应力在裂纹面引起的剪应力超过该摩擦力时，裂纹面将相互滑动引起尖端应力集中，导致尖端附近张开型翼形裂纹萌生扩展。

裂隙扩展是目前岩土工程领域的研究热点和难点，国内外不少学者通过理论分析、试验及数值模拟等方法进行研究，取得了一定成果。断裂力学和损伤力学在裂隙扩展演化领域得以运用，推动了岩土介质非连续损伤的研究。

岩体冻融损伤主要表现为：水分的冻胀融缩作用引起裂隙扩展和贯通，从而对工程岩体的宏观力学特性产生显著影响。岩体裂隙的扩展及裂隙网络演化是从本质上研究冻融损伤问题的重要途径，而目前从裂隙扩展角度研究岩体冻融损伤的报道并不多见。数值仿真的难度及冻胀裂隙扩展算法的不成熟都束缚着岩体冻融损伤研究的进展，因而有必要研究一种具有较强适用性的冻胀裂隙网络演化扩展算法。

本章基于脆性断裂力学理论，分析冻胀荷载及围压共同作用下裂隙的起裂扩展准则，得出冻胀翼型裂纹扩展方向与长度公式，并考虑冻结强化效应，分析冻胀裂隙岩桥贯通机制。基于拓扑学相关理论，提出一种可实现二维冻胀裂纹自动扩展的算法，其主要功能包括：扩展路径定义、扩展域单元的识别及更新、判断裂隙贯通等。

6.2　冻融损伤表征参数与损伤变量

6.2.1　冻融损伤表征参数的选取

现有的冻融循环损伤表征参数有孔隙率、纵波波速、静弹性模量和质量等。利用岩石的静弹性模量定义冻融损伤变量需进行大量冻融循环后的力学试验，此外采用不同的力学试验方法得到的静弹性模量差异也较大，其中围压对弹性模量的影响尤其显著，对 Tan 等（2011）的冻融循环力学试验结果进行分析发现：随着冻融循环次数的增加，岩石静弹性模量随围压增大而增加的趋势更为明显（图 6.1），因而采用单轴抗压强度得到的静弹性模量需要经过围压修正才能应用于三轴压缩下的冻融荷载耦合损伤研究，因此选取静弹性模量作为冻融循环损伤评价指标还不够客观。

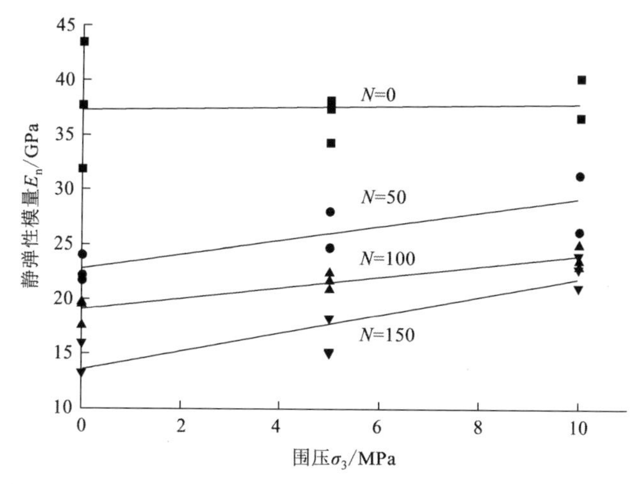

图 6.1　不同冻融循环次数后的花岗岩静弹性模量随围压变化曲线

目前采用的无损检测物理参数主要为质量、孔隙率和波速。吴刚等（2006）研究证明岩石类材料经历冻融损伤后的质量损失很小，且存在正负波动，采用质量损失率评价岩石冻融损伤程度对绝大多数岩体而言适用性较差。孔隙率也是表征岩体冻融损伤程度的一个重要指标，但岩体经历多次冻融循环后的孔隙率变化绝对值较小，需要增加一个放大系数来与损伤变量的值域范围相匹配，如贾海梁等（2013）建立的损伤变量中引入了一个新的参数 k 来匹配实测孔隙率变化量与冻融损伤模型的计算结果，因此得到的岩体冻融损伤变量受放大系数影响较大。动弹性模量也常被用来定义损伤变量，通过对声波的监测可以对经历不同冻融循环次数的岩石进行全过程损伤分析，避免了大量的力学试验过程。但单纯采用波速定义动弹性模量受微观裂隙角度和方位影响较大（Taber，1929），无法全面表征岩体冻融损伤孔裂隙化程度。

6.2.2　统一损伤变量

基于弹性理论定义的纵波波速为

$$V_{\mathrm{p}}=\sqrt{\frac{E_{\mathrm{d}}(1-\mu)}{\rho(1+\mu)(1-2\mu)}} \tag{6.1}$$

式中：V_{p} 为岩体的纵波波速；E_{d} 为冻融前的动弹性模量；μ 为岩体的泊松比。利用岩石的动弹性模量定义损伤变量 D_{t} 为

$$D_{\mathrm{t}}=1-\frac{E_{\mathrm{d}}'}{E_{\mathrm{d}}} \tag{6.2}$$

式中：E_{d}' 为冻融后的动弹性模量。

不考虑冻融循环过程中泊松比的变化，将式（6.1）代入式（6.2）中得

$$D_t = 1 - \frac{\rho'}{\rho}\frac{V_p'^2}{V_p^2} = 1 - \frac{v}{v'}\frac{V_p^2}{V_p^2} \tag{6.3}$$

式中：V 为岩体冻融前的单位质量体积；ρ'、v'、V_p' 分别为岩体冻融后的密度、单位质量体积和纵波波速。

岩体冻融循环后体积会发生不可逆的膨胀变形，岩体体积变化是微观孔裂隙萌生演化的结果。若不考虑岩体基质变形，岩体冻融前后的体积变化可以表示为

$$\frac{v}{v'} = \frac{v_s + v_o}{v_s + v_o + \Delta v_o} \tag{6.4}$$

式中：v_s、v_o 分别为冻融前单位质量岩体基质和孔隙的体积；Δv_o 为岩体冻融前后孔隙体积变化量。

冻融前岩体孔隙率 n_0 可表示为

$$n_0 = \frac{v_o}{v_s + v_o} \tag{6.5}$$

冻融后岩体孔隙率 n 可表示为

$$n = \frac{v_o}{v_s + v_o + \Delta v_o} \tag{6.6}$$

将式（6.4）～式（6.6）代入式（6.3）可得

$$D_t = 1 - \frac{1-n}{1-n_0}\frac{V_p'^2}{V_p^2} \tag{6.7}$$

式（6.7）就是利用岩体孔隙率和纵波波速表示的岩体冻融损伤变量。

若不考虑孔隙率变化的影响，式（6.7）可简化为

$$D_t = 1 - \frac{V_p'^2}{V_p^2} \tag{6.8}$$

式（6.8）是利用波速定义损伤变量的常用表达式，与 Kawamoto 等（1988）和赵明阶等（2000）利用声波波速定义的损伤变量相同，也是最简单的一种形式。朱劲松等（2004）还利用横波波速采用与式（6.8）相同的形式定义损伤变量对混凝土双轴抗压损伤疲劳特性进行研究。低孔隙率的岩石在冻融循环过程中孔隙率的变化一般较小，因此采用式（6.8）表征岩石的冻融损伤程度；而对于高孔隙率在冻融循环过程中岩石孔隙率增加量可能会大于 10%，因此应该采用式（6.7）来计算岩石的冻融损伤。

式（6.7）中若不考虑波速变化的作用则可简化为

$$D_t = \frac{n - n_0}{1 - n_0} \tag{6.9}$$

式（6.9）则只考虑了孔隙率变化，是利用岩体孔隙率定义损伤变量的基本模式，也是冻融损伤变量最常用的定义方法之一。贾海梁等（2013）定义的岩体冻融损伤变量与式（6.9）具有相同的形式，但由于孔隙率的变化很小，需引进放大系数才能应用于理论模型计算。

6.2.3　冻融损伤模型中参数确定方法

岩体冻融损伤存在损伤门槛值，因为事实上岩体损伤破坏后仍然具有峰后强度。从理论上建立的冻融损伤疲劳演化方程式（6.7）中损伤变量范围为[0, 1]，而试验中无论是利用孔隙率、纵波波速还是弹性模量定义的损伤变量，其极值都小于 1，还未见对岩体冻融损伤中最大冻融循环次数对应判别标准的研究，因此最大冻融循环次数 $N_{\rm d}$ 的确定存在诸多难点。

1. 参考混凝土冻融损伤计算标准

在混凝土的冻融损伤研究中认为动弹性模量损失 40%为冻融破坏标准。不妨定义动弹性模量损失 40%时岩石经历的冻融循环次数 $N_{0.4}$ 为临界冻融循环次数，其计算式为

$$N_{0.4}=N_a+\frac{0.4-D_{\rm t}^a}{D_{\rm t}^b-D_{\rm t}^a}(N_b-N_a) \tag{6.10}$$

式中：N_a、N_b 分别为动弹性模量损失 40%前后测试了纵波波速和孔隙率对应的冻融循环次数；$D_{\rm t}^a$ 、$D_{\rm t}^b$ 为对应于 N_a、N_b 采用式（6.7）计算的动弹性模量损伤变量。

但是在试验中难以直接测得岩石动弹性模量损失 40%时对应的冻融循环次数，可以用线性差值的方式进行取值，但为了减小由于线性插值引起的误差，应注意减小 $D=0.4$ 前后两次纵波波速和孔隙率测量的间隔时间，式（6.10）中 N_a、N_b 差值越小，采用线性插值所得的临界冻融循环次数 $N_{0.4}$ 越精确。

岩石冻融损伤满足疲劳损伤演化方程

$$D=1-\left[1-\left(\frac{N}{N_{\rm d}}\right)^{1-q}\right]^{\frac{1}{1+r}} \tag{6.11}$$

式中：$N_{\rm d}$ 为岩石发生冻融破坏需要的冻融次数；q 和 r 为材料参数。

式（6.11）表明岩石累计冻伤是冻胀力与冻融循环次数的非线性函数。当动弹性模量损失 40%时，式（6.11）可改写为

$$1-\left[1-\left(\frac{N_{0.4}}{N_{\rm d}}\right)^{1-q}\right]^{\frac{1}{1+r}}=0.4$$

从而可以得到最大冻融循环次数的表达式为

$$N_{\rm d}=\frac{N_{0.4}}{(1-0.6^{1+r})^{\frac{1}{1-q}}} \tag{6.12}$$

临界冻融循环次数 表示的损伤演化方程为

$$D=1-\left[1-\left(\frac{N}{N_{0.4}}\right)^{1-q}(1-0.6^{1+r})\right]^{\frac{1}{1+r}} \tag{6.13}$$

结合冻融循环试验过程中的纵波波速和孔隙率测试，从式（6.13）可以计算得到任意冻融循环次数下的损伤演化率。

2. 试验最后一次冻融循环结果

在最后一次冻融循环过程中，岩石的冻融损伤变量可表示为

$$D_{\mathrm{f}}=1-\left[1-\left(\frac{N_{\mathrm{f}}}{N_{\mathrm{d}}}\right)^{1-q}\right]^{\frac{1}{1+r}} \tag{6.14}$$

式中：D_{f}是对应于试验测得的最大冻融循环次数 N_{f}的实测冻融损伤变量值。

因此岩体冻融循环寿命 N_{d} 可表示为

$$N_{\mathrm{d}}=N_{\mathrm{f}}\left[1-(1-D_{\mathrm{f}})^{1+r}\right]^{\frac{1}{q-1}} \tag{6.15}$$

进一步得到冻融损伤变量为

$$D=1-\left\{1-\left(\frac{N}{N_{\mathrm{f}}}\right)^{1-q}\left[1-(1-D_{\mathrm{f}})^{1+r}\right]\right\}^{\frac{1}{1+r}} \tag{6.16}$$

6.3 冻胀力求解与冻胀劣化机理分析

在岩体中，冰核一旦形成，裂隙中冻胀水压力就产生，在冻胀水压作用下，裂隙水向岩石基质中排出，冻结完成后宏观冻胀水压力衰减，但在冰体与岩石壁面之间会形成一层微观未冻水膜。一些学者认为未冻水膜上的分离压力是岩土体介质与冰界面分离，引起岩体冻胀损伤的根本原因（Rempel，2007）。根据冻胀压力作用类型不同，将裂隙冻胀开裂过程分为水压驱动阶段和界面预融阶段。

6.3.1 水压驱动阶段

在裂隙岩体中，一些学者认为裂隙中水冰相变产生冻胀水压力是驱动裂隙扩展，引起岩体冻融损伤的主要原因。冻胀裂隙水压力与裂隙冰的生长速度呈正相关，而与裂隙体积膨胀速度呈负相关，冰体生长体积膨胀产生裂隙水压力，而裂隙体积膨胀释放了部分水压力，在冻胀后期，当冰体填充整个裂隙时，冻胀压力最大，此时有 $a\approx R$，裂隙冰的生长速度与冻结温度和裂隙水压力的关系可表示为

$$a\dot{a}=\frac{\lambda_{\mathrm{T}}^{1}}{L\rho_{\mathrm{i}}}\left(-\Delta T+\frac{\Delta\rho T_{\mathrm{m}}}{\rho_{\mathrm{i}}\rho_{\mathrm{l}}L}\bar{P}_{\mathrm{l}}\right)\frac{1}{\ln(R/R_{\mathrm{l}})} \tag{6.17}$$

式中：$\Delta T=T_{\mathrm{m}}-T_{\mathrm{f}}$，为体积水冻结点与远场处冻结温度的差值。

冻胀水压力求解的一般复杂方程组可表示为

$$\bar{P}_{\mathrm{l}}=-\frac{\mu}{k}\left\{\frac{\Delta\rho}{\rho_{\mathrm{i}}\rho_{\mathrm{l}}}\frac{\lambda_{\mathrm{T}}^{1}}{L}\left[-\Delta T+\frac{\Delta\rho}{\rho_{\mathrm{i}}\rho_{\mathrm{l}}L}\bar{P}_{\mathrm{l}}T_{\mathrm{m}}\right]-(1-\phi)R\dot{R}\ln\left(\frac{R}{R_{\mathrm{l}}}\right)\right\} \tag{6.18}$$

$$R=\left(\frac{1}{2G}\bar{P}_{\mathrm{l}}+1\right)R_{0} \tag{6.19}$$

裂隙水冻结后期，当冰体填充整个裂隙时裂隙体积弹性膨胀速率 $\dot{R}\to 0$，暂不考虑裂

隙体积膨胀速率的影响，从式（6.18）可以得到冻胀裂隙水压力与渗透系数和冻结温度的简单表达式为

$$\overline{P}_1=\frac{\overline{P}}{M+\dfrac{\Delta\rho}{\rho_1}} \tag{6.20}$$

式中：$M=k\rho_i^{\,2}\rho_1L^2/(\mu\Delta\rho\lambda_T^lT_m)$为无量纲的常数；$\overline{P}=(\rho_iL\Delta T)/T_m$ 为过冷冻结温度引起的压力差。

不考虑裂隙体积膨胀情况下的最大冻胀水压力表达式为

$$\overline{P}_1=\frac{1.124\times10^7\Delta T}{3.851\times10^{14}k+0.083} \tag{6.21}$$

裂隙冻胀水压力与岩石渗透率呈线性反相关，而与过冷冻结温度呈线性正相关。取不同的冻结温度结合式（6.21）绘制出冻胀水压力与渗透系数的关系曲线（图 6.2），可见随着渗透系数的减小冻胀水压力迅速升高。

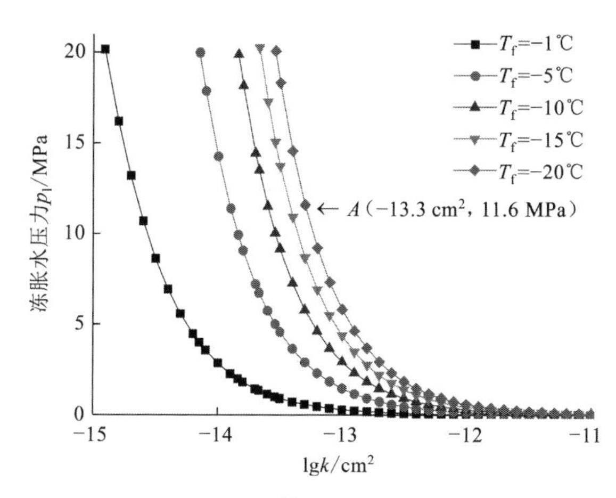

图 6.2　$\overline{P}_1-k$ 变化曲线

在裂隙受均布内压力 $\overline{P}_1$ 作用下裂隙圆截面周边 $r=R$ 处拉应力 σ_θ^R 为

$$\sigma_\theta^R=\overline{P}_1 \tag{6.22}$$

利用最大拉应力准则，岩石冻胀开裂的临界水压力 $\overline{P}_1^{\mathrm{m}}$ 为

$$\overline{P}_1^{\mathrm{m}}=\sigma_t \tag{6.23}$$

将临界水压力式（6.23）代入式（6.21）中，可以得到裂隙冻胀扩展温度与渗透系数、岩体强度关系的表达式为

$$T_{\min}=-\Delta T=-\frac{(3.851\times10^{14}k+0.083)\sigma_t}{1.124\times10^7} \tag{6.24}$$

取不同的单轴抗拉强度，利用式（6.24）可以绘制不同岩石中裂隙冻胀扩展温度 $T_{\min}$ 与岩石渗透率 k 的关系曲线（图 6.3），可见对于高渗透率的岩石裂隙冻胀起裂所需冻结温度也较高。

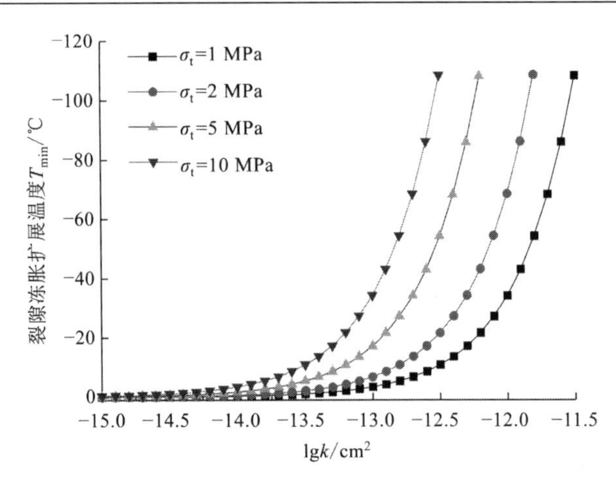

图 6.3　T_{min}-k 变化曲线

对于低渗透性的岩石如花岗岩，当渗透率 $k<5\times10^{-14}$ cm^2、冻结温度 $T_f=-20$℃时，裂隙冻胀水压力 $\overline{P_1}>11.6$ MPa（图 6.2 中 A 点，$5\times10^{-14}=10^{-13.3}$），而坚硬致密岩体的单轴抗拉强度 σ_t 一般也不超过 10 MPa，在不考虑地应力及外荷载影响下，该冻胀水压足以驱动任何岩体裂隙扩展。所以如花岗岩一样的低渗透性岩石在饱和封闭裂隙中很容易产生高水压力，引起岩体冻胀损伤。

而对于渗透性较高的岩石如石灰岩，渗透率一般为 $k=10^{-12}\sim10^{-8}$ cm^2，在冻结温度 $T_f=-20$℃时，由式（6.23）计算得到 $\overline{P_1}<0.58$ MPa，从图 6.3 容易看出，在实际工程中由于冻结温度的限制，高渗透率岩石中裂隙水冻结几乎不可能产生具有破坏性的冻胀水压力。Davidson 等利用光弹性技术测试了水在狭槽中冻结产生的冻胀力大小，得到的最大冰压力仅为 1.1 MPa，主要是裂隙开口为水分迁移提供了通道所致，相当于高渗透性的封闭裂隙。

不得不指出，在式（6.21）中没有考虑裂隙膨胀变形对冻胀水压力的影响，式（6.18）说明 $\overline{P_1}$ 随着 R 的增大而减小，事实上裂隙体积膨胀在一定程度上可以缓解冻胀水压力。从式（6.19）可得裂隙截面半径 R 随着岩石的剪切模量 G 的减小而增大，说明在高渗透性的软弱岩石裂隙中难以形成有效的冻胀水压力，冻胀水压力并不是导致高渗透性岩石冻胀劣化的原因。

为了验证式（6.21）计算结果的正确性，将本章水压驱动阶段与 Matsuoka（1995）的裂隙水相变过程进行对比分析。Matsuoka 进行了上端开口的饱水裂隙冻胀变形测试，测试结果如图 6.4 所示，裂隙宽度扩展率不到 0.4%，远远低于裂隙水冰相变体积自由膨胀值 9%，Matsuoka 认为这是裂隙水向上端和裂隙壁两侧发生迁移与渗透的结果。可见，对于封闭裂隙而言裂隙水向裂隙基质中的迁移更加明显，而这种水分迁移量正是由岩石的渗透率决定的。图 6.4 中裂隙冻胀扩展最低温度为−2℃，说明在−2℃以上，裂隙水相变过程中产生的体积膨胀全部以裂隙水挤出的形式释放，并没有产生冻胀水压力。因此，由于裂隙的连通性和裂隙壁的渗水性，裂隙冻胀扩展需要一个最低的临界温度 T_{min}，通过计算在图 6.3 中给出了饱和封闭裂隙临界冻胀扩展温度与岩石渗透率的对应关系。冻结曲线 A

段温度回升是水冰相变释放潜热引起的，说明相变过程主要集中在曲线 A 段，但此时的裂隙扩展速率并不快，因为该阶段裂隙水向四周的迁移量较大，可见裂隙的渗透性直接影响裂隙中冻胀力和冻胀变形的大小。随着冻结温度的降低，裂隙冻胀扩展宽度增大，曲线 B 段的温度逐渐降低，裂隙水相变速率减小，但是裂隙扩展裂隙速率较大，这主要是由于裂隙开口顶端形成了冰塞效应，裂隙水只能向裂隙壁渗透，而不能向顶端开口处膨胀的结果，相当于裂隙水迁移过程中渗透率急剧降低了，随着渗透率降低，裂隙冻胀扩展速率迅速增加，冻胀宽度增长越快说明冻胀水压力越大，这与图 6.2 的计算曲线规律一致，即随着裂隙渗透率的降低，冻胀水压力增大；随着冻结温度的进一步降低（曲线 C 段），裂隙扩展率几乎不变，说明相变过程完成。

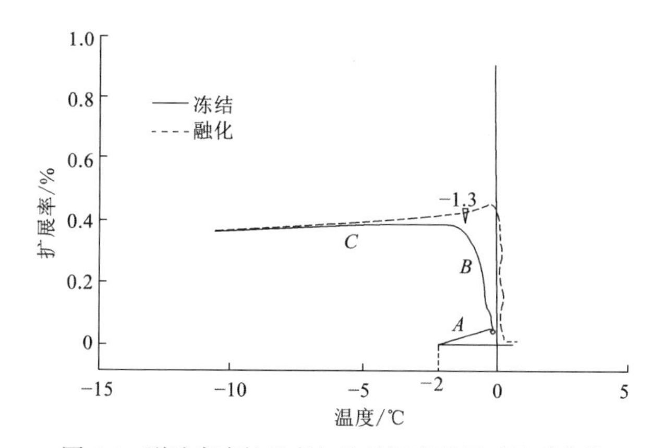

图 6.4　裂隙宽度扩展率与冻结温度的历时关系曲线

需要指出的是，式（6.21）中冻胀水压力随着冻结温度的降低呈线性增加，似乎与 Matsuoka 的试验有所矛盾，这是因为冻结温度主要影响冻结时间，从而决定了水分渗透过程，冻结温度越低，冻结时间就越短，那么水分向四周渗透量就越小，产生的冻胀力越大，所以冻结温度只会影响水冰相变过程中的冻胀水压力，对相变完成后的冻胀力几乎没有影响，即 C 段为相变完成后阶段，不受冻结温度的影响，故扩展率没有变化。

6.3.2　界面预融阶段

在相变完成后，冰岩界面仍存在纳米级的未冻水膜，未冻水膜是曲率融化和界面预融共同作用的结果为

$$\rho_i L\frac{T_m - T_I}{T_m} = (P_l - P_m)\frac{\Delta\rho}{\rho_l} + P_T(h) + \gamma_{il}K \tag{6.25}$$

考虑分子间的范德瓦耳斯力，分离压力 P_T 是未冻水膜厚度的函数（Rempel et al., 2001; De Gennes，1985）

$$P_T(h) = -\frac{A}{6\pi h^3} \tag{6.26}$$

式中：A 为水的哈马克常数，其值取-10^{-18} J；h 为未冻水膜厚度，可表示为 $h = R - a$ 。

在界面预融阶段，式（6.26）表明随着未冻水膜的厚度减小，分离压力增大。此时裂

隙水压力逐渐消散导致水压力较小，Dash 等（2006）指出当冻胀压力较小时忽略水冰密度差对裂隙水冻结点不会产生较大影响，对于 $R_0>0.1$ cm 的宏观裂隙又可以不考虑界面曲率效应的影响，因此式（6.25）简化为

$$P_{\mathrm{T}}=\rho_{\mathrm{i}}L\frac{T_{\mathrm{m}}-T^{\mathrm{I}}}{T_{\mathrm{m}}} \tag{6.27}$$

分离压力与冻结温度、裂隙冰生长速度的关系可表示为

$$P_{\mathrm{T}}=\rho_{\mathrm{i}}L\left[\frac{\Delta T}{T_{\mathrm{m}}}+\frac{L\rho_{\mathrm{i}}}{\lambda_{\mathrm{T}}^{\mathrm{l}}}a\dot{a}\ln\frac{a}{R_{\mathrm{l}}}\right] \tag{6.28}$$

冰–水–岩界面上存在以下力学平衡关系（图 6.5）：

$$P_{\mathrm{i}}-P_{\mathrm{l}}=P_{\mathrm{T}} \tag{6.29}$$

式中：P_{l} 为界面未冻水膜上的水压力；P_{i} 为裂隙冰压力；$P_{\mathrm{i}}=P_{\mathrm{r}}$，$P_{\mathrm{r}}$ 为岩石基质上的压力。

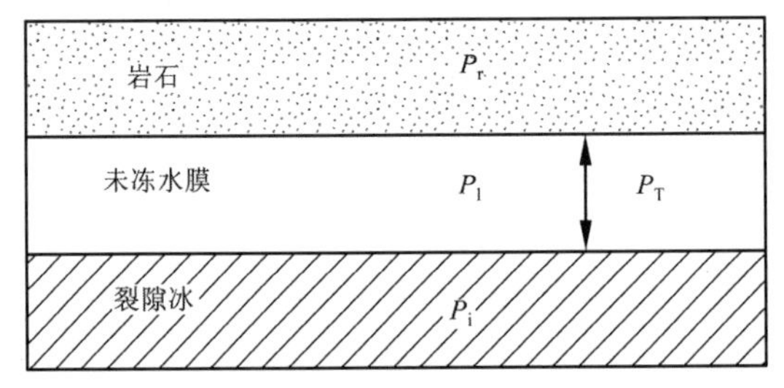

图 6.5　冰–水–岩界面间力学平衡关系示意图

裂隙壁岩石基质所受荷载与冰压力相等，裂隙壁在压力 P_{r} 作用下体积膨胀，式（6.21）改写为

$$R=\left(\frac{1}{2G}P_{\mathrm{i}}+1\right)R_0 \tag{6.30}$$

不考虑裂隙中未冻水膜中的水压力，结合式（6.29），式（6.30）可以表示为

$$P_{\mathrm{T}}=\frac{1}{2G}\frac{R-R_0}{R_0} \tag{6.31}$$

式（6.26）、式（6.28）和式（6.31）组成了求解分离压力的方程组，在边界条件已知情况下，三个方程中共有 a、R、P_{T} 三个未知量，存在理论解，但因式（6.28）为关于裂隙冰生长半径的复杂表达式，理论解难以给出。

但从式（6.26）可以看出，如果可以测得未冻水膜厚度的表达式，那么就可以对分离压力的大小进行分析，需要指出的是，对于冰体表面上预融水膜厚度的求解涉及凝聚态物理相关知识，现仅对分离压力的大小做简单讨论，以说明在界面预融阶段裂隙岩体的冻胀劣化过程。

在空气中冰体表面未冻水膜厚度的研究，相关文献通过理论分析和试验测试都给出了一个统一的经验公式（Döppenschmidt et al., 2000）

$$h=a-b\log\Delta T \tag{6.32}$$

式中：a、b 是为与水冰界面及冰岩界面自由能有关的常数。

Döppenschmidt 等（2000）从理论上也给出了与式（6.32）相同的详尽表达式为

$$h = \lambda \ln\left(-\frac{\Delta\gamma \cdot T_{\mathrm{m}}}{\rho_{\mathrm{l}} L \lambda}\right) - 2.3\lambda\ \mathrm{lon}\Delta T \tag{6.33}$$

式中：λ 为衰变长度；$\Delta\gamma = \gamma_{\mathrm{il}} + \gamma_{\mathrm{ls}} - \gamma_{\mathrm{s}}$，$\gamma_{\mathrm{il}}$、$\gamma_{\mathrm{ls}}$、$\gamma_{\mathrm{s}}$ 分别为水冰界面自由能、水岩界面自由能及与未冻水膜厚度有关的自由能。

从式（6.32）和式（6.33）可以看出，未冻水膜的厚度是冻结温度的函数，系数 a，b 没有统一的值，位于几纳米到几十纳米不等，采用 Döppenschmidt 等（2000）的冻结试验结果，冰表面未冻水膜的厚度可以表示为

$$h = (35 - 22\ \mathrm{lon}\Delta T) \times 10^{-9} \tag{6.34}$$

将式（6.34）代入式（6.26）中得到分离压力与冻结温度的经验表达式为

$$P_{\mathrm{T}} = -\frac{A}{6\pi(35 - 22\log\Delta T)^3 \times 10^{-27}} \tag{6.35}$$

式中：$\Delta T = T_{\mathrm{m}} - T_{\mathrm{f}}$。

结合式（6.34）和式（6.35）绘制分离压力和未冻水膜厚度随冻结温度变化的关系曲线，如图 6.6 所示。岩石裂隙中冰岩间分离压力随冻结温度的降低而增大，在冻结温度 $T_{\mathrm{f}} < -30$℃后分离压力急剧增加。当冻结温度 $T_{\mathrm{f}} = -20$℃时 $P_{\mathrm{T}} = 0.2$ MPa；此时未冻水膜厚度为 $h = 6.3$ nm；当冻结温度 $T_{\mathrm{f}} = -30$℃时分离压力 $P_{\mathrm{T}} = 3.38$ MPa，此时未冻水膜厚度 h 仅为 2.5 nm。说明对于高渗透性的岩石，冻胀后期在高强度的冻结温度条件下，分离压力可能会驱动裂隙扩展，引起裂隙岩体的冻胀损伤；但在寒区实际工程环境中，一般有 $T_{\mathrm{f}} > -20$℃，未冻水膜上的分离压力还不足以引起裂隙冻胀起裂。对于不同几何形状裂隙存在一个足以驱动裂隙扩展的临界冻结温度。

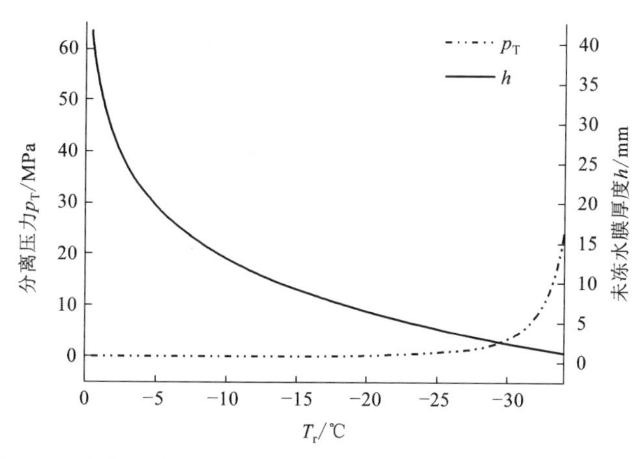

图 6.6　分离压力 P_{T}、未冻水膜厚度 h 与冻结温度 T_{f} 的关系曲线

需注意的是，未冻水膜厚度与冻结温度的关系曲线会受到空气湿度、溶质含量和接触材料性质等因素影响，冰–岩石间的未冻水膜厚度和冰–空气间的水膜厚度存在一定差异，裂隙岩体的冻胀劣化过程涉及水冰相变，关乎岩石力学与凝聚态物理学等学科交叉，实际中冰岩间的分离压力大小与试验中必然会存在一定的差距。因而，在界面预融阶段，尤其

是对于高渗透性岩石而言，研究裂隙中的冻胀压力和冻胀开裂还是应立足于微观尺度，探究未冻水膜上的热力性质和微流动机制。

6.4 岩体冻融–受荷损伤统计本构模型研究

对于实际的寒区工程而言，要评价冻融损伤后寒区岩体隧道稳定性，还需对岩体经历不同冻融循环后的应力–应变关系进行研究。现有的关于冻融损伤本构关系的研究多是直接进行多次冻融循环后的力学试验，获得岩石冻融损伤后的弹性模量，然后将静弹性模量代入已有的受荷本构关系，得到冻融–受荷本构关系。但我们无法获得所有冻融循环次数后的岩石静弹性模量，关于岩石冻融过程中静弹性模量随冻融循环次数的变化规律还不清楚。此外，岩石冻融后会发生力学性质软化，现有的关于非损伤状态下的岩石本构关系并不适用冻融损伤岩石。所以有必要对岩石冻融–受荷应力–应变关系进一步研究。

通常情况下，能够获取的是岩样进行了几个固定冻融循环次数后的应力–应变曲线，如何根据少量的已知信息建立任意不同冻融循环次数后的岩体冻融–受荷损伤本构模型是进行寒区隧道仿真与稳定性评价的关键课题。本节假定岩体微元强度符合韦布尔分布，且满足最大拉应变屈服准则，建立三轴条件下岩体冻融受荷损伤本构模型。本章建立的冻融–受荷统计本构模型具有更好的实用性和更高的精度。

6.4.1 冻融–受荷统计本构方程的建立

根据 Lemaitre 应力等效原理，对于没有经历冻融损伤的岩体在三维应力作用下岩体中有效主应力可表示为

$$\bar{\sigma}_i=\frac{\sigma_i}{1-D_1} \tag{6.36}$$

式中：σ_i为名义主应力，$i=1,2,3$；$\bar{\sigma}_i$为受荷损伤后岩体中的有效主应力；D_1为受荷损伤变量。

对经历冻融损伤后的岩体加载，岩体的总损伤是冻融损伤和受荷损伤的耦合。岩体经历 n 次冻融循环损伤后的弹性模量记为 E_n。所以冻融受荷岩体的损伤演化过程可看作冻融损伤后的岩体经历受荷损伤。

冻融损伤变量可表示为

$$D_{\mathrm{f}}=1-\frac{E_n}{E_0} \tag{6.37}$$

式中：E_0为没有经历冻融损伤岩石的弹性模量；E_n为岩体经历 n 次冻融循环损伤后的弹性模量。

现以经历冻融损伤后的岩体为研究对象，研究冻融损伤后岩体在加载下的统计损伤本构模型。由于工程岩体中存在大量的微孔洞和微裂隙，实际中无法对这些微缺陷进行完整的考虑，但可以认为每个微元强度服从一定的统计分布规律。假定岩石微元强度服从韦布尔分布，概率密度函数为

$$P(\bar{f})=\frac{m}{f_0}\left(\frac{\bar{f}}{f_0}\right)^{m-1}\exp\left[-\left(\frac{\bar{f}}{f_0}\right)^m\right] \tag{6.38}$$

式中：$\bar{f}$ 为微元强度变量；m 和 f_0 为待求的未知参数。

定义受荷损伤变量为加载过程中已破坏微元体 N_f 与微元体总数 N 之比为

$$D_1=\frac{N_f}{N} \tag{6.39}$$

在区间 $[0,\bar{f}]$ 内破坏的微元体数目为

$$N_f(\bar{f})=\int_0^{\bar{f}} NP(y)\mathrm{d}y=N\left\{1-\exp\left[-\left(\frac{\bar{f}}{f_0}\right)^m\right]\right\} \tag{6.40}$$

得到受荷损伤变量为

$$D_1=\frac{N_f}{N}=1-\exp\left[-\left(\frac{\bar{f}}{f_0}\right)^m\right] \tag{6.41}$$

假定微元强度满足最大拉应变强度理论，所以岩石拉应变满足韦布尔分布。那么岩石的破坏准则通用式为

$$f(\varepsilon)-\varepsilon=0 \tag{6.42}$$

式中：ε 为岩石应变。

岩石的微元强度同样满足该关系式，即 $\bar{f}=f(\varepsilon)=\varepsilon$，对于采用不同的破坏准则，该关系式的形式不同。

采用最大拉应变强度理论得到的岩石受荷损伤变量可表示为

$$D_1=\frac{N_f}{N}=1-\exp\left[-\left(\frac{\varepsilon}{f_0}\right)^m\right] \tag{6.43}$$

由广义胡克定律可知经历冻融损伤的岩石应力–应变关系可表示为

$$\bar{\sigma}_{ij}=2G\varepsilon_{ij}+\lambda\delta_{ij}\varepsilon_{kk} \tag{6.44}$$

式中：$G=\dfrac{E_0}{2(1+\nu)}$，$\lambda=\dfrac{E_0\nu}{(1+\nu)(1-2\nu)}$，分别为剪切模量与拉梅系数；$E_0$、$\nu$ 为无损伤岩石的弹性模量及泊松比。

试验中使用的应力均为名义应力 σ_{ij}，因此将式（6.44）代入式（6.36）消去受荷损伤变量、可得用名义应力表示的有效应力为

$$\bar{\sigma}_i=\frac{\sigma_i E_0\varepsilon_1}{\sigma_1-\nu(\sigma_2+\sigma_3)} \tag{6.45}$$

将式（6.36）和式（6.43）代入式（6.45）中可得用名义应力表示的岩石本构关系为

$$\sigma_i=\nu(\sigma_2+\sigma_3)+E_0\varepsilon_1\exp\left[-\left(\frac{\varepsilon_i}{f_0}\right)^m\right] \tag{6.46}$$

若同时考虑冻融损伤，则用冻融损伤后的岩体弹性模量 E_n 代替初始弹性模量 E_0，因此 n 次冻融循环–受荷统计损伤本构模型为

$$\sigma_i = \nu(\sigma_2 + \sigma_3) + E_n \varepsilon_1 \exp\left[-\left(\frac{\varepsilon_i}{f_0}\right)^m\right] \tag{6.47}$$

从式（6.47）可以看出，有三个未知量需要确定：首先是岩体冻融损伤后的弹性模量，即岩体冻融损伤弹性模量 E_n 的演化方程；其次是统计参数 m 和 f_0 的确定。

1. 岩体弹性模量冻融演化方程

在建立岩石冻融受荷损伤本构模型时，由于涉及岩体弹性模量这一物理参数，所以还应该进一步考察岩石冻融损伤过程中静弹性模量与纵波波速间的关系。

已有很多学者对岩石动静参数之间的关系进行了研究，郭强等（2011）认为岩块与岩体间的动弹性模量与静弹性模量存在以下关系为

$$\frac{E_r'}{E_m'} = \frac{E_r}{E_m} \tag{6.48}$$

式中：E_r'、E_r 分别为岩体的动弹性模量与静弹性模量；E_m'、E_m 分别为岩块的动弹性模量与静弹性模量。

如果将岩块当作无损伤材料，那么岩体就是岩块经常损伤内部产生裂纹、孔洞后的状态。岩体经历冻融损伤与之类似，不妨假定岩体冻融循环前后动静弹性模量存在以下关系为

$$\frac{E_d}{E_0} = \frac{E_{nd}}{E_n} \tag{6.49}$$

式中：E_d 和 E_0 分别为岩体冻融损伤前的动弹性模量与静弹性模量；E_{nd} 和 E_n 为岩体经历 n 次冻融损伤后的动弹性模量与静弹性模量。

利用静弹性模量表示的冻融损伤变量为

$$D_t = 1 - \frac{E_n}{E_0} \tag{6.50}$$

冻融损伤后剩余弹性模量百分比与剩余单轴抗压强度百分比的关系可表示为

$$\frac{E_n}{E_0} = \frac{\bar{\sigma}_c}{\sigma_c} \tag{6.51}$$

为了验证利用静弹性模量表示的冻融损伤变量与利用动弹性模量表示的冻融损伤变量是否相同，最直接的方法就是考察冻融损伤前后的动静弹性模量是否满足式（6.49），但由于已有文献中同时给出岩体冻融损伤前后动静弹性模量的数据极少，所以不妨直接验证式（6.51）是否具有较好的统计规律。如果式（6.51）成立，说明岩石冻融损伤前后动弹性模量满足式（6.49），那么就可以利用冻融损伤方程式来表征不同冻融循环次数后的岩石静弹性模量演化规律。

通过对已有岩石在不同冻融循环次数下的剩余单轴抗压强度比与剩余弹性模量比进行统计分析（李杰林 等，2014；方云 等，2014；吴安杰 等，2014；张慧梅 等，2013；徐光苗 等，2005），如图 6.7 所示，可以看出经历冻融循环后的岩石力学参数变化基本上满足式（6.51），具有很好的统计规律，最大偏差不超过 20%。说明利用静弹性模量表示冻

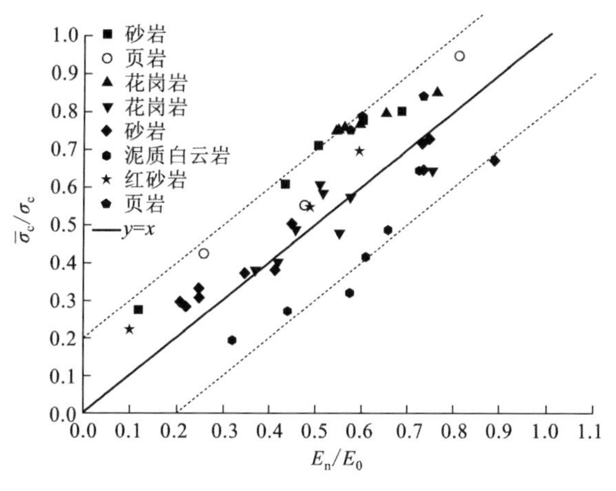

图 6.7　剩余单轴抗压强度比与剩余弹性模量比的关系

融损伤变量与动弹性模量是一致的。因此同样可以用式（6.52）来预测岩石冻融损伤后的静弹性模量

$$E_n=\left\{1-\left(\frac{N}{N_{\mathrm{f}}}\right)^{1-q}\left[1-(1-D_{\mathrm{f}})^{1+r}\right]\right\}^{\frac{1}{1+r}}E_0 \tag{6.52}$$

式中：未知参数 q、r 可通过室内岩石不同冻融循环下单轴压缩试验确定。

2. 参数 m、f_0 的确定

岩石应力–应变曲线必然存在一个峰值点，且在峰值点处导数为 0，因此在峰值点上存在以下关系

$$\begin{cases}\sigma_1=\sigma_{1\mathrm{c}}\\ \varepsilon_1=\varepsilon_{1\mathrm{c}}\end{cases} \tag{6.53}$$

$$\left.\frac{\partial\sigma_1}{\partial\varepsilon_1}\right|_{(\sigma_{1\mathrm{c}},\varepsilon_{1\mathrm{c}})}=0 \tag{6.54}$$

式中：$\sigma_{1\mathrm{c}}$、$\varepsilon_{1\mathrm{c}}$ 为峰值点处的应力、应变。

由式（6.47）可知，在峰值点处的本构方程为

$$\sigma_{1\mathrm{c}}=\varepsilon_{1\mathrm{c}}E_n\exp\left[-\left(\frac{\varepsilon_{1\mathrm{c}}}{f_0}\right)^m\right]+\nu(\sigma_2+\sigma_3) \tag{6.55}$$

将式（6.55）代入式（6.54）中可得

$$1-m\cdot\left(\frac{\varepsilon_{1\mathrm{c}}}{f_0}\right)^m=0 \tag{6.56}$$

联合式（6.55）和式（6.56）可得参数 m 及 f_0 的表达式为

$$m=-\frac{1}{\ln\dfrac{\sigma_{1\mathrm{c}}-\nu(\sigma_2+\sigma_3)}{\varepsilon_{1\mathrm{c}}E_n}} \tag{6.57}$$

$$f_0 = \frac{\varepsilon_{1c}}{\left[-\ln\frac{\sigma_{1c}-2\nu\sigma_3}{\varepsilon_{1c}E_n}\right]^{1/m}} = \varepsilon_{1c}m^{1/m} \tag{6.58}$$

可见参数 m 及 f_0 可以通过峰值应力–应变得到,从而岩石的损伤本构关系式可以唯一确定。将本构曲线固定在试验中的应力–应变峰值上也是岩石统计损伤模型中未知参数确定的常用方法,但通过对试验数据进行分析发现,如果为了让本构关系空间曲线严格的通过峰值点往往会放松对本构关系曲线形状的限制,反而使得到的本构关系与试验结果不符(图 6.7)。此外,对于冻融循环而言,不可能通过试验获得任意冻融循环次数下的应力–应变关系曲线,所以最大峰值强度处的应变实际上无法全部获得,这也会影响冻融受荷本构模型的使用,所以不妨通过曲线拟合的方式来确定参数 m。m 的大小实际上反映了本构关系曲线的形态,由于冻融损伤的产生,岩石经历冻融循环后会由脆性向延性转化。因此,m 不仅与围压有关,还与冻融循环次数有关。

冻融受荷本构关系仅与参数 m 有关

$$\sigma_i = \nu(\sigma_2+\sigma_3)+E_n\varepsilon_1\exp\left\{-\left[\frac{E_n\varepsilon_i}{\sigma_{1c}-\nu(\sigma_2+\sigma_3)}\right]^m\frac{1}{\mathrm{e}m}\right\} \tag{6.59}$$

式中:m 通过对试验结果进行拟合得到,在相同的围压下 m 与冻融循环次数 n 有关;e 为自然常数,e=2.781 828;σ_{1c} 为最大压缩强度。

6.4.2 模型验证与应用

Tan 等(2011)进行了围压分别为 0 MPa、5 MPa 和 10 MPa 条件下花岗岩在冻融 0 次、50 次、100 及 150 次后的压缩试验,现选取围压为 5 MPa 情况下的三轴压缩试验结果来验证本章所建立的冻融受荷损伤统计本构模型。由于试验中每组冻融压缩试验有三个试样,为了避免由于试样离散型引起的误差,剔除与其他两组误差较大的那一组应力–应变数据,保留结果较为接近的两组典型的应力–应变曲线进行分析,利用式(6.59)对该试验结果进行拟合确定位置参数 m,从而可以得到花岗岩冻融–受荷应力–应变关系。

利用本章模型计算得到的应力–应变曲线如图 6.8 所示,可以看出本章建立的冻融受荷损伤统计本构模型能够很好地表征不同冻融循环次数下岩体的应力–应变关系。参数 m

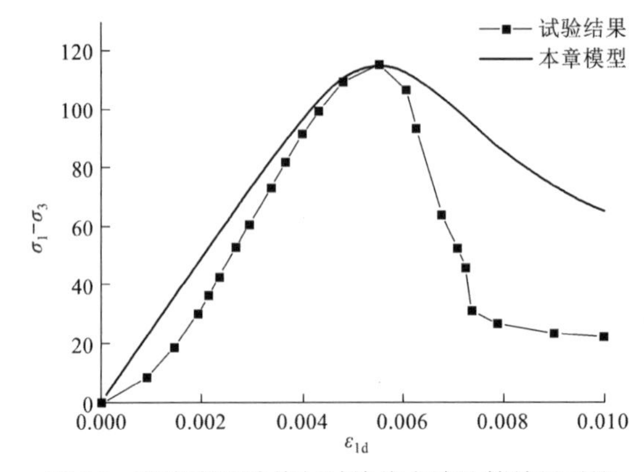

图 6.8　花岗岩试验值与过峰值点法计算结果对比

随着冻融循环次数的增加具有减小的趋势，说明随着冻融次数增加岩石的延性增加且逐渐软化。

事实上，如果要得到任意冻融循环次数下的岩体冻融受荷损伤统计本构模型，还需要确定静弹性模量随冻融循环次数的变化关系，即式（6.52）。式（6.52）中的未知参数也可以通过对抗压强度实测结果或是弹性模量实测结果进行拟合确定。为了进一步说明式(6.51)的正确性，通过对不同冻融循环次数下的抗压强度实测结果拟合来确定式（6.52）中的待定参数 q 和 r。从而可以得到冻融循环下岩石静弹性模量表征方程

$$E_n=\left\{1-0.737\left(\frac{N}{150}\right)^{0.425}\right\}^{0.5}E_0 \tag{6.60}$$

利用式（6.60）计算得到的岩石在不同冻融循环次数下的静弹性模量与实测值对比（图 6.9～图 6.11），可见实测值与计算值吻合很好，说明确定静弹性模量方法是较为可靠的。当然，如果试验中得到了岩石静弹性模量，那么也可以直接对静弹性模量进行拟合来得到其变化方程（图 6.12）。

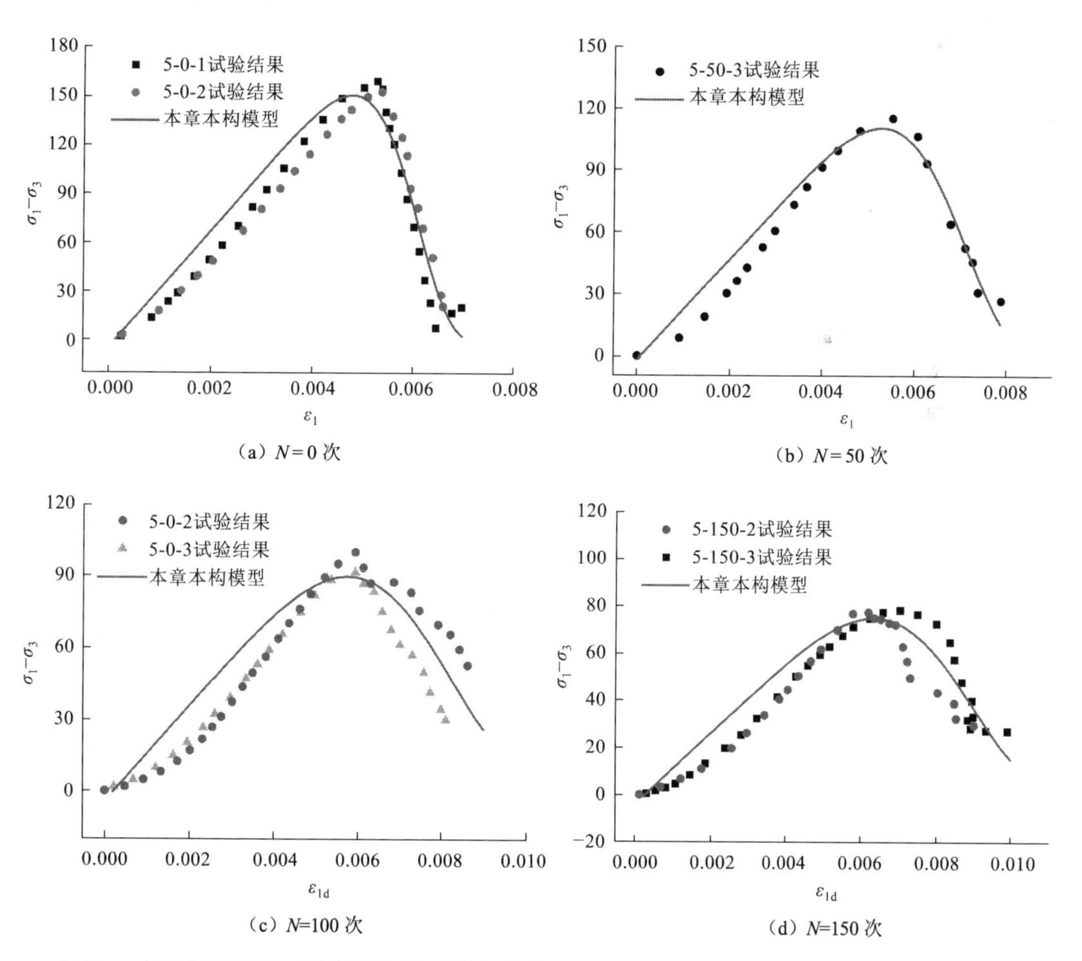

图 6.9　不同冻融次数下花岗岩冻融-受荷损伤统计本构曲线与实测结果对比（围压为 5 MPa）

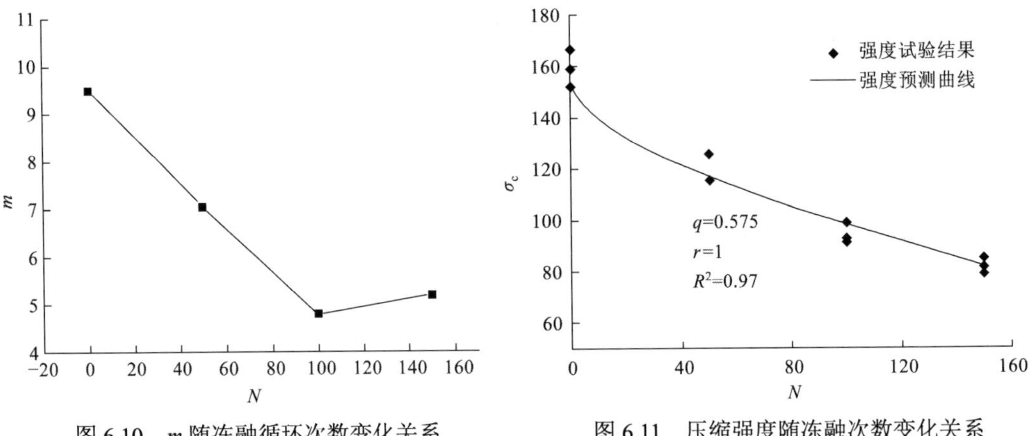

图 6.10 *m* 随冻融循环次数变化关系　　图 6.11 压缩强度随冻融次数变化关系

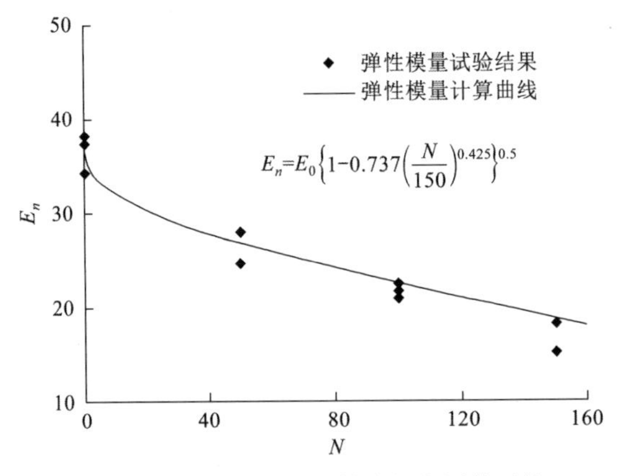

图 6.12 静弹性模量计算值与实测值对比

将式（6.60）代入式（6.59）中，且通过线性插值的方式确定 m，从而可以得到不同冻融循环次数下的冻融受荷损伤应力–应变关系，如图 6.13 所示。可以看出随着冻融循环次数的增加，岩石损伤不断发展，引起单轴抗压强度降低及岩石弹性模量的损失。

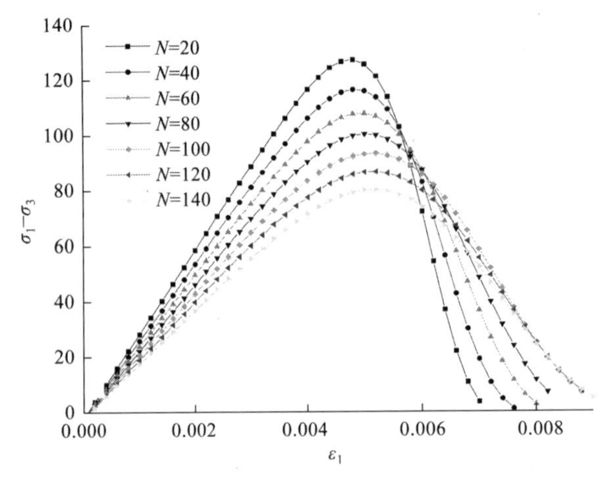

图 6.13 冻融受荷损伤应力–应变曲线（围压 5 MPa）

同理可得到单轴压缩下岩石冻融受荷损伤本构关系与实测值对比，如图6.14所示。可见，本章的冻融受荷损伤统计本构模型不仅适用于三轴压缩情况，对于单轴压缩同样适用。

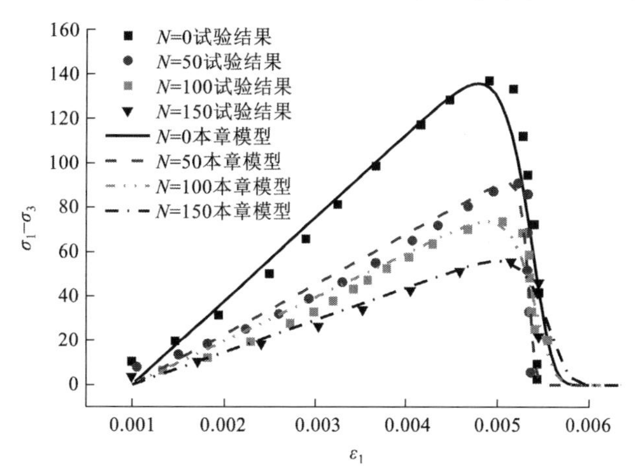

图6.14　本章本构模型计算曲线与实测值对比（围压为0 MPa）

6.5　冻胀扩展理论及算法实现

6.5.1　冻胀裂隙扩展基础

断裂力学源自20世纪20年代Griffith的脆性断裂理论，Griffith裂纹理论也是目前脆性断裂理论体系中最为系统完整的断裂力学理论。Irwin等（1958）将断裂力学的理论与试验成果推广至包括岩石断裂等更为广泛的领域。Eshelby（1971）和Evans等（1976）明确提出断裂力学基本原理。将断裂力学理论运用于岩石断裂研究的早期成果的还有Bieniawski（1967）、Hardy（1973）、Rice（1978）等。

按照裂纹在外力作用下的扩展方式可分为三种基本类型：张开型（I型）、滑开型（II型）和撕开型（III型），如图6.15所示。I型裂纹，有一组正应力垂直于裂隙面；II型裂纹，有一组剪应力τ_y沿y轴方向平行于裂隙面；III型裂纹，有一组剪应力τ_x沿x轴方向平行于裂隙面（程新 等，2006）。

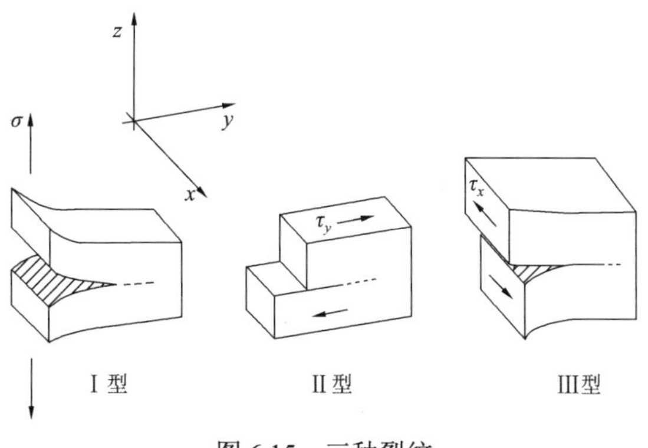

图6.15　三种裂纹

断裂力学的两个关键问题：①裂隙尖端附近的应力场与外界荷载之间的关系；②材料对裂隙尖端应力状态的响应。第一个问题体现外界荷载对尖端应力场的影响，通常会在裂隙尖端产生应力集中；第二个问题体现材料特性，当应力集中程度超过一定值时，裂隙会扩展。

1. I 型冻胀裂隙

关于单裂隙岩石的冻胀效应，第 3 章已进行过部分研究。含冰冻胀裂隙的形态如图 6.16 所示。

实际的岩体裂隙多为粗糙的不规则裂纹。在理论分析时，通常对裂纹的几何形状进行适当的简化。裂隙尖端单元体应力状态如图 6.17 所示。

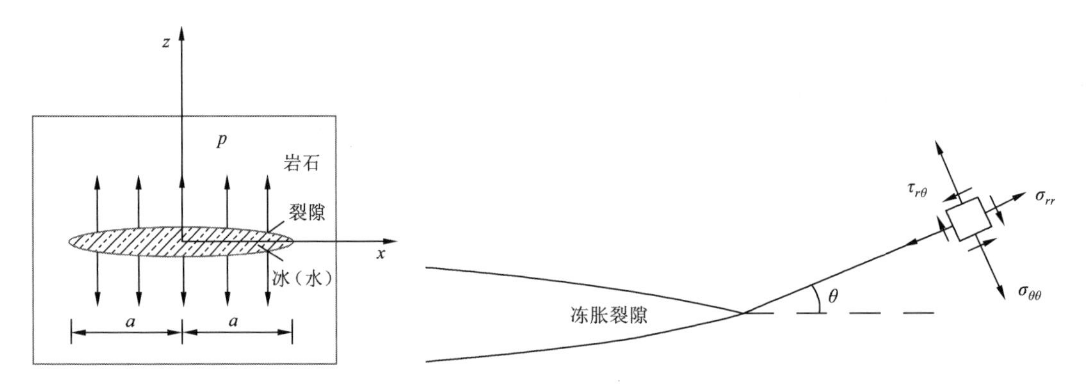

图 6.16　冻胀岩体单裂隙模型　　图 6.17　裂隙尖端单元体应力状态示意图

冻胀作用下的裂隙尖端应力分量的极坐标表达式为

$$\sigma_{rr}=\frac{K_{\mathrm{I}}}{\sqrt{2\pi r}}\cos\frac{\theta}{2}\left(1+\sin\frac{\theta}{2}\sin\frac{3\theta}{2}\right) \tag{6.61a}$$

$$\sigma_{\theta\theta}=\frac{K_{\mathrm{I}}}{\sqrt{2\pi r}}\cos\frac{\theta}{2}\left(1-\sin\frac{\theta}{2}\sin\frac{3\theta}{2}\right) \tag{6.61b}$$

$$\tau_{r\theta}=\frac{K_{\mathrm{I}}}{\sqrt{2\pi r}}\cos\frac{\theta}{2}\sin\frac{\theta}{2}\cos\frac{3\theta}{2} \tag{6.61c}$$

式中：K_{I}为 Griffith I 型（张开型）裂纹的应力强度因子。

根据断裂力学相关理论，认为导致裂纹失稳扩展的是垂直裂隙面方向的应力分量σ_{zz}（即$\sigma_{\theta}|_{\theta=0}$），从而可得

$$\sigma_{zz}(x,0)=\begin{cases}-P, & |x|\leqslant a\\ \dfrac{p|x|}{\sqrt{x^2-a^2}}-P, & |x|>a\end{cases} \tag{6.62}$$

在裂隙尖端附近，$z=0$，$x=a+\Delta x$，$\Delta x<<a$，可知：$\sigma_{zz}\infty\dfrac{1}{\sqrt{\Delta x}}$，如图 6.18 所示。

2. Ⅰ–Ⅱ 复合型冻胀裂隙

裂隙在外力作用下易产生局部应力集中，这会成为微裂隙发育衍生的根源（Kemeny et al., 1991）。一般认为最容易扩展的是岩体内预先存在的微裂纹，对此研究最多的是“滑动裂隙”（Brace et al., 1963;）。如图 6.19 所示，原裂隙长 $2c$，与 σ_1（最大压主应力）方向的夹角为 γ。

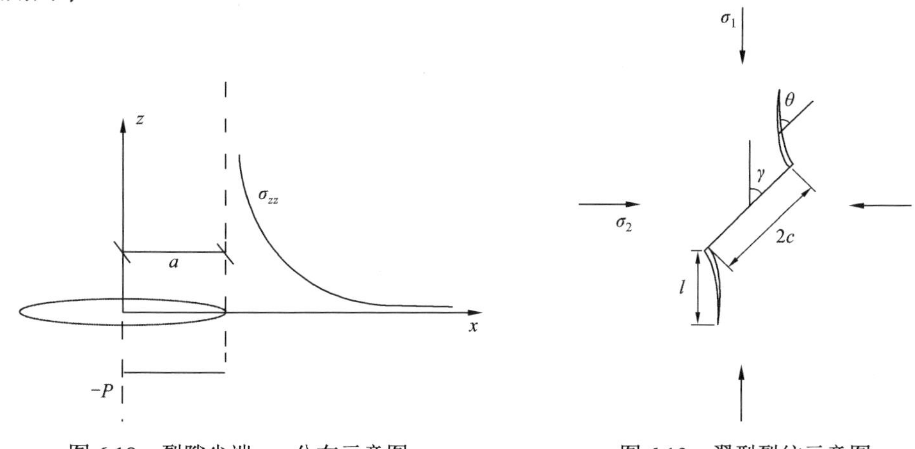

图 6.18　裂隙尖端 σ_{zz} 分布示意图　　　图 6.19　翼型裂纹示意图

外界应力会沿裂隙面产生一个剪切动力，如果该动力足以克服裂隙面的阻力，则裂隙两面会产生相对滑动位移，在裂隙的两个尖端产生拉应力集中，从而产生翼型裂纹。裂隙尖端的应力强度因子 K_{I}' 达到一个临界值 K_{IC} 时裂隙扩展终止。

最早对此类裂纹体系（预存主裂纹与翼型裂纹）的特征进行定性研究的是 Brace 等（1963），研究的是光弹性材料和玻璃。Cotterell 等（1980）求解出了翼型裂纹扩展方向为 $\theta = \arccos(1/3)$（约为 70.5°），临界扩展条件为

$$\sigma_1 = \frac{\sin 2\gamma + \mu(1+\cos 2\gamma)}{\sin 2\gamma - \mu(1-\cos 2\gamma)}\sigma_3 + \frac{\sqrt{3}}{\sin 2\gamma - \mu(1-\cos 2\gamma)}\frac{K_{\mathrm{IC}}}{\sqrt{\pi c}} \tag{6.63}$$

式中：μ 为主裂纹的滑动摩擦系数；γ 为主裂纹与 σ_1（最大压主应力）方向夹角；θ 为翼型支裂纹与主裂纹的角度，如图 6.19 所示。Ashby 等研究指出如果岩体内存在随机分布的裂隙，那么翼型裂纹将会首先在 $\gamma = (1/2)\arctan(1/\mu)$ 的主裂纹上萌生扩展，并满足应力条件（Ashby et al., 1990）

$$\sigma_1 = \frac{\sqrt{1+\mu^2}+\mu}{\sqrt{1+\mu^2}-\mu}\sigma_3 + \frac{\sqrt{3}}{\sqrt{1+\mu^2}-\mu}\frac{K_{\mathrm{IC}}}{\sqrt{\pi c}} \tag{6.64}$$

微裂纹的扩展分析需要计算裂纹扩展路径上每一阶段的应力强度因子，此裂纹的断裂力学问题十分复杂。试验和显微电测表明，若 $\sigma_1 > 0$ 且 $\sigma_3 > 0$，则应力强度因子会随着翼型裂纹长度 l 的增加而降低。这意味着，对于全压缩荷载，翼型裂纹是稳定的，不会扩展。

裂尖区的应力都具有 $1/\sqrt{r}$ 的奇异性，其强度是由应力强度因子确定的。外界载荷、裂隙几何形状等因素都是通过应力强度因子来影响裂纹行为。应力强度因子与坐标无关，表征近裂尖区应力场与位移场奇异性的强度，其值是由裂纹的几何形状和荷载决定的。

采用理想化的数学处理方法，假定理想裂纹尖端曲率半径为 0，并且裂纹体内的任一点材料都始终是线弹性的，处于小变形阶段。而事实上，裂尖材料的承受能力受到材料屈服强度的制约，裂尖附近的奇异应力会因为塑性屈服或者其他非线性变形的出现而释放。当裂尖塑性区的尺寸远小于裂隙长度时，包围该小塑性区的弹性区仍控制着裂尖非线性区的力学特征。

冻结裂隙内的冻胀荷载一般为非均布荷载 $P(x)$，如图 6.20 所示。

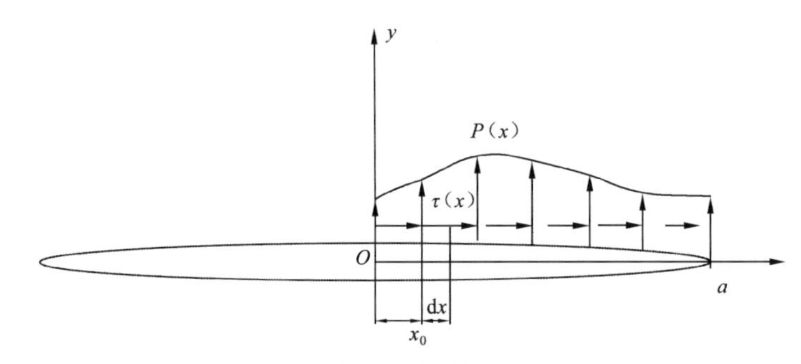

图 6.20　裂隙表面非均布冻胀荷载

对于裂隙表面作用集中力的情况前人已做过研究。如图 6.21 所示，尖端的应力强度因子微分形式可表示为（尹双增 等，1992; 中国航空研究院，1981）

$$\mathrm{d}K_{\mathrm{I}}=\frac{P\mathrm{d}x}{2\sqrt{\pi a}}\sqrt{\frac{a+x}{a-x}}+\frac{\tau\mathrm{d}x}{2\sqrt{\pi a}}\left(\frac{\kappa-1}{\kappa+1}\right) \tag{6.65a}$$

$$\mathrm{d}K_{\mathrm{II}}=-\frac{P\mathrm{d}x}{2\sqrt{\pi a}}\left(\frac{\kappa-1}{\kappa+1}\right)+\frac{\tau\mathrm{d}x}{2\sqrt{\pi a}}\sqrt{\frac{a+x}{a-x}} \tag{6.65b}$$

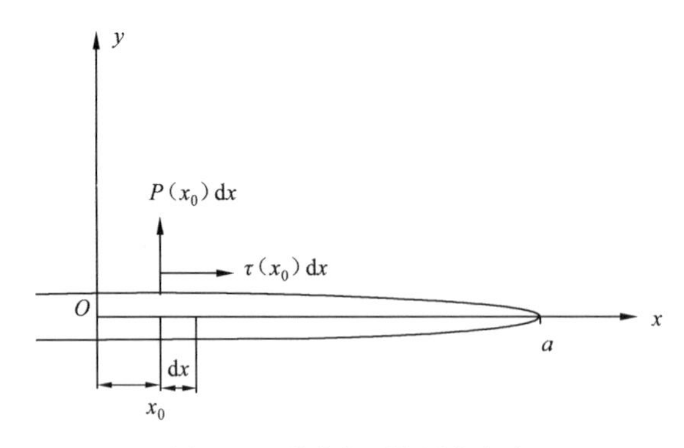

图 6.21　裂隙表面作用集中力

对于平面应力问题，$\kappa=\dfrac{3-\nu}{1+\nu}$，其中 ν 为岩石的泊松比。

对式（6.65a）和式（6.65b）沿裂隙面方向进行积分得到非均布荷载在裂隙尖端产生的应力强度因子为

$$K_{\mathrm{I}}=\int_{-a}^{+a}\left[\frac{P}{2\sqrt{\pi a}}\sqrt{\frac{a+x}{a-x}}+\frac{\tau}{2\sqrt{\pi a}}\left(\frac{\kappa-1}{\kappa+1}\right)\right]\mathrm{d}x \tag{6.66a}$$

$$K_{\mathrm{II}}=\int_{-a}^{+a}\left[-\frac{P}{2\sqrt{\pi a}}\left(\frac{\kappa-1}{\kappa+1}\right)+\frac{\tau}{2\sqrt{\pi a}}\sqrt{\frac{a+x}{a-x}}\right]\mathrm{d}x \tag{6.66b}$$

在数值模拟时，冻胀裂隙单元的法向和切向荷载考虑为离散的非均布荷载，根据平面应力情况设定边界约束条件。

如图 6.22 所示，在对裂隙尖端的应力强度因子进行求解时，需进行单元遍历循环，按照以下等效应力强度因子计算公式编制 FISH 函数进行运算。

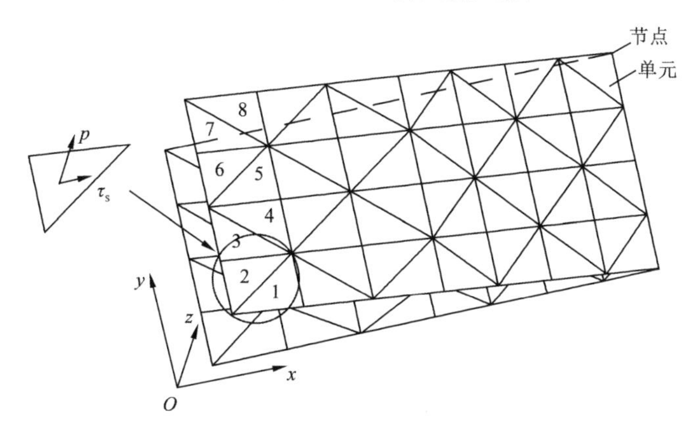

图 6.22　裂隙单元

$$\begin{aligned}K_{\mathrm{I}}^{e}&=\int_{-a}^{+a}\left[\frac{P}{2\sqrt{\pi a}}\sqrt{\frac{a+x}{a-x}}+\frac{\tau}{2\sqrt{\pi a}}\left(\frac{\kappa-1}{\kappa+1}\right)\right]\mathrm{d}x\\&\approx\sum_{1}^{n}\frac{p_iA_i}{2\sqrt{\pi a}}\sqrt{\frac{a+x_i}{a-x_i}}+\frac{\tau_iA_i}{2\sqrt{\pi a}}\left(\frac{\kappa-1}{\kappa+1}\right)\end{aligned} \tag{6.67a}$$

$$\begin{aligned}K_{\mathrm{II}}^{e}&=\int_{-a}^{+a}\left[-\frac{P}{2\sqrt{\pi a}}\left(\frac{\kappa-1}{\kappa+1}\right)+\frac{\tau}{2\sqrt{\pi a}}\sqrt{\frac{a+x}{a-x}}\right]\mathrm{d}x\\&\approx\sum_{i=1}^{n}\frac{p_iA_i}{2\sqrt{\pi a}}\left(\frac{\kappa-1}{\kappa+1}\right)+\frac{\tau_iA_i}{2\sqrt{\pi a}}\sqrt{\frac{a+x_i}{a-x_i}}\end{aligned} \tag{6.67b}$$

式中：K_{I}^{e} 和 K_{II}^{e} 分别表示裂隙尖端的 I 型和 II 型裂纹应力强度因子。p_i 和 τ_i 分别为裂隙单元 i 的法向应力和沿裂隙尖端方向的切向应力。

6.5.2　冻胀作用下压剪复合型裂纹扩展准则

1. 翼型（I–II 型）复合裂隙应力场

实际冻胀岩体一般处于冻胀力与围压共同作用之下，裂纹扩展实际为压剪复合裂纹。岩体内分布大量状态各异的裂隙，所处的受力状态也各不相同。为了得出具有普遍适用性的结论，本节借助于坐标转换，将不同主应力转换到裂隙主平面及其法向为主方向的局部坐标系中，如图 6.23 所示。

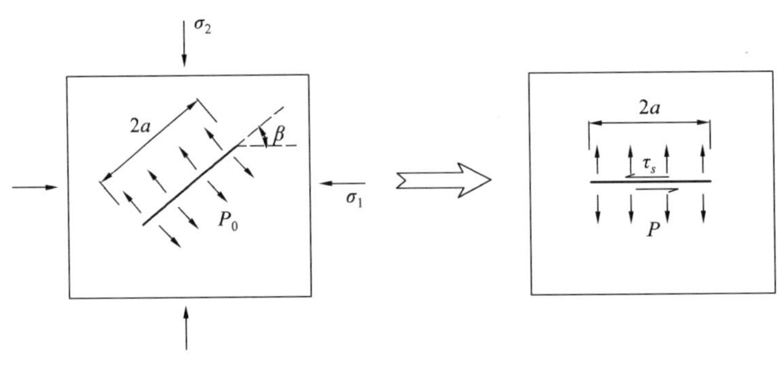

（a）转换前的裂隙主应力分布　（b）转换后的裂隙主应力分布

图 6.23　压剪状态下的 I–II 型复合裂隙

假定冻结裂隙长度为 $2a$，σ_1 和 σ_2 分别为作用在试件上的两个正应力，在裂隙表面产生的法向和切向应力分量分别为

$$\begin{cases}\tau_s=\left(\dfrac{\sigma_1-\sigma_2}{2}\sin 2\beta-\mu P\right)H(\tau_0-\tau_c^T)\\ P=P_0-\left[\dfrac{\sigma_1+\sigma_2}{2}+\dfrac{\sigma_1-\sigma_2}{2}\cos(\pi+2\beta)\right]\end{cases}\tag{6.68}$$

式中：τ_s 和 P 分别为裂隙面上的正应力和剪应力；P_0 为冰体产生的冻胀力；μ 和 τ_c^T 分别为裂隙扩展时裂隙面瞬间滑动摩擦系数和抗剪强度；$H(\tau_0-\tau_c^T)$ 为阶跃函数；τ_0 为远场应力在裂隙面上产生的剪应力分量为

$$\tau_0=\frac{\sigma_1-\sigma_2}{2}\sin 2\beta-\mu P\tag{6.69}$$

$$H(\tau_0-\tau_c^T)=\begin{cases}0, & \tau_0\leqslant\tau_c^T\\ 1, & \tau_0>\tau_c^T\end{cases}\tag{6.70}$$

（1）当 τ_{yx} 低于 τ_c^T 时，裂隙两面不发生相对滑动，两裂隙面的相对摩擦力会与 τ_{yx} 相抵消，因此，等效剪应力为 0，此时可视为张型裂纹（I 型裂纹）。

（2）当 τ_{yx} 高于 τ_c^T 时，两裂隙面会发生一个瞬时相对滑动位移，摩擦阻力为 μP。此时可视为拉剪裂纹（I–II 复合型裂纹）。

按照 I–II 复合型裂纹应力场叠加原理，得出极坐标下的裂隙尖端附近单元体应力分量表达式如下（陈育民 等，2009；赵启林 等，2007）

$$\begin{cases}\sigma_{rr}=\dfrac{1}{2\sqrt{2\pi r}}\left[K_{\mathrm{I}}(3-\cos\theta)\cos\dfrac{\theta}{2}+K_{\mathrm{II}}(3\cos\theta-1)\sin\dfrac{\theta}{2}\right]\\ \sigma_{\theta\theta}=\dfrac{1}{\sqrt{2\pi r}}\cos\dfrac{\theta}{2}\left(K_{\mathrm{I}}\cos^2\dfrac{\theta}{2}-\dfrac{3}{2}K_{\mathrm{II}}\sin\theta\right)\\ \tau_{r\theta}=\dfrac{1}{2\sqrt{2\pi r}}\cos\dfrac{\theta}{2}\left[K_{\mathrm{I}}\sin\theta+K_{\mathrm{II}}(3\cos\theta-1)\right]\end{cases}\tag{6.71}$$

式中：σ_{rr} 和 $\sigma_{\theta\theta}$ 为正应力；$\tau_{r\theta}$ 为剪应力。

2. 冻胀裂隙扩展准则

1）起裂条件与扩展角

判断复合裂纹扩展的方向采用的判据为尖端最大环向拉应力准则，假定裂隙沿着最大环向拉应力方向的角度起裂，$\sigma_{\theta\theta}$对 θ 求偏导为

$$\sigma_{\theta\theta,\theta}=-\frac{3}{4\sqrt{2\pi r}}\cos\frac{\theta}{2}\left[K_{\mathrm{I}}\sin\theta+2K_{\mathrm{II}}\left(\cos\theta-\sin^2\frac{\theta}{2}\right)\right] \tag{6.72}$$

当$\sigma_{\theta\theta,\theta}=0$并且$\sigma_{\theta\theta,\theta\theta}<0$时，可得扩展角 θ_0。因$0\leqslant\theta<\pi$，$\cos\frac{\theta}{2}\neq 0$，故

$$K_{\mathrm{I}}\sin\theta+2K_{\mathrm{II}}\left(\cos\theta-\sin^2\frac{\theta}{2}\right)=0 \tag{6.73}$$

因此可得

$$K_{\mathrm{I}}\sin\theta+2K_{\mathrm{II}}\left(\cos\theta-\sin^2\frac{\theta}{2}\right)=2K_{\mathrm{I}}\sin\frac{\theta}{2}\cos\frac{\theta}{2}+2K_{\mathrm{II}}\left(\cos^2\frac{\theta}{2}-2\sin^2\frac{\theta}{2}\right)=0 \tag{6.74}$$

式（6.74）除以 2，可得

$$K_{\mathrm{I}}\tan\frac{\theta}{2}+K_{\mathrm{II}}\left(1-2\tan^2\frac{\theta}{2}\right)=0 \tag{6.75}$$

解式（6.75）得扩展角为

$$\theta_0=\begin{cases}2\arctan\left[\dfrac{K_{\mathrm{I}}\pm\sqrt{K_{\mathrm{I}}^2+8K_{\mathrm{II}}^2}}{4K_{\mathrm{II}}}\right], & K_{\mathrm{II}}\neq 0\\[2ex] 0, & K_{\mathrm{II}}=0\end{cases} \tag{6.76}$$

式中：± 表示当$\sigma_{\theta\theta,\theta}=0$时，方程式有两个实根，其中一个使得$\sigma_{\theta}$取得最大值，将两个实根代入式（6.77）

$$\sigma_{\theta\theta,\theta\theta}=-\frac{3}{4\sqrt{2\pi a}}\left[K_{\mathrm{I}}\left(\cos^3\frac{\theta}{2}-4\sin^2\frac{\theta}{2}\cos\frac{\theta}{2}\right)-K_{\mathrm{II}}\left(5\sin\frac{\theta}{2}\cos^2\frac{\theta}{2}-2\sin^3\frac{\theta}{2}\right)\right] \tag{6.77}$$

若$\sigma_{\theta\theta,\theta\theta}<0$，则取最大值，此时的 θ_0 即为冻胀裂纹的扩展角。显然，当$K_{\mathrm{II}}\neq 0$时，所得 θ_0 的值为一正一负。参照$\sigma_{\theta\theta}$的表达式可知，当 θ_0 与 K_{II} 异号时$\sigma_{\theta\theta}$取最大值。

特别的，当K_{I}=0 且$K_{\mathrm{II}}>0$时，即纯 II 型裂纹，$\theta_0=2\arctan(0.707)\approx-70.53°$。

参照文献 Loch 等（1978）的结论，复合裂纹的起裂准则为

$$\cos\frac{\theta}{2}\left(\frac{K_{\mathrm{I}}}{K_{\mathrm{IC}}}\cos^2\frac{\theta}{2}-\frac{3}{2}\frac{K_{\mathrm{II}}}{K_{\mathrm{IC}}}\sin\theta\right)=1 \tag{6.78}$$

即

$$K_{\mathrm{I}}\cos^3\frac{\theta}{2}-\frac{3}{2}K_{\mathrm{II}}\sin\theta\cos\frac{\theta}{2}=K_{\mathrm{IC}} \tag{6.79}$$

对于纯 I 型裂纹，$K_{\mathrm{II}}=0$，$\theta_0=0$，由式（6.79）得$K_{\mathrm{I}}=K_{\mathrm{IC}}=\sigma(\pi a)^{1/2}$。对于纯 II 型裂纹，$\theta_0=70.53$，代入得$K_{\mathrm{II}}=0.866K_{\mathrm{IC}}=\sigma(\pi a)^{1/2}$。

2）扩展长度

确定了裂隙起裂方向之后，还需确定新裂隙扩展长度以判断完整的扩展路径。本章考虑随着扩展长度的增加，裂尖应力强度因子随着支裂隙长度 L 的增加而逐渐降低，当衰减至一定值时，裂纹扩展停止（Heo et al., 2002）。如图6.24 所示，以翼型裂纹为例，主裂纹与 σ_1 的夹角为 β，起裂角为 θ_0。假定冻胀裂纹每次扩展都是一个瞬态破裂过程。

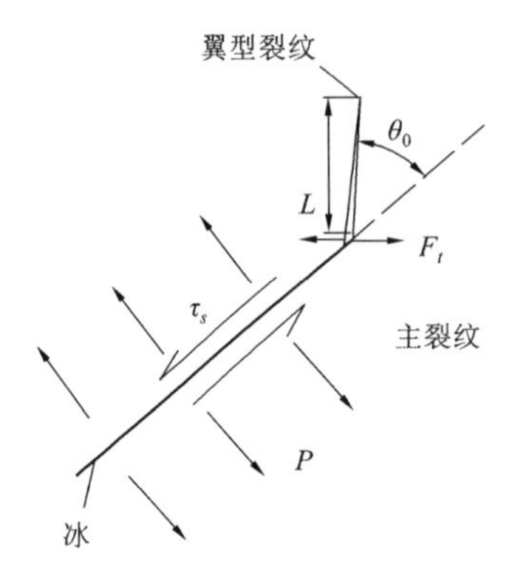

图 6.24　冻胀翼型裂纹受力状态示意图

假定裂隙起裂判据为最大周向拉应力准则，可将新裂纹视为纯拉裂纹（I 型裂纹），图（6.24）中 F_t 为起裂点沿新裂隙面法向的集中应力（赵延林 等，2008；徐靖南 等，1994；阿特金森，1992）

$$K_I' = \frac{F_t}{\sqrt{\pi L}} = \frac{2a(\tau_s \cdot \sin\theta_0 + P\cos\theta_0)}{\sqrt{\pi L}} \tag{6.80}$$

当新裂隙尖端的应力强度因子 K_I' 达到临界值时 K_{IC} 扩展停止

$$K_I' = \frac{2a(\tau_s \cdot \sin\theta_0 + P\cos\theta_0)}{\sqrt{\pi L}} = K_{IC} \tag{6.81}$$

因此，可得新生支裂纹扩展长度为

$$L = \frac{4a^2(\tau_s \cdot \sin\theta_0 + P\cos\theta_0)^2}{\pi K_{IC}^2} \tag{6.82}$$

在数值模拟时，需通过单元遍历循环，按式（6.83）计算

$$L = \frac{4}{\pi K_{IC}^2} \sum_{i=1}^{n} A_i^2(\tau_{si} \cdot \sin\theta_0 + P_i\cos\theta_0)^2 \tag{6.83}$$

3. 冻胀岩桥贯通机制

邻近裂纹之间会产生相互影响，对裂隙扩展路径的影响不能忽视。实际上压剪复合裂纹产生的支裂纹为张拉裂纹扩展，邻近裂隙的支裂隙扩展到一定程度时会产生贯通。不少学者通过研究证明：岩石中细观主裂纹的产生与扩展主要有三种形式：①主裂纹呈张开状，裂纹从产生到扩展，直到最后的贯通都沿着最大主压应力方向进行，这种破坏是因张性扩展裂纹相互贯通造成；②最终形成的贯通性裂面与最大主压应力方向呈小锐角，与最大剪应力方向接近；③拉剪复合贯通模式（朱维申 等，1998；范景伟 等，1992）。

贯通模式和裂隙的相对位置、应力施加方向及材料自身特性等因素有关。杨慧（2001）通过预制裂纹试验，得出了不同裂纹贯通模式下的起裂应力、贯通应力及峰值强度，见表 6.1。

分析表中数据可知：对于张拉贯通模式，随着加载应力增加，先达到起裂应力，翼型裂纹产生，继续加载达到峰值强度，屈服而未贯通，再继续增加荷载才贯通；对于次级裂纹剪

表 6.1　两条预制裂纹试件贯通模式及其特征应力（杨慧，2001）

试样编号	A-3（1）	A-6（3）	A-7（4）
贯通模式	翼型裂纹张拉贯通	次级裂纹剪切贯通	拉剪复合贯通
贯通示意图			
起裂应力/MPa	7.24	40.50	8.21
贯通应力/MPa	10.73	19.07	13.30
峰值强度/MPa	8.33	19.07	22.21

切贯通模式，加载至峰值强度时，沿主裂隙裂尖发生剪切破坏。对于拉剪复合贯通，加载时先起裂产生翼型裂纹，继续增加荷载至岩桥剪切破坏贯通。

由以上分析可认为：翼型裂纹张拉贯通是两主裂隙产生的翼型裂纹扩展路径交汇而贯通；次级裂纹剪切贯通是岩桥的剪断破坏，与翼型裂纹路径无关；而拉剪复合型贯通是两主裂隙产生的翼型裂纹特定路径无交汇，但翼型裂纹扩展使得岩桥强度降低，达到剪切破坏条件而断裂贯通。

考虑隧道等实际工程岩体，最为活跃的因素是随着冻结温度、冻结历时等因素的变化而产生的冻胀荷载，而外部围压相对恒定。

1）翼型裂纹张拉贯通

翼型裂纹扩展路径交汇时实现张拉贯通。当新裂隙尖端扩展至其他主裂隙时也会发生张拉贯通。张拉贯通模式如图 6.25 所示。

2）次级裂纹剪切贯通

次级裂纹剪切贯通模式如图 6.26 所示。

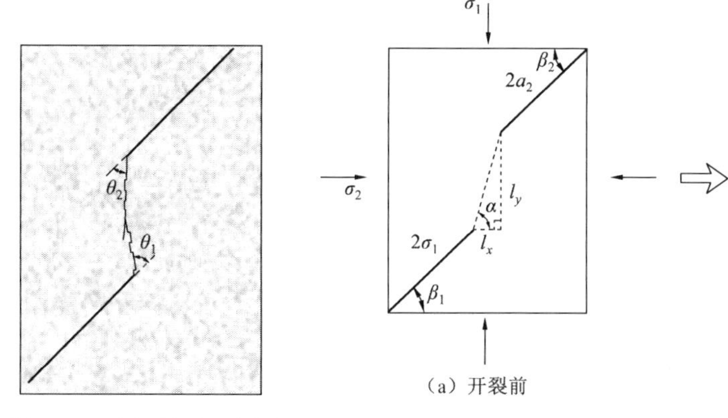

图 6.25　张拉贯通示意图

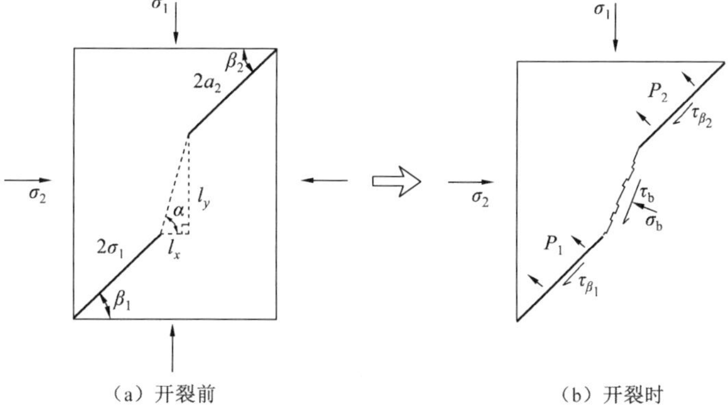

（a）开裂前　　（b）开裂时

图 6.26　次级裂纹剪切贯通示意图

冻胀裂纹为平面应力问题，根据静力平衡原理，对于所选单元体被裂隙切割的上半部分（或下半部）水平和竖直方向力之和为 0，因此有如下关系

$$\sum F_x = \sum F_y = 0 \tag{6.84}$$

依照图 6.26 所示的应力状态，得（Stakhovsky，2011；黄明利 等，2002；李建林 等，1998；李世愚 等，1998）

$$\begin{aligned}&2a_1(P_1\sin\beta_1+\tau_{\beta_1}\cos\beta_1)+2a_2(P_2\sin\beta_2+\tau_{\beta_2}\cos\beta_2)+(\sigma_b l_y+\tau_b l_x)\\&=\sigma_2(2a_1\sin\beta_1+2a_2\sin\beta_2+l_y)\end{aligned} \tag{6.85a}$$

$$\begin{aligned}&2a_1(P_1\cos\beta_1-\tau_{\beta_1}\sin\beta_1)+2a_2(P_2\cos\beta_2-\tau_{\beta_2}\sin\beta_2)+(\sigma_b l_x-\tau_b l_y)\\&=\sigma_1(2a_1\cos\beta_1+2a_2\cos\beta_2+l_x)\end{aligned} \tag{6.85b}$$

需解出 σ_b 与 τ_b 来判断岩桥是否发生剪切破坏

$$\begin{cases}\sigma_b l_y+\tau_b l_x=A\\ \sigma_b l_x-\tau_b l_y=B\end{cases} \tag{6.86}$$

$$\begin{aligned}A=&\sigma_2(2a_1\sin\beta_1+2a_2\sin\beta_2+l_y)-2a_1(P_1\sin\beta_1+\tau_{\beta_1}\cos\beta_1)\\&-2a_2(P_2\sin\beta_2+\tau_{\beta_2}\cos\beta_2)\end{aligned} \tag{6.87a}$$

$$\begin{aligned}B=&\sigma_1(2a_1\cos\beta_1+2a_2\cos\beta_2+l_x)-2a_1(P_1\cos\beta_1-\tau_{\beta_1}\sin\beta_1)\\&-2a_2(P_2\cos\beta_2-\tau_{\beta_2}\sin\beta_2)\end{aligned} \tag{6.87b}$$

解得

$$\begin{cases}\sigma_b=(Bl_x+Al_y)/(l_x^2+l_y^2)\\ \tau_b=(Al_x-Bl_y)/(l_x^2+l_y^2)\end{cases} \tag{6.88}$$

依据莫尔-库仑强度准则，当达到以下条件时，岩桥发生剪切破坏

$$\tau_b \geqslant c_b^{\mathrm{T}}+\sigma_b\tan\phi^{\mathrm{T}} \tag{6.89}$$

因冻结作用岩石的抗剪强度会增加，忽略抗拉强度受冻结过程的影响。考虑冻结强化效应，剪切破坏准则如图 6.27 所示。

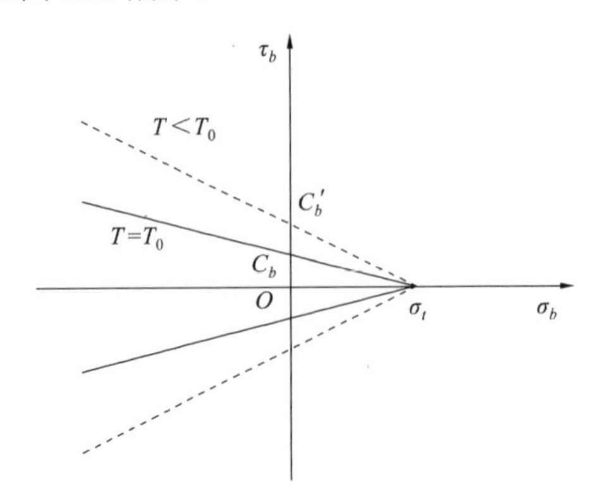

图 6.27　冻结强化剪切破坏准则

3）拉剪复合贯通

随着翼型裂纹的扩展，岩桥抵抗剪切破坏的能力降低而引起剪断破坏（陈益峰 等，2011；李守巨 等，2007）。拉剪复合贯通模式如图 6.28 所示。

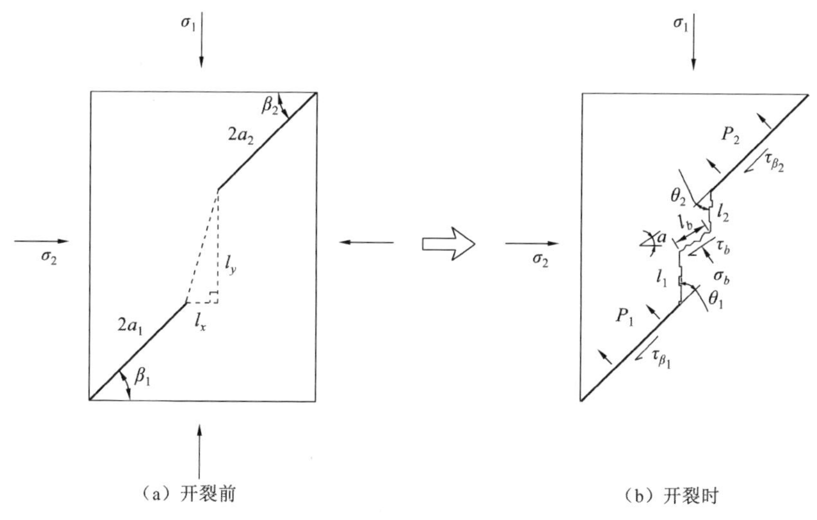

图 6.28　拉剪复合贯通示意图

裂隙面冰压为 P，两主裂隙的长度分别为 2_{a1}、2_{a2}，夹角分别为 β_1、β_2，支裂隙扩展长度分别为 l_1、l_2，扩展裂隙实际为张拉裂纹，其上正应力与剪应力不计。翼型裂纹扩展到一定程度后，中间的岩桥长度为 l_b，裂尖连线角度为 α。

考虑为平面应力问题，根据静力平衡原理，对于所选单元体被裂隙切割的上半部分水平和竖直方向力之和为 0，因此有如下关系

$$\sum F_x = \sum F_y = 0 \tag{6.90}$$

依照图 6.28 所示的应力状态，得

$$\begin{aligned} &2a_1(P_1 \sin\beta_1 + \tau_{\beta_1}\cos\beta_1) + 2a_2(P_2\sin\beta_2 + \tau_{\beta_2}\cos\beta_2) + l_b(\sigma_b\sin\alpha + \tau_b\cos\alpha) \\ &= \sigma_2(2a_1\sin\beta_1 + 2a_2\sin\beta_2 + l_y) \end{aligned} \tag{6.91a}$$

$$\begin{aligned} &2a_1(P_1 \cos\beta_1 - \tau_{\beta_1}\sin\beta_1) + 2a_2(P_2\cos\beta_2 - \tau_{\beta_2}\sin\beta_2) + l_b(\sigma_b\cos\alpha - \tau_b\sin\alpha) \\ &= \sigma_1(2a_1\cos\beta_1 + 2a_2\cos\beta_2 + l_x) \end{aligned} \tag{6.91b}$$

需解出 σ_b 与 τ_b 来判断岩桥是否发生剪切或张拉破坏

$$\begin{cases} \sigma_b\sin\alpha + \tau_b\cos\alpha = A' \\ \sigma_b\cos\alpha - \tau_b\sin\alpha = B' \end{cases} \tag{6.92}$$

$$\begin{aligned} A' = &\frac{\sigma_1}{l_b}(2a_1\sin\beta_1 + 2a_2\sin\beta_2 + l_y) - 2\frac{a_1}{l_b}(P_1\sin\beta_1 + \tau_{\beta_1}\cos\beta_1) \\ &-2\frac{a_2}{l_b}(P_2\sin\beta_2 + \tau_{\beta_2}\cos\beta_2) \end{aligned} \tag{6.93a}$$

$$B' = -\frac{\sigma_1}{l_b}(2a_1\cos\beta_1 + 2a_2\cos\beta_2 + l_x) + \frac{2a_1}{l_b}(P_1\cos\beta_1 + \tau_{\beta_1}\sin\beta_1) - \frac{2a_2}{l_b}(P_2\cos\beta_2 + \tau_{\beta_2}\sin\beta_2) \tag{6.93b}$$

解得

$$\begin{cases} \sigma_b = A'\sin\alpha - B'\cos\alpha \\ \tau_b = B'\sin\alpha + A'\cos\alpha \end{cases} \tag{6.94}$$

随着支裂纹的一步步扩展，岩桥倾角与长度都逐渐减小，依据莫尔–库仑强度准则，当达到以下条件时，岩桥发生剪切破坏。

$$\tau_b \geqslant c_b^{\mathrm{T}} + \sigma_b \tan\phi^{\mathrm{T}} \tag{6.95}$$

6.5.3　一种冻胀裂隙网络扩展算法

裂隙网络的扩展演化是目前岩土工程领域的难点。目前已有不少方法可实现裂隙扩展，但多数仅限于单条裂隙的扩展。总体而言，实现岩体裂隙扩展的常用方法主要包括以下几种。

（1）有限元法。根据强度理论或断裂力学理论预测裂纹扩展路径，重新生成有限元网格。其难点在于扩展网格算法不成熟，编程困难，扩展后建模较为烦琐。ANSYS、Abqus等有限元软件均有相关功能（郭素娟　等，2011；汤连生　等，2002；杨庆生　等，1997）。

（2）等效连续介质法。该方法基于均布裂纹假定，认为裂纹均布于整个开裂单元，本构关系由损伤演化方程控制，采用应变软化理论，扩展过程中有限元网格不变，实质上是考虑损伤弱化效应的等效连续方法（王水林　等，1997；Moyer et al., 1997）。

（3）流形单元法。该方法是以数学覆盖和物理覆盖为基础，结合连续介质与非连续介质分析（DDA）。在求解域的不同地方采用不同的级数展开形式并充分发挥解析法的优点，同时克服经典解析法的缺陷，综合传统有限元法及不连续变形分析方法，使得统一解决连续变形与不连续变形的力学问题成为可能。计算中以有限元网格作数学覆盖，裂纹扩展网格不变。

（4）无网格法。基于函数逼近非插值模拟方式，在节点周围的支撑域内构造近似函数来计算节点值。只需节点不需网格，可将数值解与解析解相结合。如无网格伽辽金方法（element-free Galerkin method，EFGM）是一种典型的无网格法（唐慧云　等，2009；杜义贤，2007；李晓春，2005；寇晓东　等，2000）。

（5）PFC 颗粒流法。该方法是一种特殊的离散单元法，基于离散单元法和岩石细观颗粒模拟理论，用刚性颗粒来模拟岩石中的矿物颗粒，定义颗粒间接触模型判断颗粒连接是否断裂，从散粒介质的微观力学特征出发，把材料的力学相应问题从物理域映射到数学域内进行数值求解（庄林，2006）。

冻岩裂隙扩展的主要驱动力是裂隙间的冻胀压力。因此，冻岩裂隙网络中的裂隙为夹冰裂隙，是双面结构单元。夹冰裂隙考虑裂隙面内含充填物，裂隙单元具有一定的张开度，而非闭合裂隙。冻胀模型中存在三种单元，分别为岩块、裂隙面单元和冰单元。在冻胀荷载和围压作用下，夹冰裂隙通常为压剪应力状态，为 I 型和 II 型复合裂纹。当裂尖应力强度因子达到断裂韧度时，裂纹扩展。在裂纹扩展路径上，原先完整的单元会被切割，发生贯穿破坏，如何实现裂隙扩展区单元的自动重新划分是目前数值模拟的难点。

本章基于拓扑学相关理论，提出一种适合含夹层裂隙网络的扩展演化算法，可实现裂隙扩展参数自动搜集、裂隙扩展路径定义、贯通判断识别、扩展域网格自动更新等功能。裂隙网络扩展演化的主要步骤如图 6.29 所示。

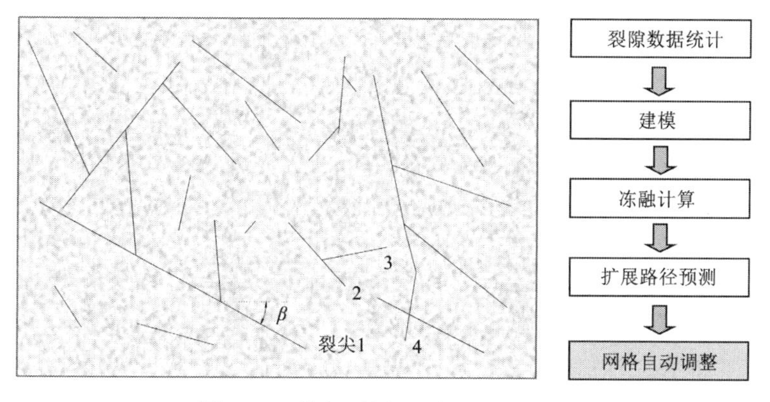

图 6.29　裂隙网络扩展演化一般步骤

1. 基本概念

夹冰裂隙单元为双层二维单元，有一定的张开度，裂尖简化成一个等边三角形，如图 6.30 所示。

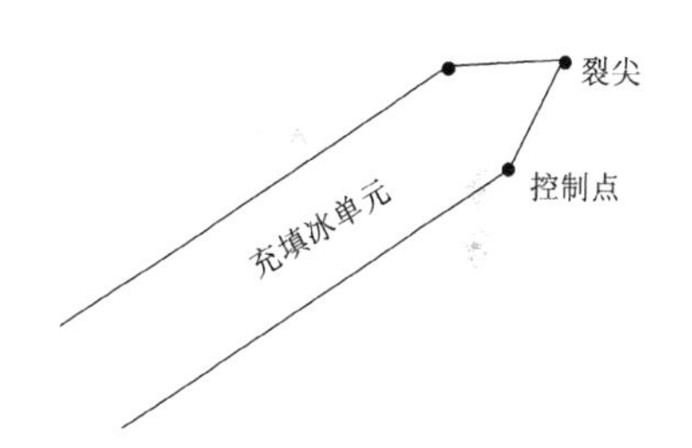

图 6.30　夹冰裂隙几何形态

由复合裂纹扩展理论预测裂纹扩展路径，将裂隙扩展路径所扫略的单元称为扩展域，如图 6.31 所示。被裂隙贯穿的单元发生断裂破坏，通常考虑岩石破坏为脆性断裂破坏。被结构面贯穿的单元体不再满足连续介质条件，需删除并用新的单元代替。扩展域为若干直线段首尾相连形成的闭合平面域。定义一个完整的扩展域由以下几部分组成（图 6.32）。

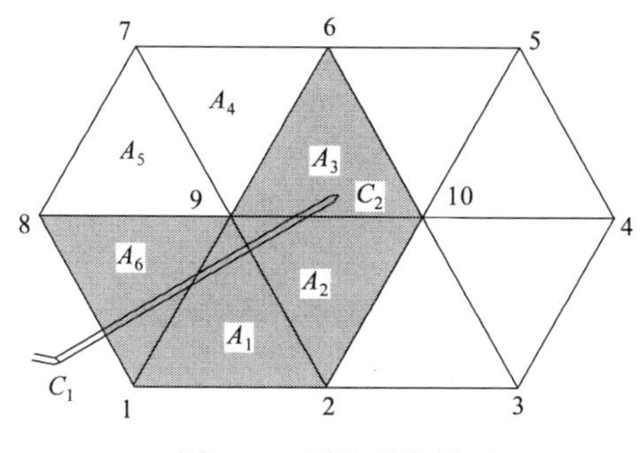

图 6.31　裂隙贯穿单元

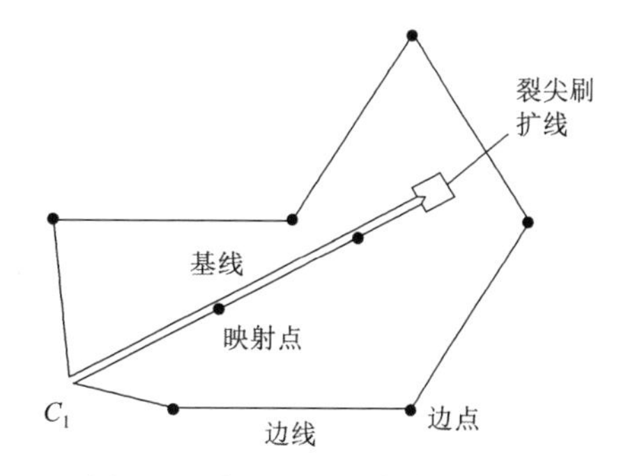

图 6.32　扩展区主要概念示意图

（1）基点：为新生裂隙折线顶点，包括主辅拐点（C_1、C_5），止裂拐点（C_2、C_4），止裂顶点（C_3）。

（2）边点：新生裂隙贯穿单元的节点。

（3）基线：为裂隙本身的线段，包括主基线、辅基线和裂尖基线。

（4）边线：由主副拐点与边点的连线构成。

（5）裂尖刷扩线：为了避免尖端畸形单元产生而设置的辅助线。

（6）映射点：相邻边点按照一定规则在基线上映射而成的点，作为新生单元的节点。

定义基线方向向量为：$\boldsymbol{e}_g=(\cos(\beta+\theta),\sin(\beta+\theta))$，$\beta$ 为原主裂隙的方向角，θ 为新生裂隙扩展角。

如图 6.33 所示，两条裂隙扩展基线为扩展路径上起裂拐点与扩展止点的连线，分为主基线和辅基线。主基线为偏扩展方向一侧的与止裂拐点的连线。根据夹冰裂隙单元的几何特征，当扩展角 $-30°<\theta<30°$ 时，辅基线为辅拐点与另一止裂拐点的连线；当 $\theta\geqslant30°$ 或 $\theta\leqslant-30°$ 时，辅基线为裂尖与止裂拐点的连线。

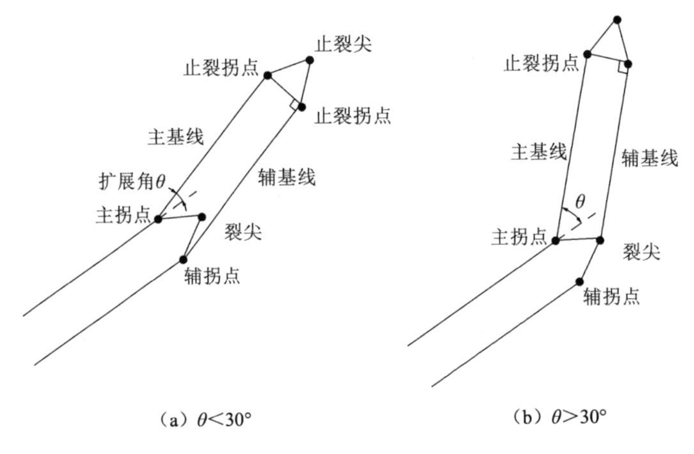

(a) $\theta<30°$　　(b) $\theta>30°$

图 6.33　基线设置

裂隙扩展长度由主基线确定，根据主基线与扩展长度参量定义其中一个止裂拐点。辅基线与主基线平行，由止裂拐点向辅基线做垂线，垂足即为另一个止裂拐点。以两个止裂点为顶点，生成等边三角形从而得到止裂尖位置。需说明的是，翼型裂隙与原主裂隙不一定具有相同的开度，主基线与辅基线也不一定等长。

依据分布位置，将边点划分为 5 个区域，如图 6.34 所示，各区按相位矢量在基线上的投影模量的大小顺序编号。边点的相位矢量是以该边点为终点，以相应分区的起裂拐点为起点的矢量，如图 6.35 中的 $\boldsymbol{C}_1\boldsymbol{M}_1$。

先考察 $\boldsymbol{C}_1$ 为原点的局部极坐标系下的边点分布。如图 6.35 所示，在极坐标系下，$\boldsymbol{e}_g$ 为基线段的方向矢量，规定向量方向角区间为 $0<\phi\leqslant2\pi$。

$$\boldsymbol{C}_1\boldsymbol{M}_i=(x_i^M-x_1^C,\ y_i^M-y_1^C) \tag{6.96}$$

计算其模为

$$\left|\boldsymbol{C}_1\boldsymbol{M}_i\right|=\sqrt{(x_i^M-x_1^C)^2+(y_i^M-y_1^C)^2} \tag{6.97}$$

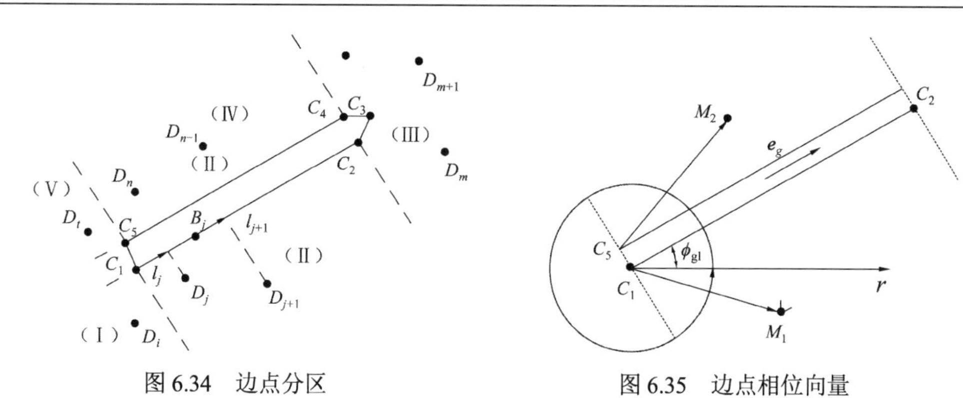

图 6.34　边点分区　　　　图 6.35　边点相位向量

$$
\phi_1(M_i)=\begin{cases}\arccos\left(\dfrac{x_i^M-x_1^C}{\left|\boldsymbol{C}_1\boldsymbol{M}_i\right|}\right), & y_i^M-y_1^C>0\\ \arccos\left(\dfrac{x_i^M-x_1^C}{\left|\boldsymbol{C}_1\boldsymbol{M}_i\right|}\right)+\pi, & y_i^M-y_1^C\leqslant 0\end{cases}\tag{6.98}
$$

定义映射模量$\lambda=\boldsymbol{C}_1\boldsymbol{M}_i\cdot\boldsymbol{e}_g$，映射角为$\psi(M_i)=\phi_1(M_i)-\phi(\boldsymbol{e}_g)$，$\phi(\boldsymbol{e}_g)$为基矢量的方位角，$\phi(\boldsymbol{e}_g)=\beta+\theta$。

（1）若$\lambda\geqslant\left|\boldsymbol{C}_1\boldsymbol{C}_2\right|$，则该点位于 III 区，为裂尖区。

（2）$0\leqslant\lambda<\left|\boldsymbol{C}_1\boldsymbol{C}_2\right|$，$\psi(M_i)<0$时，该点位于 II 区，$\psi(M_i)>0$位于 IV 区，$\psi(M_i)=0$位于基线段 C_1C_2 上。

（3）当$\lambda<0$时，$\psi(M_i)<0$时，该点位于 I 区，$\psi(M_i)>0$位于 V 区。

最后，将各分区的边点，按照映射模量的大小依次排序编号。

2. 扩展域新网格生成

在删除扩展域网格后，需建立新的网格以进行新的运算。按照图 6.36 所示的边点分区，网格生成步骤如下。

（1）I、V 区：以 C_1、C_5 为中心点生成放射状网格。

（2）II、IV 区：以 C_1、C_2、C_4、C_5 边点和相应映射点为顶点，顺次生成三角形网格。

（3）III 区：以 C_3 为中心，边点为顶点生成放射状网格。

（4）分区过渡区：以靠近分界线的边点和相应的基点为顶点生成三角形网格

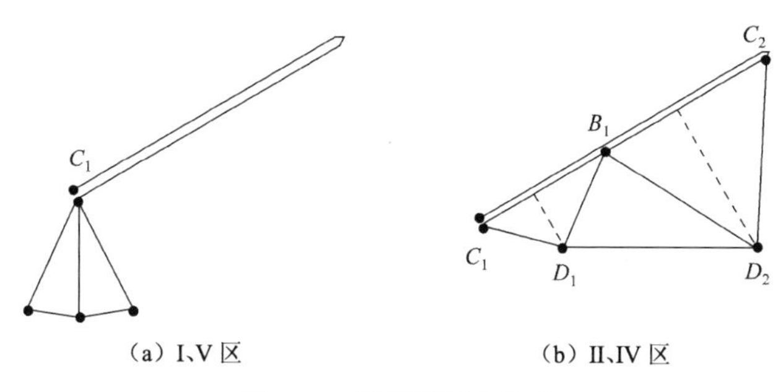

(a) I、V 区　　(b) II、IV 区

图 6.36　扩展域网格生成

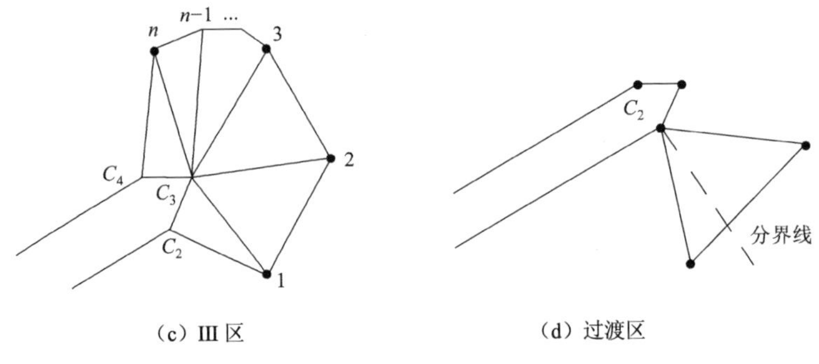

图 6.36 扩展域网格生成(续)

3. 几种特殊情况的处理方法

考虑实际模型网格为三角形或四边形网格的特点,有如下两种特殊情况需要考虑。

(1) 若边点与基线距离过小(图 6.37),d 小于单元最小许可边长 d_0,容易生成畸形单元。这种情况下将该节点删除,该单元的其余节点保留即可。此类单元实际上没有被裂隙扫略面贯穿,为了数值实现便利而做贯穿处理,这类单元可称为“附加贯穿单元”。

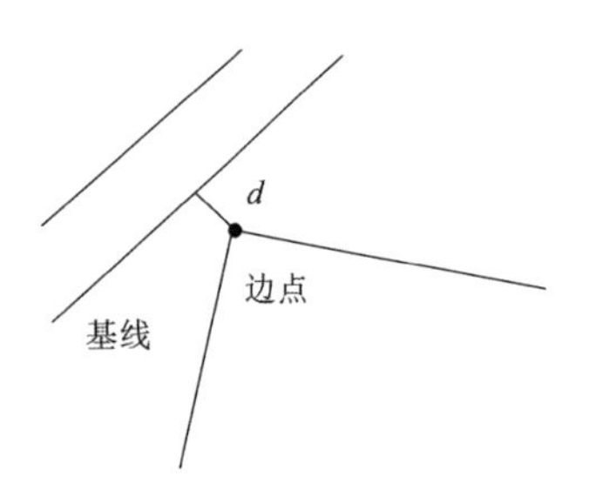

图 6.37 边点靠近基线

(2) 止裂拐点或止裂点与边线距离过小,如图 6.38(a)所示。

这种情况不便于尖端应力集中区网格生成。可在尖端设定尖端辅助刷扩基线,将尖端的删除区范围扩大,如图 6.38(b)所示。

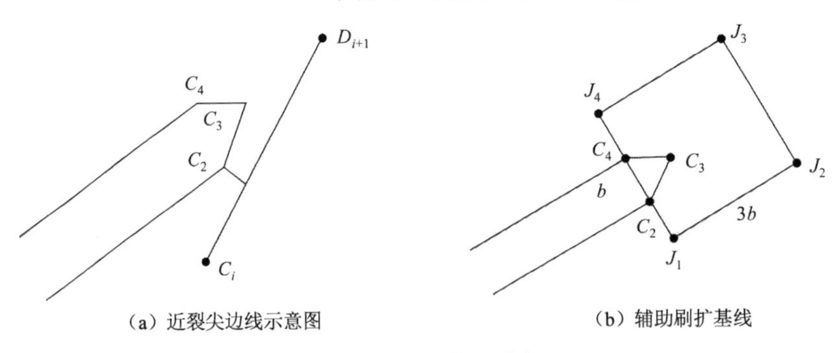

图 6.38 边线靠近裂尖

4. 贯通域单元的识别

原模型的各个单元分别有 3 个或 4 个控制节点,对应的有 3~4 个控制线段。对于单元控制节点与裂隙扩展区基线的位置关系有如下几种。

1)远离裂隙扫略面

此类单元为非贯通单元,只要保证单元所有控制节点都在直基线段一侧并且在尖端弧基线覆盖区外部即可(图 6.39)。

2）位于裂隙扫略面两侧

此为贯通单元，需对此单元执行删除命令，并记录控制节点位置作为边线控制点，为生成新单元做准备（图 6.40）。

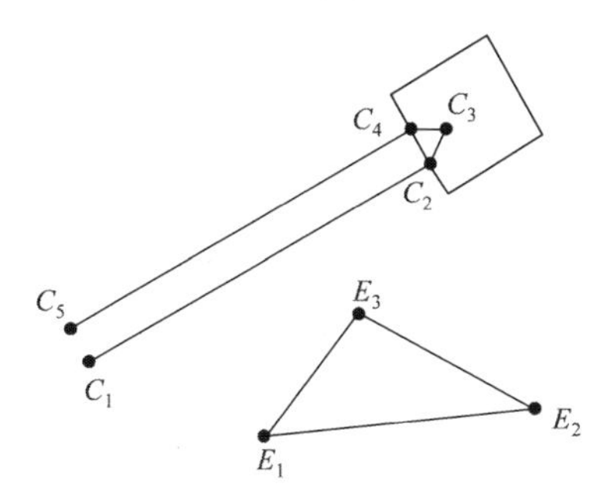

图 6.39　单元远离基线

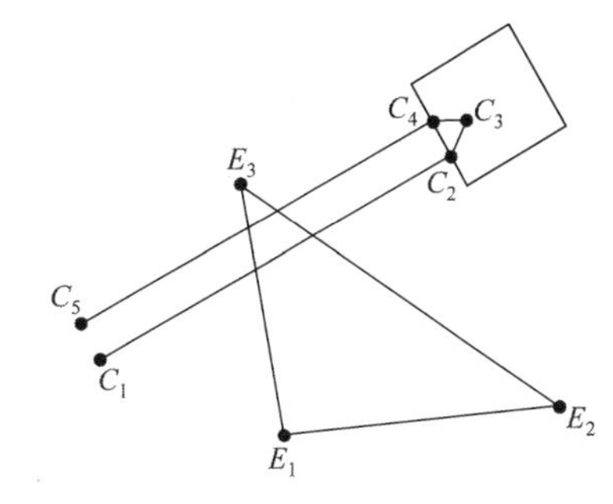

图 6.40　单元位于裂隙扫略面两侧

3）一点或多点位于裂隙扫略面内

此单元为贯穿单元，位于裂隙扫略面内部的点删除，其余点保留做边点（图 6.41）。

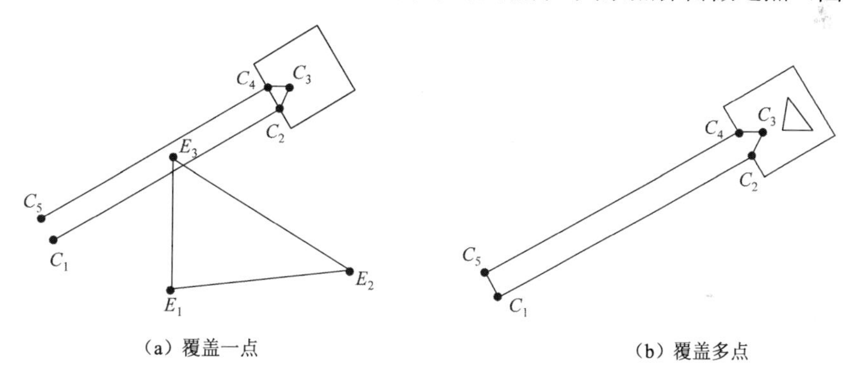

（a）覆盖一点　　　　（b）覆盖多点

图 6.41　一点或多点位于裂隙扫略面内

4）一点或多点位于基线上

实际上为非贯通单元，但是为了保证扩展域的完整性，将基线上的节点删除，其余节点保留做边点（图 6.42）。

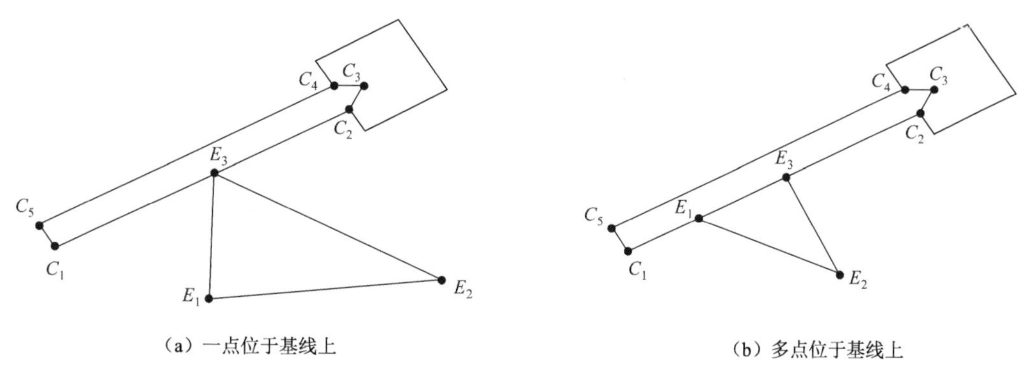

（a）一点位于基线上　　　　（b）多点位于基线上

图 6.42　一点或多点位于基线上

扩展单元判断以线段位置关系为基础。根据拓扑学相关理论，在平面域内，两线段关系主要包括相交、相离、重合、平行或共线非重合。

如图 6.43 所示的线段 V_1、V_2 端点坐标分别为 (x_1, y_1)、(x_2, y_2)，V_3、V_4 端点坐标分别为 (x_3, y_3)、(x_4, y_4)，求交点方程为

$$\begin{cases} x_1+(x_2-x_1)t=x_3+(x_4-x_3)T \\ y_1+(y_2-y_1)t=y_3+(y_4-y_3)T \end{cases} \tag{6.99}$$

式中：t 和 T 为两个参数。

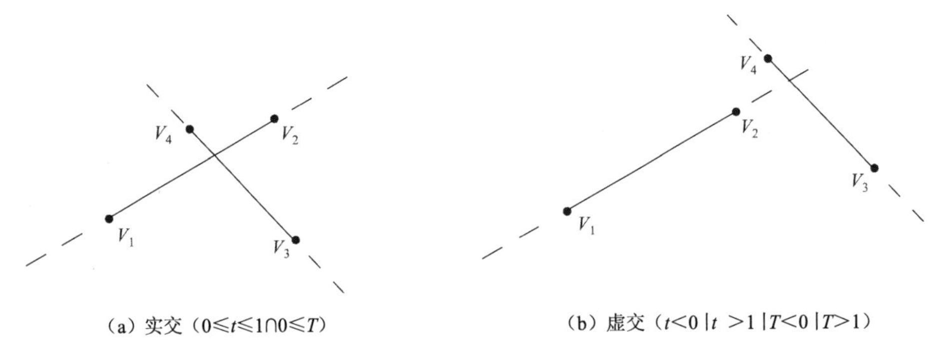

（a）实交（$0\leqslant t\leqslant 1 \cap 0\leqslant T$）　（b）虚交（$t<0 \mid t>1 \mid T<0 \mid T>1$）

图 6.43　两直线段位置关系

行列式表示为

$$\begin{pmatrix} x_2-x_1 & x_3-x_4 \\ y_2-y_1 & y_2-y_1 \end{pmatrix}\begin{pmatrix} t \\ T \end{pmatrix}=\begin{pmatrix} x_3-x_1 \\ y_3-y_1 \end{pmatrix} \tag{6.100}$$

若$\begin{vmatrix} x_2-x_1 & x_3-x_4 \\ y_2-y_1 & y_2-y_1 \end{vmatrix}=0$，则两线段平行或共线。

解出：若 $0\leqslant t\leqslant 1$ 并且 $0\leqslant T\leqslant 1$ 时，两线段有交点。特别地，当解中取等号时，说明交点为线段的某个交点。

按照上述方法，对扫略域的 8 条闭合线段分别与单元的两个控制节点组成的线段求交点，若都不存在交点，则该单元非贯通。若存在交点，则为贯穿单元，记录所有端点坐标信息。若端点位于扫描闭合域内部，则删除该点。

若裂隙扩展到自由边界或其他裂隙交叉，则不需建立裂尖扩展区，将止裂拐点定义在交点即可，如图 6.44 所示。

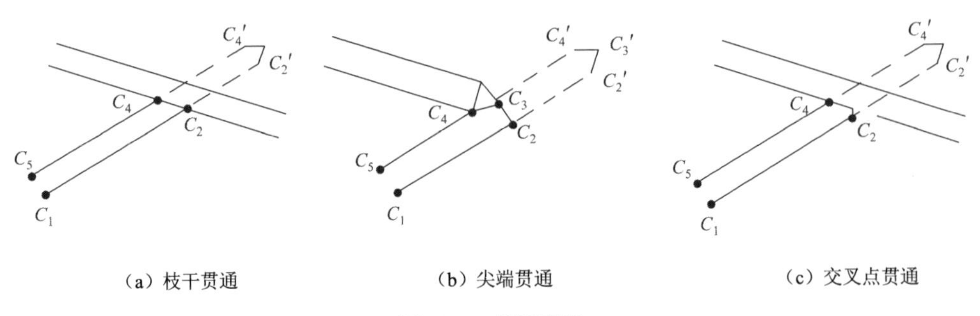

（a）枝干贯通　（b）尖端贯通　（c）交叉点贯通

图 6.44　贯通裂隙

5. 数据存储及程序实现方法

以上扩展算法最终需要通过计算机程序实现，根据离散裂隙分布状态，将每个裂尖所有控制点坐标存储在矩阵中，为

$$A_m^0 = \begin{bmatrix} x_1 & x_2 & x_3 & x_4 & x_5 & \beta^0 & \theta^0 & b \\ y_1 & y_2 & y_3 & y_4 & y_5 & H & L^0 & 0 \end{bmatrix} \tag{6.101}$$

顶点顺序按逆时针方向排列。β 为方位角。需说明的是，存在单条裂隙两个裂尖的情况，此裂隙两裂尖应分别建立存储矩阵。θ 和 L 分别为旧裂隙下一步生成新裂隙的扩展角（局部坐标值）和扩展长度。若裂隙贯通，则尖端消失，此时裂尖顶点消失，x_3，y_3 用 0 代替。同时将 H 赋值为 1，作为识别标示。若存在 n 个裂尖，则存在 n 个 8×2 的矩阵。

运算一定时步后，可根据前面复合裂纹断裂力学理论预测扩展角和扩展长度，由此定义扩展裂纹矩阵为

$$A_m^{0+1} = \begin{bmatrix} x_{C_1} & x_{C_2} & x_{C_3} & x_{C_4} & x_{C_5} & \beta^{0+1} & \theta^{0+1} & b' \\ y_{C_1} & y_{C_2} & y_{C_3} & y_{C_4} & y_{C_5} & 0 & L^{0+1} & 0 \end{bmatrix} \tag{6.102}$$

纯剪切时达最大值 70.53°，实际的扩展角为锐角，坐标迭代公式如下：

（1）$-\pi/6<\theta<\pi/6$ 时

$$\begin{cases} x'_{C_1} = x_{C_2} \\ y'_{C_1} = y_{C_2} \end{cases}, \quad \begin{cases} x'_{C_5} = x_{C_4} \\ y'_{C_5} = y_{C_4} \end{cases}, \quad b' = b\cos\theta \tag{6.103}$$

（2）$\theta \geqslant \pi/6$ 时

$$\begin{cases} x'_{C_1} = x_{C_3} \\ y'_{C_1} = y_{C_3} \end{cases}, \quad \begin{cases} x'_{C_5} = x_{C_4} \\ y'_{C_5} = y_{C_4} \end{cases}, \quad b' = b\cos\left(\theta - \frac{\pi}{6}\right) \tag{6.104}$$

（3）$\theta \leqslant \pi/6$ 时

$$\begin{cases} x'_{C_1} = x_{C_2} \\ y'_{C_1} = y_{C_2} \end{cases}, \quad \begin{cases} x'_{C_5} = x_{C_3} \\ y'_{C_5} = y_{C_3} \end{cases}, \quad b' = b\cos\left(\theta + \frac{\pi}{6}\right) \tag{6.105}$$

$$\beta' = \beta + \theta \tag{6.106}$$

$$\begin{cases} x'_{C_4} = x'_{C_5} + L\cos\beta' \\ y'_{C_1} = y'_{C_2} + L\sin\beta' \end{cases} \tag{6.107a}$$

$$\begin{cases} x'_{C_2} = x'_{C_4} + b'\cos(\beta' - \pi/2) \\ y'_{C_2} = y'_{C_4} + b'\sin(\beta' - \pi/2) \end{cases} \tag{6.107b}$$

$$\begin{cases} x'_{C_3} = x'_{C_4} + b'\cos(\beta' - \pi/6) \\ y'_{C_3} = y'_{C_4} + b'\sin(\beta' - \pi/6) \end{cases} \tag{6.107c}$$

裂尖刷扩区控制点

$$\begin{cases} x'_{J_1} = x'_{C_2} + b'\cos(\beta' - \pi/2) \\ y'_{J_1} = y'_{C_2} + b'\sin(\beta' - \pi/2) \end{cases} \tag{6.108a}$$

$$\begin{cases} x'_{J_2} = x'_{J_1} + 3b'\cos\beta' \\ y'_{J_2} = y'_{J_1} + 3b'\sin\beta' \end{cases} \tag{6.108b}$$

$$\begin{cases} x'_{J_4} = x'_{C_4} + b'\cos(\beta' + \pi/2) \\ y'_{J_4} = y'_{C_4} + b'\sin(\beta' + \pi/2) \end{cases} \tag{6.108c}$$

$$\begin{cases} x'_{J_3} = x'_{J_4} + 3b'\cos\beta' \\ y'_{J_3} = y'_{J_4} + 3b'\sin\beta' \end{cases} \tag{6.108d}$$

依据以下基本方程判断两线段交点

$$\begin{cases} x_1 + (x_2 - x_1)t = x_3 + (x_4 - x_3)T \\ y_1 + (y_2 - y_1)t = y_3 + (y_4 - y_3)T \end{cases} \tag{6.109a}$$

$$\begin{pmatrix} x_2 - x_1 & x_3 - x_4 \\ y_2 - y_1 & y_2 - y_1 \end{pmatrix}\begin{pmatrix} t \\ T \end{pmatrix} = \begin{pmatrix} x_3 - x_1 \\ y_3 - y_1 \end{pmatrix} \tag{6.109b}$$

若$\begin{vmatrix} x_2 - x_1 & x_3 - x_4 \\ y_2 - y_1 & y_2 - y_1 \end{vmatrix} \neq 0$，则平行，可得

$$t = \frac{\begin{vmatrix} x_3 - x_1 & x_3 - x_4 \\ y_3 - y_1 & y_2 - y_1 \end{vmatrix}}{\begin{vmatrix} x_2 - x_1 & x_3 - x_4 \\ y_2 - y_1 & y_2 - y_1 \end{vmatrix}}, \qquad T = \frac{\begin{vmatrix} x_3 - x_1 & x_3 - x_1 \\ y_3 - y_1 & y_2 - y_1 \end{vmatrix}}{\begin{vmatrix} x_2 - x_1 & x_3 - x_4 \\ y_2 - y_1 & y_2 - y_1 \end{vmatrix}} \tag{6.110}$$

执行条件语句：

如果0≤t≤1且0≤T≤1，则两线段有交点交点，坐标为$x_1 + (x_2 - x_1)t$，$y_1 + (y_2 - y_1)t$，否则无交点。

计算扩展过程需经如下步骤。

（1）裂隙贯通判断。①以裂隙扫略域的控制线段分别进行循环计算，若与其他裂隙线段或边界线无交点，则说明未贯通；②若主基线与其他裂隙线段相交，则取 t 最小的交点为止裂点，替换原坐标。

（2）单元遍历循环。以建立单元指针变量，对非冰体的网格进行循环，调取该单元的控制节点坐标，按照6.3.5节的分析方法得出边点坐标，并顺次编号储存坐标信息。

（3）边点排序，按照6.4.2节所述方法，将搜集的边点顺次排序。

（4）顺次生成映射点坐标。

（5）生成新网格并进行单元参数赋值，进行后续计算。

计算扩展步骤如图6.45所示。

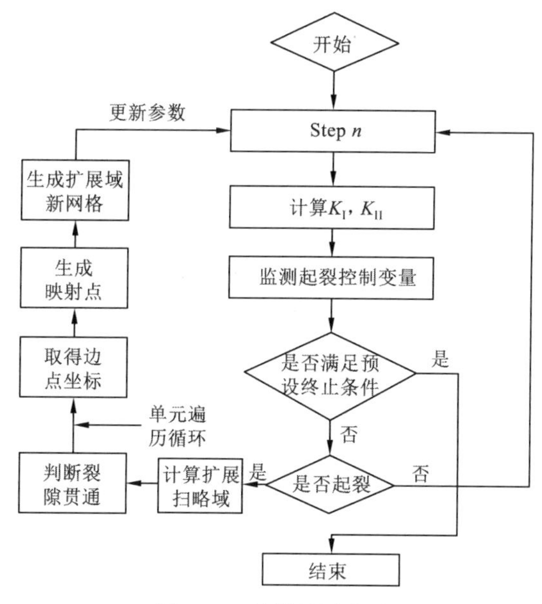

图 6.45 计算扩展步骤

6.5.4 实例分析——基于 FLAC 3D 的扩展模拟

1. 建模方法

FLAC 3D采用显式拉格朗日算法和混合–离散分区技术,能较为准确地模拟岩石材料的变形特征。无须形成刚度矩阵,基于较小内存空间就能够求解大范围的三维问题。但是其前处理功能较差,不便于建立复杂模型。ANSYS 目前已成为应用广泛的工程计算有限元软件,它将 CAD、CAE、CAM 等图像处理工具的优点结合为一体,提供了可方便建立复杂模型的平台。ANSYS 内置的布尔运算工具可以实现多个几何实体之间的加、减、分类、搭接、黏结和分割等复杂运算,大大提高了建立复杂模型的效率。此外,ANSYS 提供了多种实体模型的网格划分工具,如单元大小和形状的控制、网格的划分类型(自由和映射等)及网格的清除和细化,可划分合理的网格单元。ANSYS 还可输出各单元节点坐标及单元信息 NODE.dat 和 ELE.dat 文件,供其他软件调用。这为 ANSYS 建模划分网格之后导入 FLAC 3D 软件进行计算提供了便利途径(Kang et al., 2012; 刘心庭 等, 2010)。

采用 ANSYS 建立含多裂隙岩体的初始冻胀模型并划分网格,之后将模型导入 FLAC 3D 进行计算,根据裂隙扩展枝展算法,实现冻胀裂隙扩展。初始裂隙模型建立需经历以下步骤(伍永平 等, 2011; 廖秋林 等, 2005; 胡斌 等, 2005)。

(1)统计岩体及裂隙分布的产状信息,将岩体边界、裂隙等描绘在 AutoCAD 中,并保存为 dxf 格式数据文件。

(2)通过数据转换程序生成的关键点数据文件 dxf.inp,并进行编辑,最终生成可供 ANSYS 读取的 APDL 程序文件。

(3)ANSYS 导入 APDL 程序文件,并进行布尔操作生成三维模型,清除多余点、线。

(4)划分网格,局部进行网格细化处理。首先对需剖分的几何实体部分(区分夹冰裂隙与岩石基质）分别赋予不同的材料属性，以便进行分组，通过扫略（sweep）、映射（map）、自由剖分等网格剖分方式，对几何实体模型进行离散化，最终获得包含分组信息的网格模型。

（5）旋转坐标系。ANSYS 中默认的工作平面是 *X-Y*，而 FLAC 3D 的默认的工作平面是 *X-Z*，在 ANSYS 中建立一个局部坐标系并激活。输入以下命令流：

```
WPCSYS,1,0;
WPROTA,0,-90,0;
CSYS,WP;
```

（6）读取 ASYStoFLAC 3D 文件（刘海棠），运行得到单元信息及节点信息数据文件，并将其复制到 ANSYS-FLAC 3D 软件文件，运行 ANSYS_TO_FLAC3D.exe，便可得到 FLAC 3D 模型文件。

（7）FLAC 3D 读取模型文件，并在冰体与裂隙面内生成 interface 单元。

建模及运算程序如图 6.46 所示。

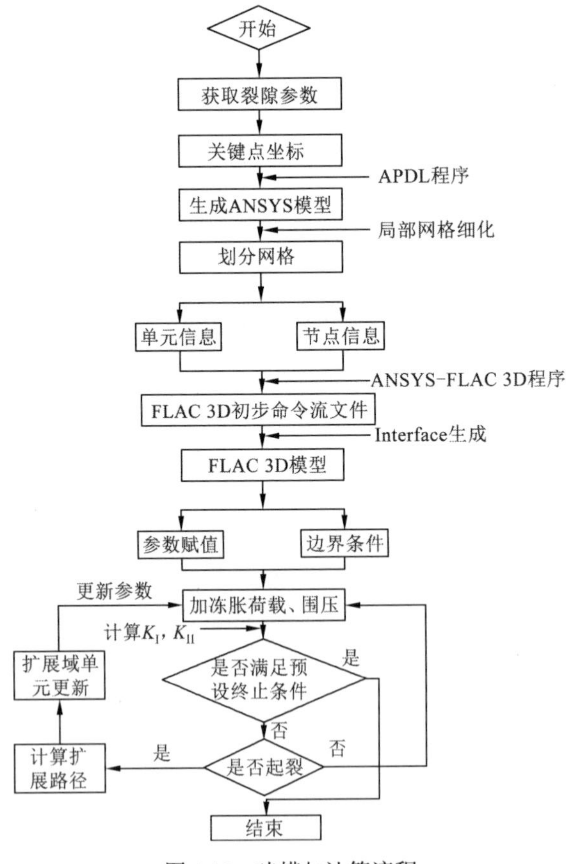

图 6.46　建模与计算流程

以 3.4.3 节的模型为例进行模拟分析，夹冰裂隙 Interface 单元分布状态如图 6.47 和图 6.48 所示，编号分别为 1、2、3，相应裂尖的编号为 1-1、1-2、2-1、2-2、3-1、3-2。模型主要的力学和热学参数见表 6.2。

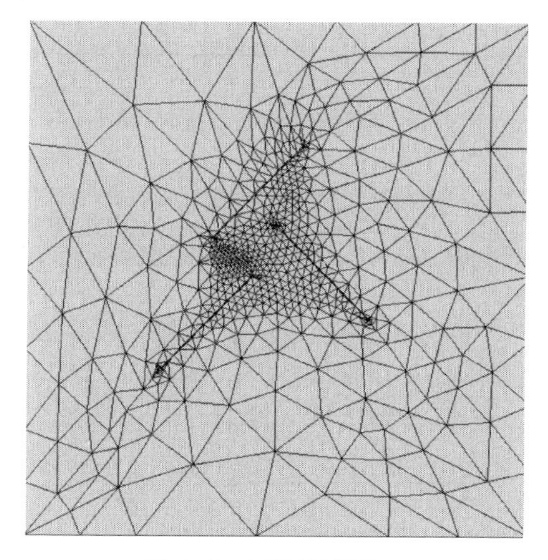

图 6.47　初始模型图

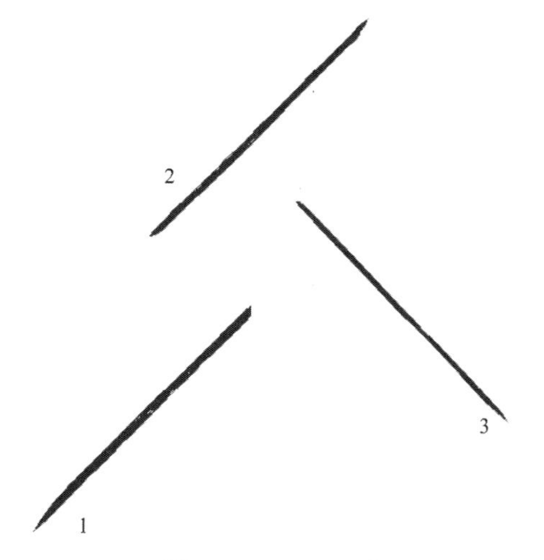

图 6.48　interface 单元

表 6.2　力学与热学主要参数

材料	密度 /(kg/m³)	体积模量 /MPa	剪切模量 /MPa	内摩擦角	黏聚力 /MPa	抗拉强度 /MPa	比热容 /(kJ/(kg·℃))	热膨胀系数/℃⁻¹	热传导系数 /(W/(m·℃))
岩	2.41×10^{3}	14.1×10^{3}	8.87×10^{3}	35°	4.0	0.5	0.84	5.4×10^{-6}	2.67
冰	0.92×10^{3}	52	17.4	20°	3.5	0.4	4.20	−0.001 5	4.20

初始温度 0℃，冰点−2℃，设定冻结温度−20℃。

计算裂隙扩展关键在于裂隙尖端扩展的角度及长度。依照本章前面对裂隙扩展的理论分析可知，要得出扩展方向及扩展长度，需要计算出各个裂隙尖端的应力强度因子 $K_{\mathrm{I}}^{\mathrm{e}}$ 和 $K_{\mathrm{II}}^{\mathrm{e}}$。

$$K_{\mathrm{I}}^{\mathrm{e}}=\sum_{i=1}^{n}\frac{p_i A_i}{2\sqrt{\pi a}}\sqrt{\frac{a+x_i}{a-x_i}}+\frac{\tau_i A_i}{2\sqrt{\pi a}}\left(\frac{\kappa-1}{\kappa+1}\right) \tag{6.111a}$$

$$K_{\mathrm{II}}^{\mathrm{e}}=\sum_{i=1}^{n}\frac{p_i A_i}{2\sqrt{\pi a}}\left(\frac{\kappa-1}{\kappa+1}\right)+\frac{\tau_i A_i}{2\sqrt{\pi a}}\sqrt{\frac{a+x_i}{a-x_i}} \tag{6.111b}$$

式中：$K_{\mathrm{I}}^{\mathrm{e}}$ 和 $K_{\mathrm{II}}^{\mathrm{e}}$ 为等效应力强度因子，可通过 FISH 函数遍历 interface 单元计算得出；p_i 和 τ_i 分别为裂隙单元的正应力与剪应力；A_i 为单元面积；b 为模型 y 方向的尺寸；$\kappa=\dfrac{3-\nu}{1+\nu}$；$H^{\mathrm{s}}$ 为符号函数，判断扩展角的方向

$$H^{\mathrm{s}}(\tau_{\mathrm{s}})=\begin{cases}1, & \tau_{\mathrm{s}}\geqslant 0\\ -1, & \tau_{\mathrm{s}}<0\end{cases} \tag{6.112}$$

即 $\tau_{\mathrm{s}}>0$ 时，扩展角逆时针方向，反之，沿顺时针扩展。

$$\theta_0=\begin{cases}2\arctan\left[\dfrac{K_{\mathrm{I}}\pm\sqrt{K_{\mathrm{I}}^2+8K_{\mathrm{II}}^2}}{4K_{\mathrm{II}}}\right], & K_{\mathrm{II}}\neq 0\\ 0, & K_{\mathrm{II}}=0\end{cases} \tag{6.113}$$

取 θ_0 与 K_{II} 异号

$$L=\frac{4}{\pi K_{\mathrm{IC}}^2}\sum_{i=1}^{n}A_i^2(\tau_{si}\cdot\sin\theta_0+P_i\cos\theta_0)^2 \tag{6.114}$$

计算中取断裂韧度 $K_{\mathrm{IC}}=4.0\times10^5\ \mathrm{Pa\cdot m^{1/2}}$。

2. 冻胀裂隙扩展模拟

编写 FISH 函数对各裂隙尖端独立计算应力强度因子，独立得出扩展参量值。分别执行各裂隙尖端的扩展参数函数，并依据计算式得出各裂隙的扩展方向和扩展长度。按照前文提出的算法和扩展步骤，首先判断贯通裂隙，如图 6.49 和图 6.50 所示。

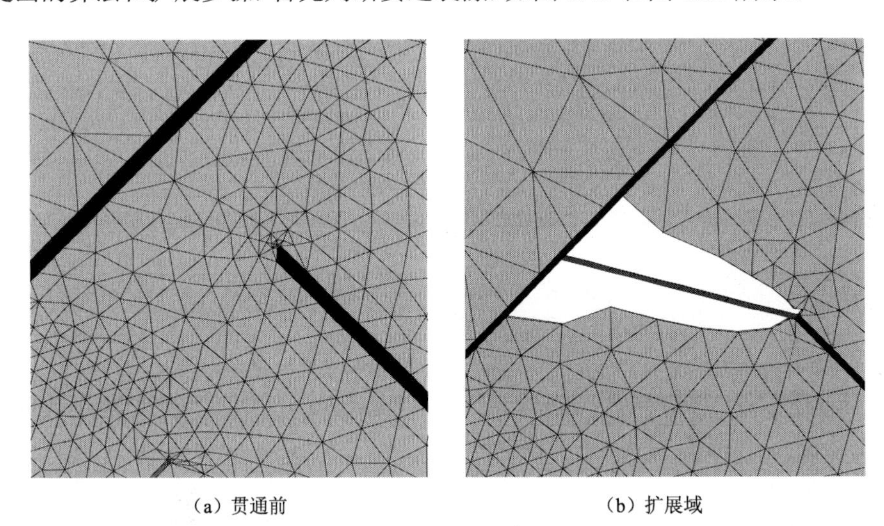

（a）贯通前　　（b）扩展域

图 6.49　贯通裂隙判断

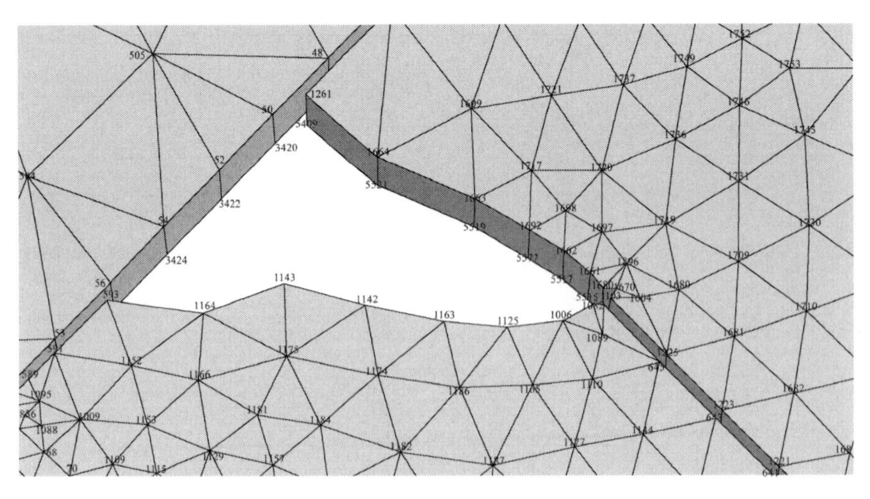

图 6.50　扩展域单元删除后

依照 6.5.3 节算法，分别生成裂隙扫略面及映射点，生成扩展域新网格单元，如图 6.51（a）所示。

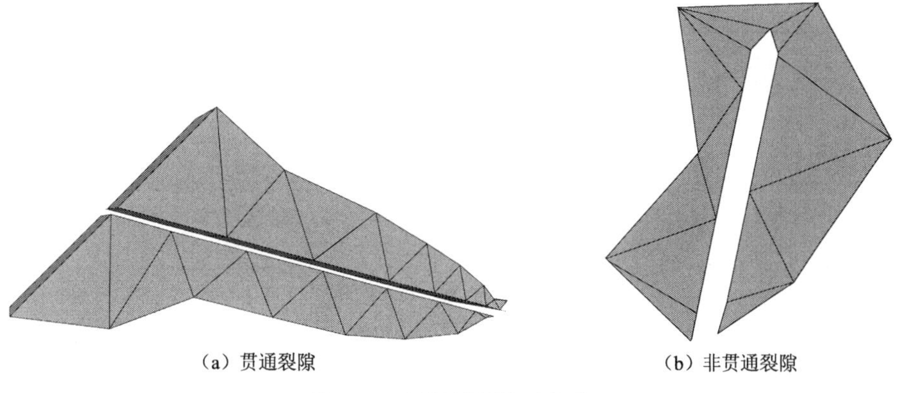

（a）贯通裂隙　　（b）非贯通裂隙

图 6.51　扩展域新单元生成

非贯通裂隙尖端按照 6.5.3 节算法，定义止裂尖端的位置及形状，如图 6.52 所示。

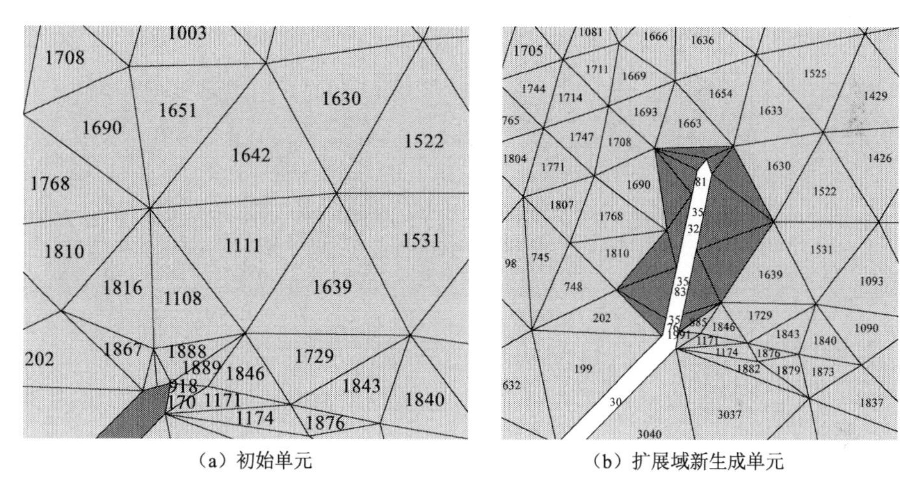

（a）初始单元　　（b）扩展域新生成单元

图 6.52　非贯通裂隙扩展域

最后，生成一次扩展后的新模型如图 6.53 所示。在对新生单元进行材料参数定义赋值后，就可进行后续运算。

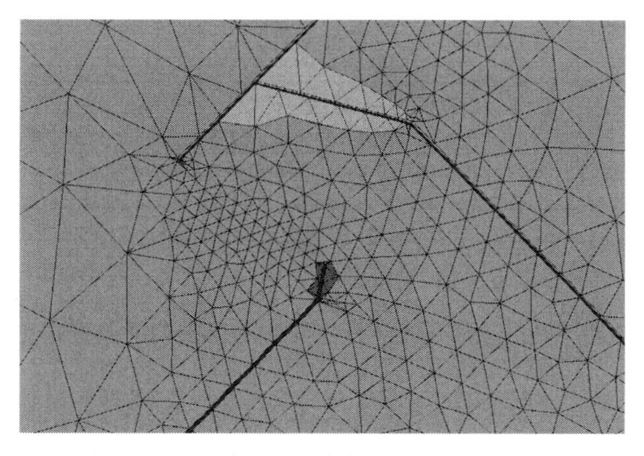

图 6.53　裂隙扩展后

3. 讨论

裂隙扩展及裂隙网络演化是目前岩土工程领域的研究热点和难点。目前关于岩体裂隙扩展的方法比较多，不少研究者采用不同的方法实现了岩体裂隙扩展，如离散单元法、流形元法、无网格法、有限元重新划分网格法等，都是典型的数值方法。各种方法基于不同的力学理论，实现扩展的途径各异。

本章提出的冻胀裂隙扩展算法是基于严谨的理论基础，可对裂隙扩展区单元进行自动识别删除，计算过程中可实现自动判别扩展条件及参数，并更新扩展域网格。

本章给出的分析案例只包含 3 条裂隙，是运用新算法进行裂隙网络演化分析的一次尝试。实际的岩体裂隙网络远比本章案例复杂，数量庞大，分布形态千变万化。需要借助计算软件编程，对裂隙网络演化进行系统计算分析。相信本章的算法对于复杂的裂隙网络也具有较好的适用性。

诚然，本章的算法实际上为二维状态，也需在工程运用中不断改进，以提高运算效率和合理性，如何扩展到三维裂隙网络也需进一步研究。

6.6 小　　结

岩体冻融损伤主要表现为水分的冻胀融缩作用引起裂隙扩展和贯通，从而对工程岩体的宏观力学特性产生显著影响。目前关于岩体冻融损伤的研究鲜有关于冻胀裂隙网络扩展演化的。

本章经过严格推导给出了以纵波波速和孔隙率双物理参数为变量表示的动弹性模量，进而利用动弹性模量定义损伤变量、并与岩石疲劳损伤模型相结合对岩石的冻融损伤程度进行量化评价，最后通过实例说明了该损伤变量的适用性及对岩石力学强度冻融劣化较好的预测效果。

基于 Griffith 断裂理论，得出冻胀力和围压共同作用下的翼型裂纹起裂条件、扩展方向和扩展长度计算公式，并分析了三种裂隙贯通模式：张拉贯通、剪切贯通和拉剪复合贯通。基于拓扑学相关理论，提出了一种适合二维冻胀裂隙网络扩展演化的算法，可实现裂隙贯通判断、扩展域破坏单元的识别、网格自动更新等功能。

采用 ANSYS 建立含多裂隙岩体模型，通过接口转换程序导入 FLAC 3D 中进行冻胀计算。基于理论分析成果，编制 FISH 程序，得出一次冻融循环后冻胀裂隙的扩展方向及扩展长度。运用本章提出的算法，进行了一次冻胀扩展模拟尝试，结果表明：该算法在冻胀裂隙扩展网格处理上具有较好的适用性。该算法在岩体裂隙网络演化模拟方面具有一定的创新意义，也为研究岩体冻融损伤问题开辟了重要途径。

第7章 低温工程数值模拟与冻害防治—工程实例

7.1 引 言

本章拟运用前文取得的研究结论，结合工程实例对低温储气库冻胀变形和冻深变化规律进行模拟，并分析寒区隧道在低温冻融环境下的冻胀变形规律及稳定性。

（1）液化石油气和液化天然气低温储气库运营稳定性问题涉及低温岩体工程领域。在低温环境下，储气库围岩骨架冷缩，内部水分冻胀，都可能对岩体稳定性产生威胁。含水率是影响冻胀效应的重要参数，若含水率较低，岩体整体变形以骨架冷缩为主，不会产生显著的冻胀效应。本章根据一个低温储气库的工程实例，分干燥、饱和、非饱和等多种情况，分别对降温过程中的围岩位移及温度场的变化规律进行模拟。

（2）乌鞘岭隧道位于祁连山高寒亚干旱区，年平均气温 12.4℃，最低气温达−24℃，温差大，冰冻期长达4～5个月，为典型的季节性冻岩隧道。

（3）以青藏铁路昆仑山隧道冻害防治设计工程为例，介绍寒区隧道冻害防治方法和技术。

隧道冻害有不同的表现形式。一般而言，隧道洞口受外界气温变化的影响最为明显，也是最易发生冻害的地方。抗冻性还与围岩的初始裂隙发育程度、岩性、地下水及岩石自身强度等因素相关。考虑温度变化、地应力等因素研究乌鞘岭隧道洞口端冻胀融缩作用下的位移场、温度场、应力场等分布变化规律，并研究未冻区、正冻区和已冻区的划分方法。

7.2 低温储气库冻胀变形模拟

液化石油气、液化天然气等能源地下低温储库涉及低温岩体稳定性问题。在零下几十度的低温环境下，岩石基质收缩，而水分冻结会膨胀。因此，低温储气库围岩的变形特征受岩石孔隙度、饱和度等多种因素的影响。

含水率对岩体的冻胀作用有重要影响，前文试验也已证实：干燥岩样随着降温只发生冷缩，而饱水岩样发生显著的冻胀效应。本章拟通过实例模拟低温储气库在饱和度 S_r 为0、1、0.4、0.8四种工况下，分别对低温储气库围岩的变形进行模拟分析。

引用查尔姆斯理工大学2002年进行的低温储气库实测的变形及温度数据，通过数值模拟，采用前文取得的研究成果，对低温储气库的围岩稳定性进行分析。

（1）考察含水率对冻胀位移的影响；

（2）不同冻结温度及冻结历时条件下，岩壁的变形规律；

（3）围岩（含裂隙）应力场分布规律；

（4）与现场监测结果进行对比；

（5）验证 freeze 模型。

7.2.1 工程概况

查尔姆斯理工大学的试验储气库位于地下 70 m，分为 A 库和 B 库两个试验库。A 库无衬砌，用于压缩气体存储；B 库为无衬砌的冷却储库。B 库为圆柱形，直径 7±0.5 m，高 15±0.5 m，如图 7.1 所示。本章以 B 库为例进行模拟分析。

B 库的围岩为含片麻岩的花岗闪长岩，三组特征节理组，分别为 N130°/ W80°、N240°/ N50°，另一组近水平分布，大部分节理面光滑，充填物为方解石。储库岩壁内安装了温度计、应变计、表面位移计等测试元件。

现场试验降温过程为：初始岩壁面的温度为 10℃，第 1 步降至 0℃，保持 80 天不变化，从 0℃～−40℃分为 4 步，每次降 10℃且持续 14 天，在 40℃保持 40 天，然后升温，试验一个循环共 415 天，降温期约 200 天，升温期约 215 天（Glalnheden et al., 2002）。

B 库温度随深度的变化曲线如图 7.2 所示。实测岩壁内最大冻深 6.75 m，最大径向变形为 10.5 mm，在平行于主节理组的方向测得。

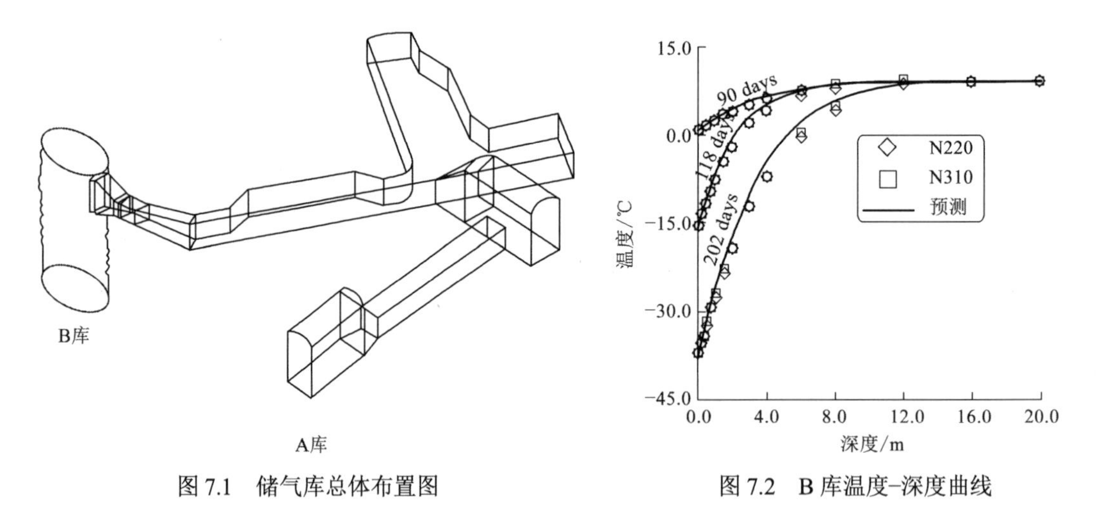

图 7.1　储气库总体布置图　　图 7.2　B 库温度–深度曲线

7.2.2 数值模拟

利用 FLAC 3D 建模，计算模型尺寸 100 m×75 m×75 m，储气库硐室尺寸为高 15.5 m、直径 7.5 m 的圆柱形腔体，位于模型中心，剖面如图 7.3 所示。建模时考虑围岩中的三条主要裂隙。两条竖直（N130°/W80°、N240°/ N50°），一条水平，经过适当简化，裂隙单元分布如图 7.4 所示。

依据文献 De Gennes（1985）提供的围岩力学参数，模型采用的初始力学和热学参数见表 7.1。

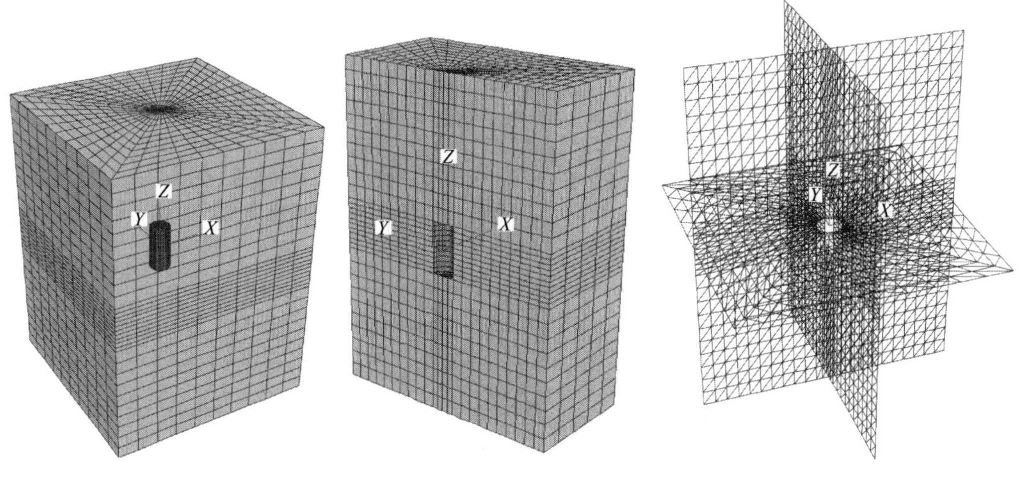

图 7.3　计算模型　　　　图 7.4　裂隙面

表 7.1　岩石主要初始参数值

参数	重度 /（kN/m^3）	弹性模量 /MPa	泊松比	内摩擦角	黏聚力 /MPa	抗拉强度 /MPa	抗压强度 /MPa	比热容 /[kJ/（Kg·℃）]	热膨胀系数 /（$℃^{-1}$）	导热系数 /[W/（m·℃）]
初始值	26.89	4.2×10^4	0.23	40°	4.5	2.0	20	602.3	4.28×10^{-6}	2.67

参照文献 De Gemnes（1985）提供的参考数据，裂隙单元主要参数见表 7.2。

表 7.2　裂隙单元主要参数值

参数	法向刚度/（GPa/m）	剪切刚度/（Gpa/m）	抗拉强度/MPa	黏聚力/MPa	摩擦角
数值	76	38	0	0	36.5°

开挖前预先达到力平衡状态，开挖之后再计算到二次平衡，之后进行降温试验。为考察降温对围岩温度场和变形的影响，降温前先对围岩的位移进行初始化（清零）。

降温过程和现场试验降温步骤一致。岩壁初始温度为 10℃，第一步降至 0℃，保持 80 天；然后从 0～−40℃分 4 次逐步降温，每次降 10℃持续 14 天，并在最后一次−40℃维持温度 40 天。分 4 种工况进行计算。干燥时仅体现岩石骨架的热胀冷缩变形特征。降温时围岩冷缩会对应力场和位移产生影响。

1、工况一：$S_r=0$

不考虑围岩水分的冻胀变形，岩石变形以热胀冷缩为主，不考虑冻胀效应，采用 Mohr-Coulomb 模型。并对岩壁一点 *A*（坐标：3.75，0，0）的径向水平位移进行监测。冻结过程中 *A* 的径向位移如图 7.5 所示。

降温过程中 *A* 点径向位移始终为正值，因围岩发生了收缩变形，最大位移量约 6.5 mm。每次调整温度位移速率变化不明显，位移曲线整体上表现出较好的冷缩性质。温度场分布如图 7.6 所示，−2℃对应的深度约 6.5 m。

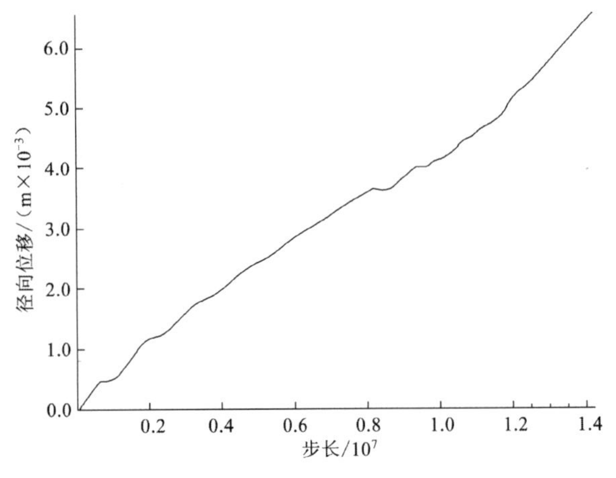

图 7.5　*A* 点径向位移变化趋势

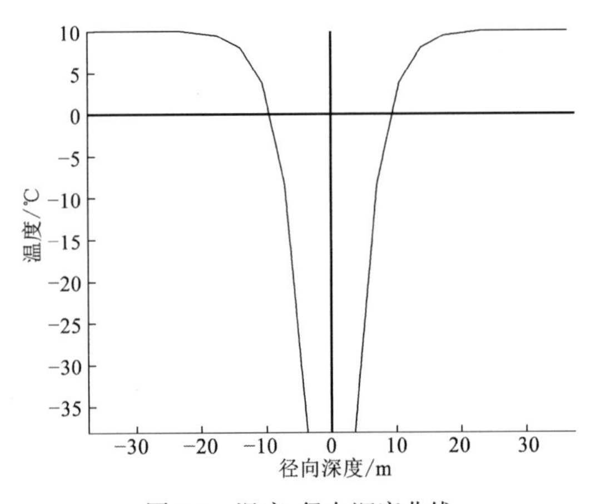

图 7.6　温度-径向深度曲线

最大与最小主应力分布如图 7.7 所示。

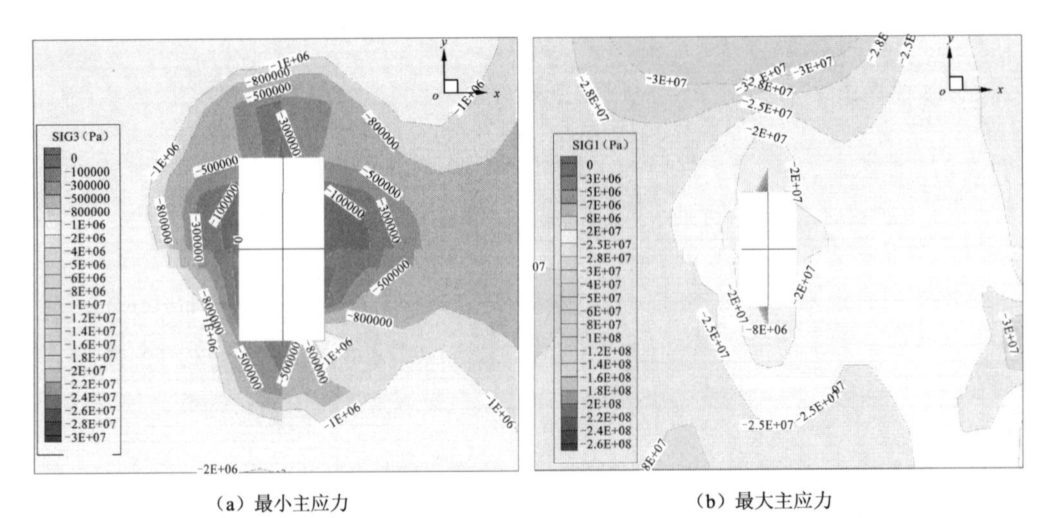

（a）最小主应力　（b）最大主应力

图 7.7　$y=0$ 裂隙界面附近的主应力分布状况（以压应力为正）

2、工况二：$S_r=1.0$

此工况需考虑水分的冻结膨胀作用。花岗岩的孔隙度 n 一般在 0.5%～1.5%，本章取 1.5%，饱和度 $S_r=1$。设自由状态下水冻结成冰体积膨胀系数为 β，有效冻结温度范围为 T_e～T_0。采用 freeze 模型，计算等效黏度系数，借助 FISH 函数以式（7.1）对单元施加静水拉应力，表征冻胀力。每隔 1 天进行一次单元遍历循环，根据温度调整一次冻胀力函数

$$P_V=\frac{E}{3}\left[\frac{\beta K_i}{K_s S_r+K_i}\right]\cdot\frac{C_s\rho_s(T_s-T_0)}{L\rho_w}\tag{7.1}$$

$$\eta=\frac{(1-n)\ EC_s\rho_s}{\lambda_{wi}}\tag{7.2}$$

本案例取有效冻结温度范围为（−2～−40℃）。设冰点−2℃，围岩力学参数随温度变化，编制 FISH 函数，降温过程中隔 1 天进行一次单元遍历循环，判断单元是否进入冻胀模式，并对相应参数进行动态调整。逐步分级降温至−40℃，并稳定 40 天之后的温度场分布如图 7.8 所示。温度−径向深度曲线如图 7.9 所示。

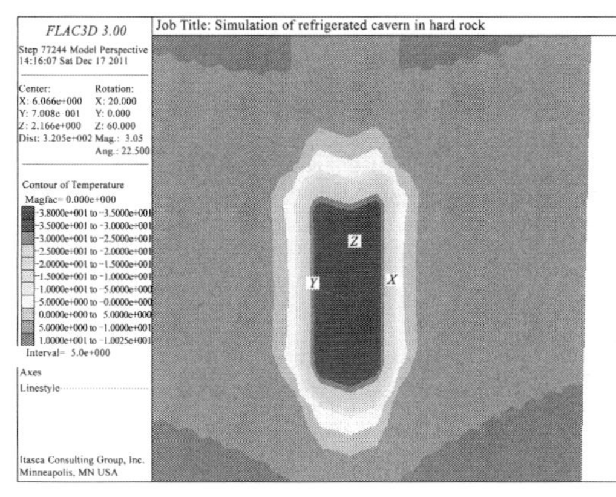

图 7.8　温度场分布云图（剖面）

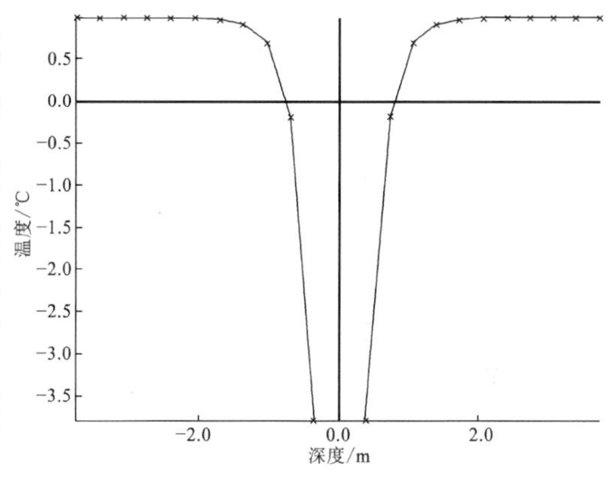

图 7.9　温度−径向深度曲线

由图 7.9 可估测出，第 5 次降温后冻深约 6.5 m，与监测值 6.75 m 相差不大。对照图 7.2，温度随径向深度的变化曲线总体上与实测值的拟合曲线十分相近。

裂隙面（$y=0$）截面附近的主应力场分布如图 7.10 所示。

在侧壁和底板上存在一定程度的应力集中，在地应力与冻结力共同作用下，最大主应力的最高值达 15 MPa。相同冻结温度及冻结时间条件下，与干燥状态相比，饱水状态同区的最大与最小主应力值都偏高，说明冻胀力对围岩应力场的影响十分显著。

A 点（3.75，0，0）的径向位移随冻结历时的变化曲线如图 7.11 所示。冻胀激活单元开启冻胀蠕变模式之后，每次降温首先有一明显的位移陡增，在维持温度的过程中，位移逐渐趋于稳定。由曲线可知最后冻胀位移约 17 mm，与实测值存在一定误差。围岩冷缩引起的径向位移为正值，而冻胀产生的位移为负值。干燥状态围岩发生收缩变形，径向位移向外，而饱水状态下的冻胀位移向内，冻胀作用明显。

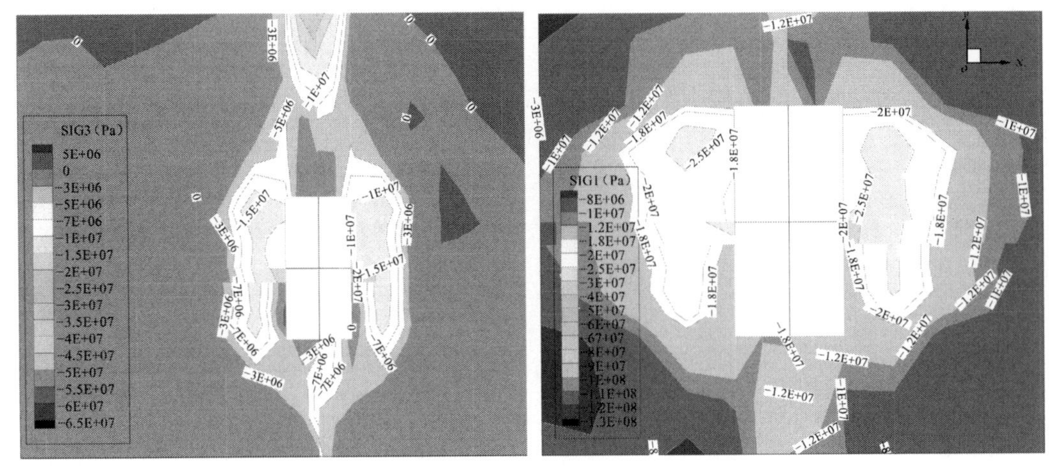

（a）最小主应力　　（b）最大主应力

图 7.10　$y=0$ 裂隙界面附近的主应力分布状况

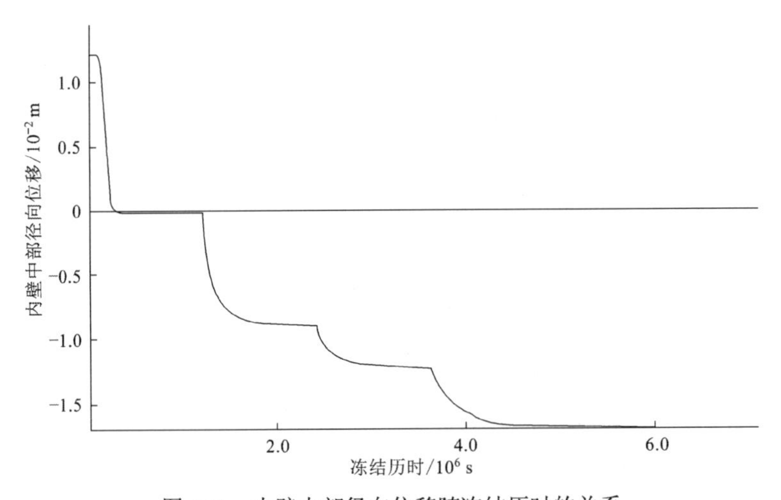

图 7.11　内壁中部径向位移随冻结历时的关系

3. 工况三、工况四：$S_r=0.8$ 和 $S_r=0.4$

围岩冻胀作用受孔隙度和饱和度的影响明显，根据本书对冻胀应变理论的分析结论，非饱和岩石在降温冻结时不会立即出现冻胀变形。孔隙水冻结体积膨胀产生水势梯度，使未冻水向非饱和区迁移直至实现“假饱和”之后才会出现冻胀应变，这一过程需借助 FISH 函数进行判断和控制。

设置初始饱和度 $S_r=0.8$ 时，在约 6 500 步时设置温度由 0℃降至−10℃，径向位移曲线如图 7.12 所示。

$$\varepsilon_{ij}^{F}=\frac{1}{3}\frac{\left[\beta nS_{r}u-n(1-S_{r})\right]K_{i}}{K_{s}S_{r}+K_{i}}H(u-\chi)\delta_{ij} \tag{7.3a}$$

$$H\left[u-\chi\right]=\begin{cases}0, & u\leqslant\chi\\ 1, & u>\chi\end{cases} \tag{7.3b}$$

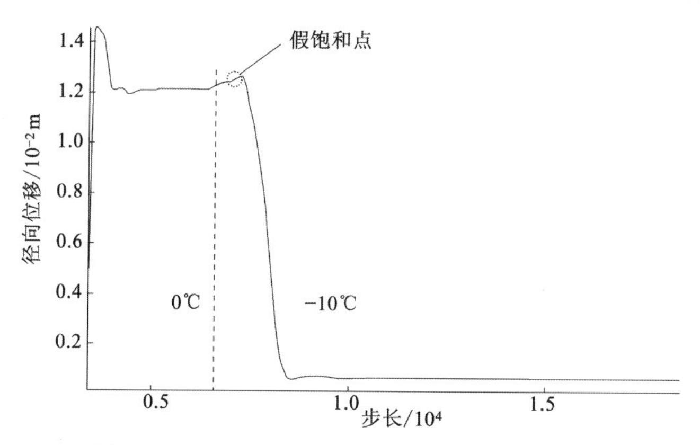

图 7.12　$S_r=0.8$ 时监测位移–时步关系曲线

$$\chi=\frac{1-S_r}{\beta S_r} \tag{7.3c}$$

冻结率函数为

$$u(t)=\frac{(1-n)C_s\rho_s}{Ln\rho_w S_r}(T_0-T_s)\left(1-e^{-\frac{\lambda_{wi}t}{(1-n)C_s\rho_s}}\right)=\chi \tag{7.4a}$$

得实现“假饱和”的时间 t_c 为

$$t_c=B\ln\frac{A}{A-\chi} \tag{7.4b}$$

式中：$B=\frac{(1-n)C_s\rho_s}{\lambda_{wi}}$；$A=\frac{(1-n)C_s\rho_s}{Ln\rho_w S_r}(T_0-T_s)$。

通过编制 FISH 函数对变量 $u(t)$ 监测，在蠕变时间达到 t_c 时施加等效冻胀荷载。此过程都是通过 FISH 函数对计算过程实施人为干预的。$S_r=0.8$ 及 $S_r=0.4$ 的监测曲线如图 7.12 和图 7.13 所示。

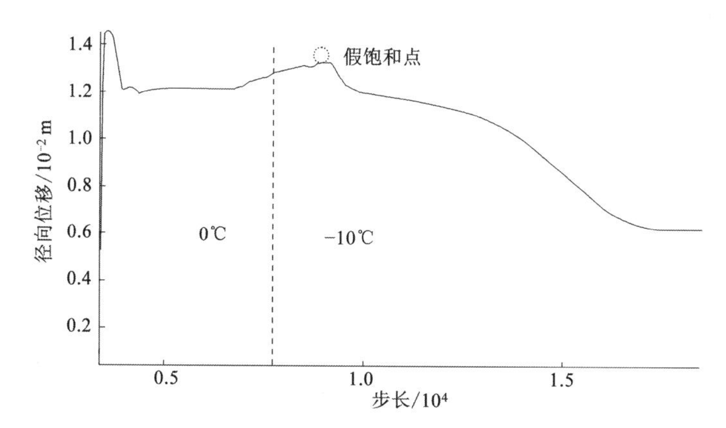

图 7.13　$S_r=0.4$ 时监测位移–时步关系曲线

对比图 7.12、图 7.13 和图 7.11 可知：饱和度越高，实现“假饱和”的过渡时间越短，冻胀位移越大。

7.2.3　讨论

含水率对岩体的冻胀作用有重要影响，在低含水率的条件下，岩体不发生显著的冻胀效应，而是以岩石骨架的热胀冷缩为主，只有含水率高于临界值时才会发生明显的冻胀效应。冻结过程中，工况一中岩石一直处于收缩状态，而工况二开始时收缩，温度降至一定程度时开始产生冻胀效应，应力显著增加。

freeze 准蠕变冻胀本构模型总体上能较为准确地反映冻胀变形规律，但因涉及参数较多，在参数值选择上存在一定的难度，还需深入研究以建立完善的取值规范。因岩石含水率孔隙度等原资料未给出具体数值，计算时根据经验选取，与实际情况存在一定误差。

为了与现场试验条件保持一致，模拟的最低冻结温度为−40℃，实际运营中低温储气库温度要远低于此温度值。

7.3　乌鞘岭隧道低温环境下岩体稳定性分析

7.3.1　工程概况

连霍国道主干线永登至古浪国家高速公路乌鞘岭隧道位于天祝县陈家沟沟口，出口位于兰泉村，纵坡−1.15%～1.715%，全长4 905 m。隧道进出口洞门均采用削竹式，永登端明洞长55 m、古浪端左右线明洞长分别为22 m、25 m；该段最大埋深189 m，属深埋石质特长隧道，如图7.14、图7.15所示。

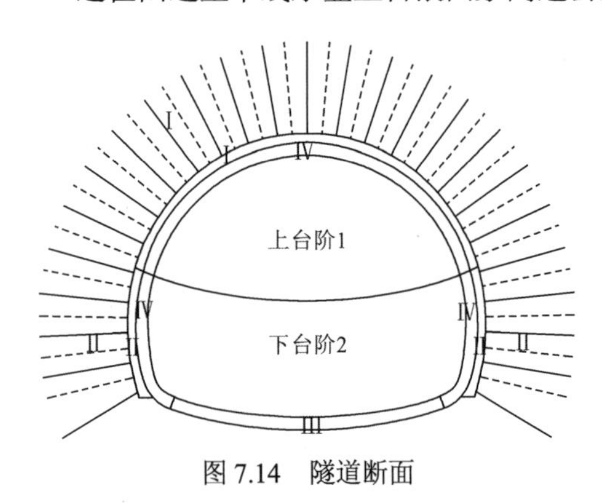

图7.14　隧道断面

隧址区位于祁连山高寒亚干旱区，海拔为 2 850～3 050 m，年平均气温为12.4℃，最低气温达−24℃，冰冻期长达4～5个月，为11月至次年3月。

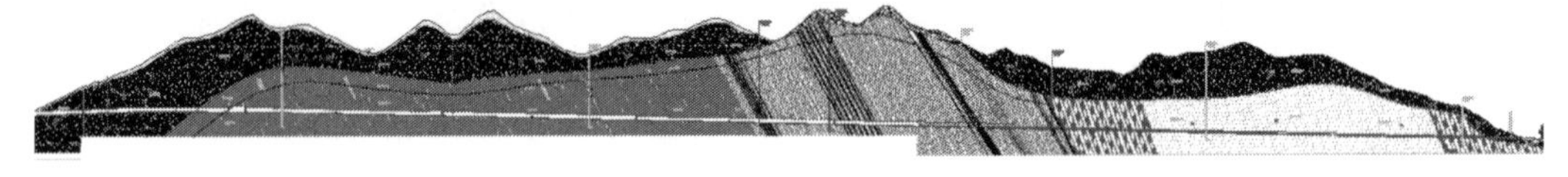

图7.15　岩层剖面图

隧道主洞内轮廓拱部采用半径 R=543 cm 的单心半圆，侧墙采用半径 R=793 cm 的大半径圆弧，仰拱半径为 R=1 500 cm，仰拱与侧墙间采用半径 R=100 cm 的小半径圆弧连接。主洞内路面宽度为8.75 m，拱顶高7.03 m。

隧道洞身段最大水平主应力（S_H）值一般为 3.76～9.82 MPa，最小水平主应力值一般为2.48～3.74 MPa。三向主应力量值的比较表明，隧址区的现今地应力场总体特征为$S_H>S_h>S_v$，即水平主应力为最大主应力，垂直主应力值最小。构造应力作用占主导地位，但强度不高。

隧址区属于祁连山东段水文地质区。隧址区地下水类型分为第四系松散空隙裂隙水和基岩裂隙水。前者赋存于隧道进出口的第四系覆盖层、第四系砂卵砾石层，后者分布于岩石的构造裂隙和十分发育的表部网状风化裂隙。

本段内特殊性岩土主要为季节性冻（岩）土，在隧道进出口分布的土层黏粒含量较高，上部土质为含有较多腐殖质，此处气候高寒阴湿，局部地下水位较高，为季节性冻土，冬天易形成冻裂、冻胀，春融季节易形成翻浆及热融沉陷。

7.3.2　洞口端冻胀稳定性模拟

选取永登端洞口 50 m 深度内隧道段进行模拟。地处黄土梁坡脚，山坡较缓，坡度为 20°～30°，植被不发育。上部薄层坡积黄土，下部岩土体为第四系更新统冲洪积碎石土，围岩稳定性差。依据隧道地层剖面图，建立模型如图 7.16 所示。上部覆盖黄土层，下部岩层考虑为连续介质，设置厚 0.4 m 衬砌。

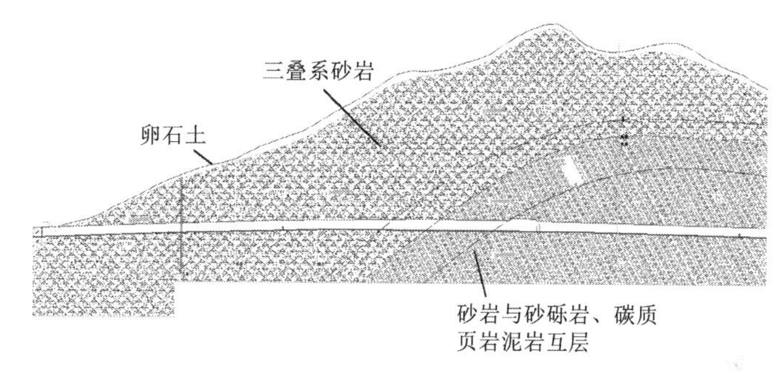

图 7.16　永登洞口地层剖面图

岩石孔隙度取 3.0%，饱和度为 0.5。上覆表土层孔隙率为 0.3，饱和度为 0.5。根据地应力状况 x 方向施加水平构造应力 5 MPa。

计算中模型初始温度取 5℃，冻结开始后，外界温度设置为−20℃。力学模型选用 freeze 模型，热学模型选择各向同性热传导模型（Model th_isotropic），如图 7.17 所示。冻结过程计算 10 天后温度场分布如图 7.18 所示。

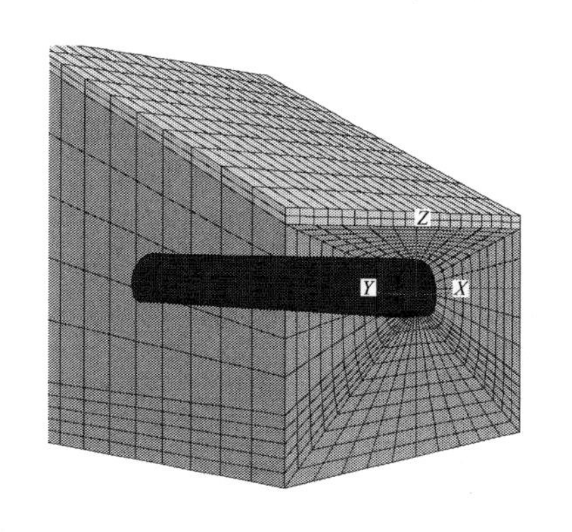

图 7.17　洞口端模型

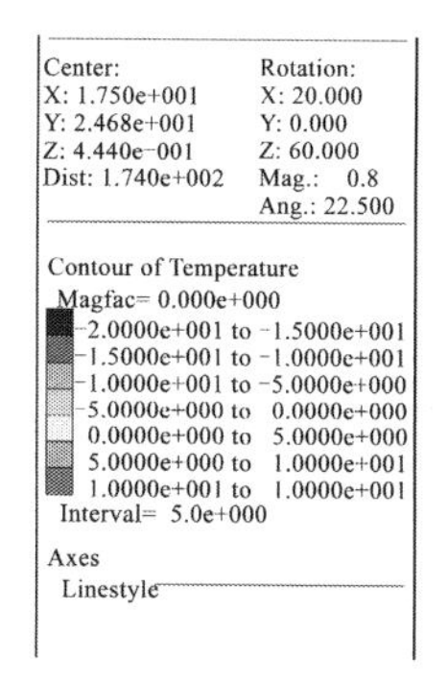

图 7.18　温度场分布（剖面图）

假定围岩温度低于−8℃时冻结率即达到极值，即−2℃和−18℃作为三区划分标准，则借助 FISH 程序描绘围岩正冻区、已冻区和未冻区如图 7.19 所示。

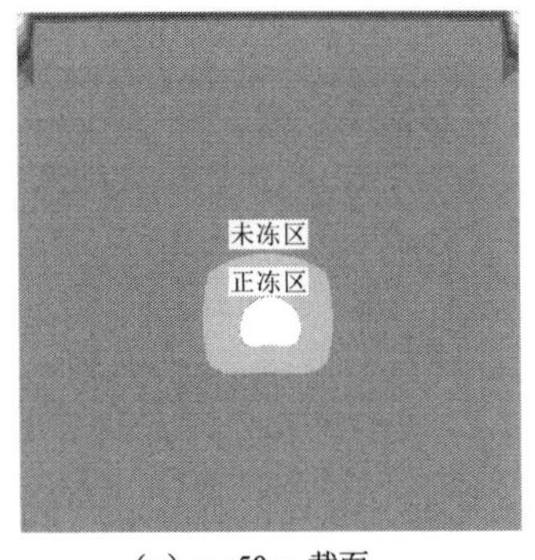

（a）$y=50$ m 截面

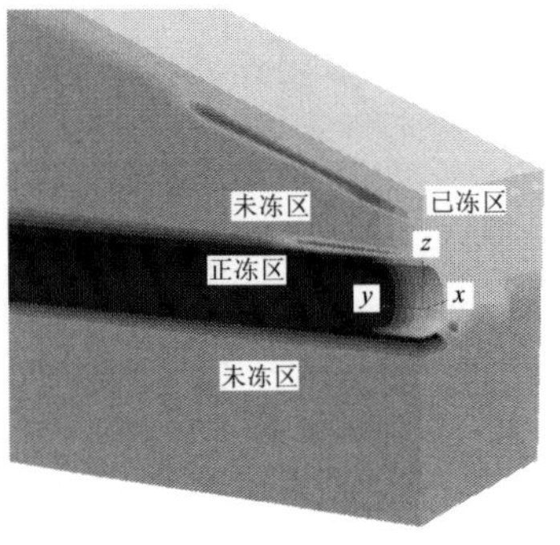

（b）剖视图

图 7.19　冻结围岩分区

衬砌所受的水平和竖直方向应力如图 7.20 和图 7.21 所示。可见，底板和侧墙处都是高应力分布区。

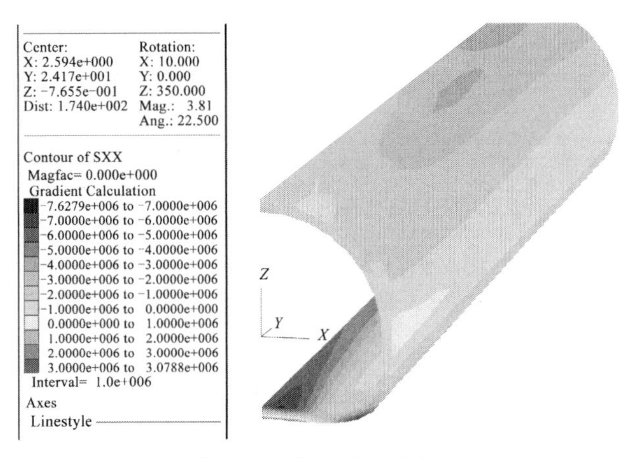

图 7.20　衬砌水平应力

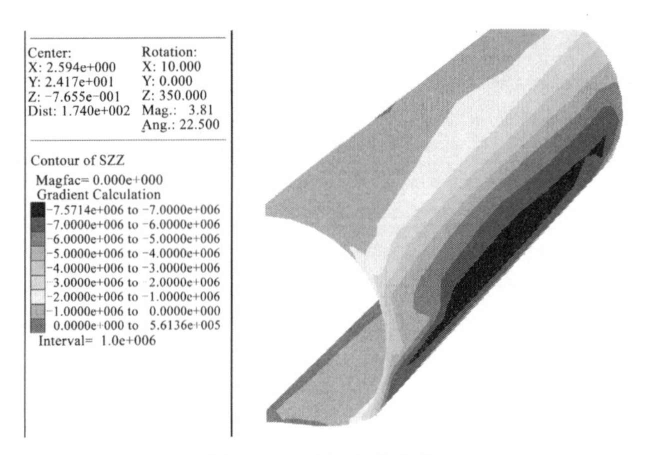

图 7.21　衬砌垂直应力

自洞口沿隧洞走向每 5 m 设置一个表面位移监测断面，监测顶底板和壁面的径向位移，测试结果如图 7.22～图 7.24 所示。

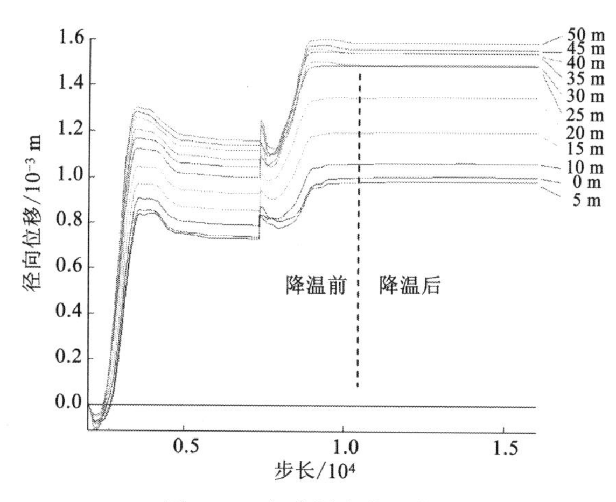

图 7.22　右壁测点水平位移

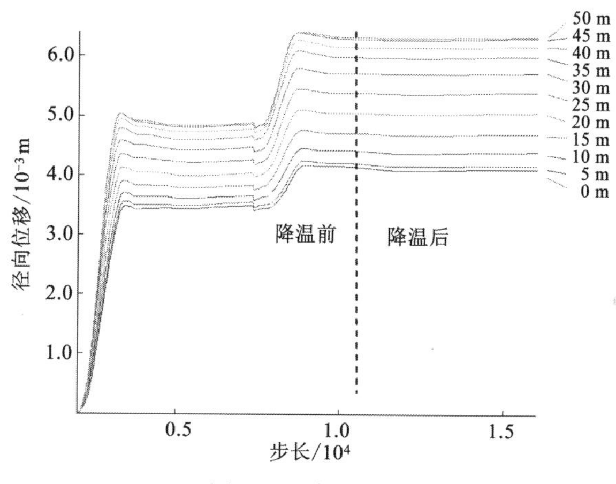

图 7.23　底板位移

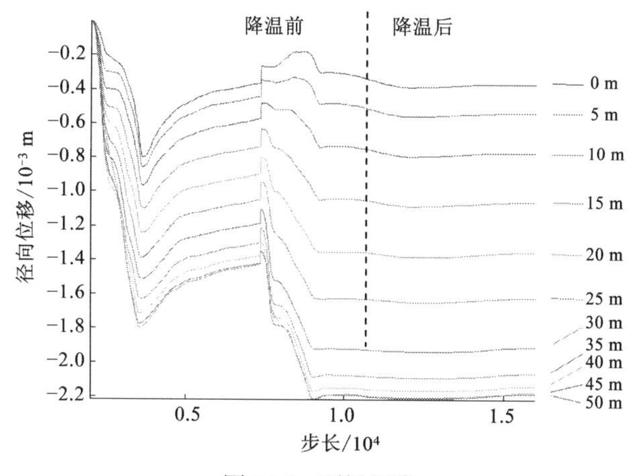

图 7.24　顶板沉降

由结果可知，洞口端径向位移从洞口至深部逐渐增加。当温度降低时，冻胀作用引起的位移变化显著增加。降温初始阶段岩石发生收缩变形，而随着冻结时间的推移，冻胀效应才逐渐显现。−20℃冻结 10 天后位移变化相对微弱，基本趋近稳定。

冻结之后分 3 次逐级升温，每次升高 10℃至外界温度 10℃，得出一次冻融循环内顶底板、侧墙位移如图 7.25～图 7.28 所示。可见外界温度升高后，冻胀位移没有立刻回落，

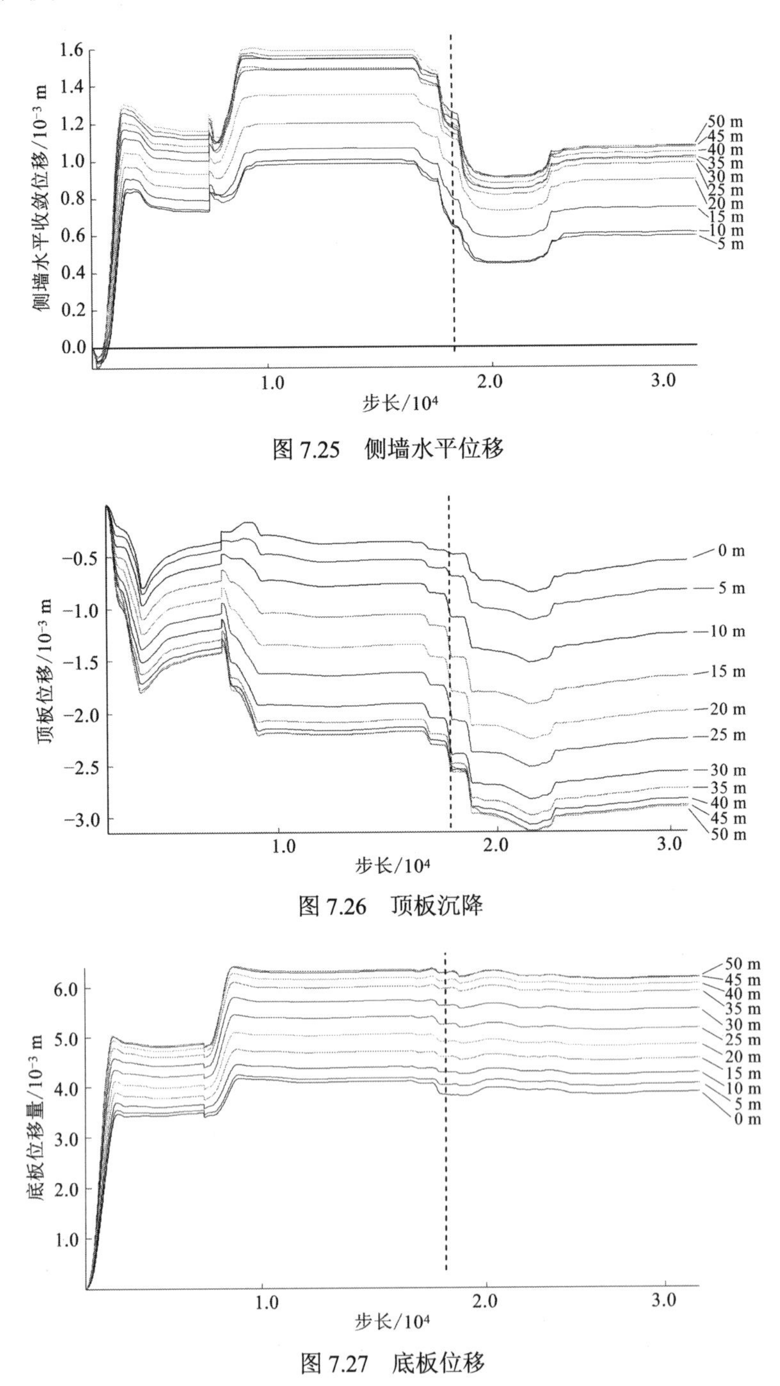

图 7.25　侧墙水平位移

图 7.26　顶板沉降

图 7.27　底板位移

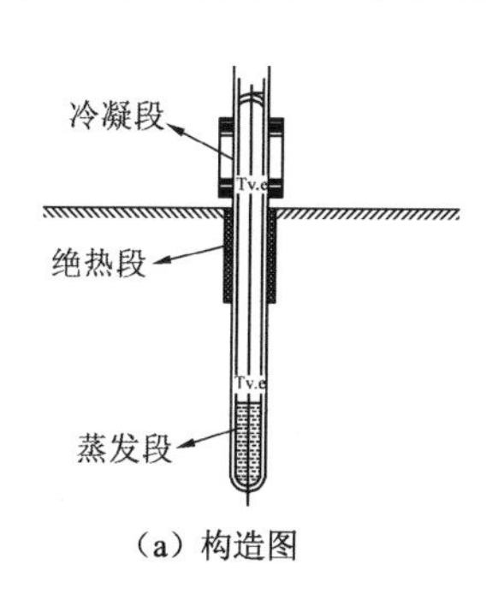

（a）构造图

（b）布置图

图7.28 热管（桩）

而是先维持在原状不变之后冻胀位移逐渐消失，最后又出现了一定程度的回升，完全融化后，冻胀力撤销，热胀冷缩效应又重新得以体现。与顶板和侧墙相比，融化阶段底板位移变化相对微弱。

7.3.3 讨论

该隧道所处位置为高寒区，冰冻时间长。根据工程实况，计算采用的冻融温度范围为−20℃～10℃。选用的冻融周期为数十天范围，未考虑昼夜冻融循环的情况。主要的理由为：隧道处于高寒区冰冻期为数月，白天气温虽然会回升，但是隧洞内部不会被日光照射，所以不会出现明显的融化，即频繁的昼夜冻融现象不会发生。对于裸露的边坡等工程岩体，白昼受日光照射影响较大，昼夜冻融交替现象明显。

7.4 青藏铁路昆仑山隧道冻害防治与设计

7.4.1 洞口工程

由于隧道处于低温基本稳定区，所以设计时采用保护冻土的原则。选择洞口位置时，为减少对原地表的破坏，隧道进口、出口均接建明洞，并及早做好洞门和对冻上层的保护工程。

为避免基础不均匀下沉，明洞及洞口工程基础尽量置于基岩上，或采取基底换填卵砾石的措施。洞门端、挡墙背后设置50 cm厚的砂石垫层，以缓解墙后的冻胀力。为保证洞门结构的稳定，端墙采用钢筋混凝土，挡墙采用混凝土现浇。

7.4.2 支护衬砌、隔热保温及防排水工程

多年冻上地区隧道在建成后，由于气温等外界条件的影响，衬砌背后的多年冻土会形成一个冻融交替的冻融圈，使衬砌结构处在冻胀力往复作用的不利环境中，往往造成衬砌严重开裂甚至破坏。因此，冻融圈是影响隧道结构稳定的一个极其重要的因素，对其范围、动态变化的控制十分必要。水是寒区隧道产生病害根源，也是冻融圈的主要影响因素，所

以，完整、有效的防排水体系是多年冻土隧道设计的关键。为避免产生病害，昆仑山隧道设计中从应用隔热保温技术、加强防排水及优化衬砌结构等方面出发，采取了综合防治的措施。

1、洞内外气温对围岩冻融圈的影响

形成冻融圈的热量有两个来源：一是在施工中由于放炮、人为活动等造成的融化，此来源是暂时的；二是外界气温变化的影响及运营中机车散热等，是长期的，并受季节影响。因此，受季节性变化的洞内外气温，是形成冻融圈深度变化的主要因素。根据隧道所在地区的气象资料统计，一年中大部分时间处于负温。当外界气温为负温时，隧道内不会形成融化圈，冻结状态的围岩对隧道结构有利；当外界气温为正温时，衬砌周边的围岩将产生一定范围的融化圈。通过贺兰山隧道、东北翠岭隧道的测温资料来看，洞内气温在寒季离洞口越远则越高，在夏季则相反。根据木里煤矿试验结果，洞内气温变化和洞外气温变化都成近似正弦曲线变化，而洞外气温的较差面积和正温面积远远大于洞内气温的较差面积，这就决定了洞内融化圈深度一定小于洞外同种土层的上限值。昆仑山隧道上限最大值为 3.0 m。隧道贯通后，衬砌周边围岩融化范围应当小于上限最大值。

2、隔热保温技术在隧道设计中的应用

由于隧道冻融圈的往复作用会造成结构破坏，设计中采用敷设隔热保温层的措施以减少洞内外气温与围岩间的热交换，从而减小冻融圈的范围。从调研资料得知，在严寒地区采用隔热保温技术的隧道，敷设隔热保温层的方式有两种：一种是在衬砌内缘表面敷设保温层，如国内的大坂山公路隧道，在衬砌表面敷设聚氨酯泡沫板，日本严寒地区许多既有隧道，为防止挂冰而在隧道建成后采取的表面绝热处理；另一种是在两层衬砌之间敷设保温层，如日本采用新奥法施工的某隧道，在初期支护与二次衬砌之间设保温层。

昆仑山隧道结合其支护形式，在支护与模筑衬砌之间设 5 cm 厚的隔热保温层。设计中考虑最热月平均气温与岩面的温度差计算出保温层厚度。保温层采用聚氨酯，其敷设形式考虑喷涂和硬质泡沫型材两种形式，结合试验研究项目和现场试验进一步确定。隔热保温材料应满足以下要求：导热系数 $\lambda<0.03$ W/（m·K），抗压强度＞0.3 MPa，体积吸水率＜3%，自重＞60 kg/m^3，弹性模量 $E=7\sim10$ MPa，老化寿命＞50 年，具有一定弹性，具低毒性。

由于隔热保温层作为低弹模材料夹在两层衬砌之间，整个结构的稳定性是一个不容忽视的问题。如果保温效果良好，冻胀力和上压力都将控制在一个很小的范围，衬砌的变形也会足够小，这种双层衬砌夹保温层的结构是可行的；如果保温效果不好，在受较大的土压力或冻胀力作用下衬砌产生较大的变形，隔热保温材料作为软弱夹层，对整个结构的稳定性是不利的。

3、衬砌及其支护设计

多年冻土地区隧道主要荷载为围岩压力和结构自重，附加荷载为冻胀力。冻融圈以外的围岩基本不产生围岩压力或围岩压力很小，因此围岩压力只考虑融化圈范围松弛压

力；根据孔隙度和冻融深度计算分析，考虑气温、地下水、围岩等因素的影响，冻胀力按均布荷载考虑，垂直与水平之比为 1:1。计算时按融化圈内松弛压力或冻胀力两种比较确定。隧道采用曲墙带仰拱模筑钢筋混凝土整体衬砌，衬砌内轮廓在一般单线电化铁路的基础上调整边墙曲率，以适应多年冻土地区衬砌的受力特点。冻胀力按最大为 0.5 MPa，控制对结构进行检算。

考虑多年冻土区施工环境温度较低，喷混凝土支护在施工工艺上及其与围岩的黏结强度方面都需要进一步进行试验研究，设计推荐模筑混凝土支护。模筑混凝土支护为隧道结构的组成部分，设计中考虑了其承受围岩荷载和冻胀力的作用，施工中应采用正规模板，严格施作，确保施工质量，并为敷设隔热保温层提供圆顺基面。施作保温层前应向模筑混凝土支护拱部范围压注水泥浆，以回填支护与围岩间的空隙，避免冻害隐患。模筑混凝土衬砌与支护中掺加低温早强剂，以确保混凝土强度。

4．防排水设计

多年冻土隧道防排水结合隔热保温措施，采取“防、排、截、堵，多道防线，综合治理”的原则。以防和堵为主，结合隔热保温及低温注浆堵水措施，尽量减小贯通后衬砌内外侧的热交换，使围岩当中水处于冻结状态。但考虑衬砌周边围岩在暖季局部融化是难以避免的，为防止地下水渗漏影响隔热效果，在隔热层外侧全断面设防水板，环向结合施工缝位置设盲沟，在墙脚纵向设 ϕ100 mm PVC 盲沟，与洞内双侧保温水沟连通。变形缝和施工缝设止水条或止水带。

在参考已建严寒地区或多年冻土地区隧道病害整治资料的基础上，通过工程类比、结构计算、分析研究，完成了昆仑山隧道设计。多年冻土地区隧道设计主要解决三个方面的问题：隧道防排水、围岩冻融圈、衬砌结构。它们三者之间相互影响，决定了冻土隧道是否会产生病害。由于昆仑山隧道地质及地下水情况复杂，如冻土下限、地下水的补给、径流等情况有待施工阶段进一步落实。有利的一方面是，昆仑山隧道作为高原多年冻土试验工程，许多试验项目在此进行，隧道设计和施工可根据试验研究结果进行动态调整，确保该隧道在多年冻土地区修建成功。

7.5　其他冻岩（土）土工程防冻害措施

影响冻害严重程度的因素可分为外因和内因。外因包括冻结温度、冻融速率、冻融周期和次数及应力状态等，内因为岩体自身的物理力学性质，包括含水率、孔隙度、强度性质、裂隙发育状况等。因而冻害的防治也应从以上几个方面入手，实施积极的人为干预措施，减轻冻害。

1．隔热保温防护

敷设保温层可改善岩体表层导热系数，改善围岩冻胀环境下的温度场，提高岩体工程抗冻能力，从而减弱冻害程度。寒区隧道常用的敷设隔热保温层的方式主要有两种：一种，在衬砌内缘表面敷设聚氨酯泡沫板等材料组成的保温层，大坂山隧道就采用了这种隔热保温措施；另一种，在双层衬砌之间敷设保温层（贾山 等，2004）。

敷设的保温层应具有低导热系数、耐腐蚀、性能稳定、服务期长等特点，并且不能对整个支护体的稳定性造成明显影响。

2、防排水措施

岩体中的水分是冻融损伤的最重要因素，降低岩体含水率是防治冻害的重要措施。防水措施可分为“堵水”和“排水”两种主要手段。堵水是敷设防水板，洞口等浅埋部位可进行地表降水防渗处理。排水措施可在裂隙水富集区设置疏导管。路基可采用砂砾石垫层，减少蓄水，从而缓解冻胀力（王利军，2009，王沪学 等，2002）。

3、热管（桩）

自 1970 年，我国就开始热管理论和试验的研究，热管具有传热能力大、传热温差小、启动温度低、均温性能好、单向传热及安全、经济等特性。由于利用工作介质的汽液相变潜热可大幅度强化传热过程，相变传热被广泛地应用于动力、化工、制冷空调、食品工业和多年冻土地区冷却路基等领域。在青藏公路和青藏铁路中使用效果良好的热棒就是一种典型的重力热管，又称热虹吸管，是液汽两相转换循环的热传输系统。热棒的结构比较简单，管的上部装有散热叶片，为冷凝段，置于大气中；管的下部埋入地基多年冻土中，为蒸发段，如此往复循环，将地下冻土层中的热量传送至大气中，从而降低了多年冻土的地温，防止地基发生冻胀和融沉变形，保证冻岩（土）工程的稳定（吴青柏 等，1996；章金钊 1995）。

热桩在处理多年冻土地基的稳定性方面有极高的应用价值，技术上和理论上都是可行的。它不但可降低土体的温度，提高地基的承载能力，还可有效地防止冻胀融沉。虽然热桩是冷能综合利用的重要手段之一，但热桩本身的应用有一定的局限性，其性能取决于气候条件，如气温、风速等，同时也受热桩周围路基容重和含水率的影响。

4、换填法

在必要时，可将对冻胀敏感的岩土层换为冻胀不敏感的砂砾石，从而有效消减冻胀效应，在寒区水工建筑物基础及路基等冻害防治措施中可采用此方法，置换后冻胀力可减小 80%（齐方业 等，2010；宋汉义 等，2004）。

5、混凝土添加剂

在寒区岩体工程混凝土衬砌等结构中加入添加剂可提高混凝土的抗冻害性能。选用硫酸盐水泥等抗冻性强的水泥，可适量掺入加气剂、减水剂等外加剂，可有效防治冻胀变形，在条件允许的情况下，将水灰比降低至最小值，也可在一定程度上减轻冻融破坏。

防治岩土工程冻害应当针对不同的地质条件和工程要求采取适当措施，同时注重经济性和耐久性（那文杰 等，2001）。

7.6　小　　结

液化石油气和液化天然气低温储气库稳定性问题涉及低温岩体工程领域。在低温环境中，储气库围岩骨架冷缩，内部水分冻胀，都可能对岩体稳定性产生威胁。含水率是影响冻胀效应的重要因素。若含水率较低，岩体整体变形以骨架冷缩为主，不会产生冻胀效应；当含水率较高时，则会产生冻胀融缩效应。本章以某试验低温储库为背景进行模拟。分为干燥、饱和、非饱和多种工况，按照现场试验条件施加温度和力学边界条件，对冻结过程中的温度场、位移场等进行模拟分析。在相同冻结温度及冻结时间条件下，与干燥状态相比，饱水状态同区的最大与最小主应力值都偏高，说明冻胀力对围岩应力场的影响十分显著。干燥状态围岩发生收缩变形，径向位移向外，而含水状态下的冻胀位移向内，冻胀作用明显。

以高寒地带的乌鞘岭隧道为工程背景，分析了一定冻结温度和冻结时间条件下洞口端温度场、应力场、位移场的分布规律，以及冻结区与未冻区的划分。结果表明，洞口端径向位移从洞口至深部逐渐增加。当温度降低时，冻胀作用引起的位移变化显著增加。降温初始阶段岩石发生收缩变形，而随着冻结时间的推移，冻胀效应才逐渐显现。−20℃冻结10天后位移变化相对微弱，基本趋近稳定。

第 8 章　结论与展望

8.1　结　　论

我国寒区分布广泛，随着寒区工程建设的发展，出现越来越多的岩体工程冻融损伤难题，加之低温储库等低温岩体工程问题，都对低温岩土工程领域提出了严峻的挑战。本书以寒区工程岩体冻害问题和低温储气库等低温岩体工程为研究背景，紧密围绕裂隙岩体冻融损伤力学特性及多场耦合问题展开了研究，取得了一系列成果，可大致概括为如下几个方面。

（1）通过低温单轴、三轴压缩试验，研究了冻结岩石强度特征和参数变化规律。通过试验研究了岩样冻胀融缩效应，验证了岩体冻胀变形规律。将含水岩体的一个冻融循环内的变形划分为冷缩阶段、冻胀阶段、回温迟滞阶段、融缩阶段和热胀阶段。

（2）根据克拉佩龙方程得出岩体中冰点与孔隙压力的关系，并推导出基于体积变化的冻结率表达式。考虑温度对冻结率的影响，采用等效热膨胀系数法模拟冻胀荷载，得出了裂隙周围应力场分布规律。结果表明，裂隙面附近以拉应力为主，裂隙尖端存在裂隙面法向的拉应力集中区。冰体的温度效应产生冻胀位移近似沿裂隙面法向，并且岩石基质热胀冷缩效应产生的位移量与冰的冻胀位移量相比十分微弱。岩体中存在多裂隙时，纯冻胀荷载作用下裂隙的冻胀应变对其他裂隙造成的远场应力扰动不明显。

（3）基于岩体低温变形特征试验结论及相变理论，推导出适合低温岩体变形特征的本构方程，建立岩体冻胀本构模型。考虑冻胀融缩时间效应，将弹塑性体与 Kelvin 体组合，引入冻胀激活单元，根据温度是否高于冰点判断单元是否进入冻胀状态。根据准蠕变本构方程得出等效黏度系数，并考虑了冻结状态对岩体弹性模量、黏聚力等参数的影响。运用 VC++编写本构方程，生成可供 FLAC 3D 调用的 freeze.dll 链接库文件。验证模型计算结果表明，模拟曲线与试验曲线的十分相近，freeze 模型能较好地反映含水岩体的冻胀融缩效应。

（4）采用双重孔隙介质模型理论对裂隙岩体的低温 THM 耦合问题进行研究，得出裂隙岩体 THM 耦合的应力平衡方程、水–冰系统连续性方程和能量守恒方程，考虑了岩体裂隙分布、相变、水热迁移等因素的影响。在双重孔隙介质理论运用于冻岩领域及数值模拟方面都做了尝试性的研究，对冻岩问题的进一步研究具有一定的参考价值。

（5）基于 Griffith 脆性断裂力学理论，分析了冻胀条件下处于压剪状态的 I–II 型复合裂纹扩展判据，得出冻胀力和围压共同作用下的翼型裂纹起裂条件、扩展方向和扩展长度计算公式。根据拓扑学相关理论提出一种适合冻胀裂隙网络扩展演化的算法。采用该算法，对一个含多条夹冰裂隙的模型进行冻胀模拟，得出了一定冻结条件下裂隙岩体扩展后的模型，表明该算法对处理冻胀裂隙网络的扩展演化具有较好的适用性。

（6）以某试验低温储库为背景进行模拟，分为干燥和饱和围岩两种工况，按照现场试验条件施加温度和力学边界条件，对冻结过程中的温度场、位移场等进行模拟分析，并与实测的变形及温度数据进行对比分析。冻胀力对围岩应力场的影响显著。干燥状态围岩发生收缩变形，径向位移向外，而饱水状态下的冻胀位移向内，冻胀作用明显。

（7）以典型寒区隧道为工程背景，分析了一定冻结温度和冻结时间下洞口端冻胀环境下围岩温度场、应力场、位移场的分布规律及冻结区与未冻区的划分。洞口端径向位移从洞口至深部逐渐增加。当温度降低时，冻胀作用引起的位移变化显著增加。降温初始阶段岩石发生收缩变形，而随着冻结时间的推移，冻胀效应才逐渐显。

8.2 展　　望

本书通过室内试验、理论分析及数值模拟等方法对工程岩体低温冻融损伤及稳定性问题进行了研究，得出了一些结论。但是，鉴于冻岩涉及问题的复杂性，我们不能对所涉及的所有领域都取得完美的结果，以下几个方面需深入研究。

（1）试验方面。目前关于低温岩石力学性质的试验研究已较为充分，如低温环境下干燥、饱水岩样的弹性模量、抗压强度、摩擦系数、内摩擦角等研究较多。作者认为以下几个方面都有待深入研究：①冻结过程对裂隙抗剪强度等参数的影响也可通过试验进行研究;②冻结率的试验测试手段及定量分析冻结率的方法都是值得研究的方向,X 射线扫描，声波探测、导电系数变异等手段，都可尝试作为研究冻结率的试验方法；③考虑裂隙扩展演化引起的冻融损伤研究还相对较少；④关于低温热学参数和低温岩体工程现场监测的试验也相对较少。

（2）理论方面。冻岩问题涉及的理论问题多且复杂，在考虑裂隙影响下的冻结区水分迁移及三维裂隙冻融损伤方面需要进一步研究，将研究成果运用到实际工程中的过渡，都有很大的研究空间。

（3）数值模拟。基于三维裂隙网络的建模、三维裂隙网络冻融状态下的扩展演化运算，都是极具挑战性的研究方向，有很大的发展空间。提出的算法适用于二维情况，在三维空间分布的裂隙网络扩展演化方面，需要通过空间几何面体相关理论进行拓展研究。在单元识别、三维裂隙扩展判据及贯通单元的更新等方面都具有重要研究价值，也是具有很大挑战性的研究方向。

（4）防冻害措施。科学研究的最终目标是解决实际工程难题，冻岩问题的研究成果应为解决工程岩体冻害提供实际的指导意义。目前关于工程岩体的防冻害措施尚不能完全解决冻融损伤造成的损害，还需要根据实际工程研究更多的冻害防范措施，以适应不断出现的低温岩体领域的工程难题。以低温岩体工程科研项目为依托，结合理论成果，研究具有积极性和高效性的冻害防治手段，为防治低温岩体工程提供参考依据和理论支撑。

此外，开展现场寒区岩体工程冻融温度场与变形场，以及冻胀破裂过程的研究，也是未来重要的研究方向。对于实际工程而言，实时监测隧道或是岩体边坡变形与围岩温度变化十分重要，在此基础之上可进一步利用声发射等技术手段对岩体中的冻胀破裂过程进行监测，从工程尺度上加强对岩体冻融损伤的认识并且反馈于工程实践。

参 考 文 献

阿特金森, 1992. 岩石断裂力学. 尹祥础, 修济刚, 等, 译. 北京: 地震出版社.

蔡峨, 1989. 粘弹性力学基础. 北京: 北京航空航天大学出版社.

蔡承政, 李根生, 黄中伟, 等, 2014. 液氮冻结条件下岩石孔隙结构损伤试验研究. 岩土力学, 35(4): 965-971.

蔡美峰, 何满潮, 刘东燕, 2002. 岩石力学与工程. 北京: 科学出版社.

曹文贵, 速宝玉, 2001. 流形元覆盖系统的自动生成方法之研究. 岩土工程学报, 23(2): 187-190.

柴红保, 曹平, 赵延林, 等, 2010. 裂隙岩体损伤演化本构模型的实现及应用. 岩土工程学报, 32(7): 1047-1053.

陈刚, 刘佑荣, 2003. 流形元覆盖系统的有向图遍历生成算法研究.岩石力学与工程学报, 22(5): 711-716.

陈仁升, 康尔泗, 吴立宗, 等, 2005. 中国寒区分布探讨. 冰川冻土, 27 (4): 469-474.

陈肖柏, 王雅卿, 刘建坤, 等, 2006. 土的冻结作用于地基. 北京: 科学出版社.

陈益峰, 李典庆, 荣冠, 等, 2011. 脆性岩石损伤与热传导特性的细观力学模型. 岩石力学与工程学报, 30(10): 1959-1969.

陈益峰, 周创兵, 童富果, 等, 2009. 多相流传输 THM 全耦合数值模型及程序验证. 岩石力学与工程学报, 28(4): 649-665.

陈育民, 刘汉龙, 2007. 邓肯-张本构模型在 FLAC3D 中的开发与实现. 岩土力学, 28(10): 2123-2126.

陈育民, 徐鼎平, 2009. FLAC/FLAC3D 基础与工程实例. 北京: 水利水电出版社.

程新, 赵树山, 2006. 断裂力学. 北京: 科学出版社.

褚卫江, 徐卫亚, 杨圣奇, 等, 2006. 基于 FLAC3D 岩石黏弹塑性流变模型的二次开发研究. 岩土力学, 27(11): 2005-2010.

崔托维奇, 1985. 冻土力学. 张长庆, 朱元林译. 北京: 科学出版社.

邓刚, 王建宇, 郑金龙, 2010. 寒区隧道冻胀压力的约束冻胀模型. 中国公路学报, 23(1): 80-86.

杜义贤, 2007. 基于无网格法的柔性机构拓扑优化方法研究. 武汉: 华中科技大学.

范磊, 曾艳华, 何川, 等, 2007. 寒区硬岩隧道冻胀力的量值及分布规律. 中国铁道科学, 28(1): 44-49.

范景伟, 何江达, 1992. 含定向闭合节理岩体的强度特性. 岩石力学与工程学报, 11(2): 190-199.

方云, 乔梁, 陈星, 等, 2014. 云冈石窟砂岩循环冻融试验研究. 岩土力学, 35(9): 2 433-2 442.

冯西桥, 余寿文, 2002. 准脆性材料细观损伤力学. 北京: 高等教育出版社.

傅献彩, 沈文霞, 姚天扬, 等, 2005. 物理化学. 北京: 高等教育出版社.

高世桥, 刘海鹏, 2010. 毛细力学. 北京: 科学出版社.

郭强, 葛修润, 车爱兰, 2011. 岩体完整性指数与弹性模量之间的关系研究. 岩石力学与工程学报(s2): 3914-3919.

郭素娟, 康国政, 2011. 二维裂纹稳态扩展的自适应有限元模拟. 机械强度, 33(3): 450-454.

何国梁, 张磊, 吴刚, 2004. 循环冻融条件下岩石物理特性的试验研究. 岩土力学, 25(z2): 52-56.

胡斌, 张倬元, 黄润秋, 等, 2002. FLAC 3D 前处理程序的开发及仿真效果检验. 岩石力学与工程学报, 21(9): 1387-1391.

胡英, 吕瑞东, 刘国杰, 等, 1999. 物理化学. 北京: 高等教育出版社.

黄明利, 冯夏庭, 王水林, 2002. 多裂纹在不同岩石介质中的扩展贯通机制分析. 岩土力学, 23(2): 142-146.

贾山, 白霜, 2004. 季节冻土区水工建筑物防冻害保温措施. 吉林水利(10): 10-11.

贾海梁, 刘清秉, 项伟, 等, 2013. 冻融循环作用下饱和砂岩损伤扩展模型研究. 岩石力学与工程学报, 32(z2): 3049-3055.

孔亮, 王媛, 夏均民, 2007. 非饱和流固耦合双重孔隙介质模型控制方程. 西安石油大学学报(自然科学版), 22(2): 163-165.

寇晓东, 周维垣, 2000. 应用无网格法追踪裂纹扩展. 岩石力学与工程学报, 19(1): 18-23.

赖远明, 吴紫汪, 朱元林, 等, 1999a. 寒区隧道冻胀力的黏弹性解析解. 铁道学报, 21(6): 70-74.

赖远明, 吴紫汪, 朱元林, 等, 1999b. 寒区隧道温度场、渗流场和应力场耦合问题的非线性分析. 岩土工程学报, 21(5): 529-533.

赖远明, 张明义, 李双洋, 2009. 寒区工程理论与应用. 北京: 科学出版社.

蓝航, 姚建国, 张华兴, 等, 2008. 基于 FLAC 3D 的节理岩体采动损伤本构模型的开发及应用. 岩石力学与工程学报, 27(3): 572-579.

黎水泉, 徐秉业, 2001.双重孔隙介质流固耦合理论模型.水动力学研究与进展, 16(4): 460-466.

李椿, 章立源, 钱尚武, 1979. 热学. 北京: 高等教育出版社.

李宁, 张平, 程国栋, 2001. 冻结裂隙砂岩低周循环动力特性试验研究.自然科学进展, 11(11): 1175-1180.

李萍, 徐学祖, 蒲毅彬, 等, 1999. 利用图像数字化技术分析冻结缘特征. 冰川冻土, 21(2): 175-180.

李建林, 哈秋舲, 1998. 节理岩体拉剪断裂与强度研究. 岩石力学与工程学报, 17(3): 259-566.

李杰林, 周科平, 张亚民, 等, 2012. 基于核磁共振技术的岩石孔隙结构冻融损伤试验研究. 岩石力学与工程学报, 31(6): 1208-1214.

李杰林, 周科平, 张亚民, 等, 2014. 冻融循环条件下风化花岗岩物理特性的实验研究. 中南大学学报(自然科学版), 45(3): 798-802.

李世愚, 藤春凯, 卢振业, 等, 1998. 裂纹间动态相互作用的实验观测与理论分析. 地球物理学报, 41(1): 79-88.

李守巨, 范永思, 张德岗, 等, 2007. 岩土材料导热系数与孔隙率关系的数值模拟分析. 岩土力学, 28(z1): 244-248.

李术才, 朱维申, 1999. 复杂应力状态下断续节理岩体断裂损伤机制研究及其应用.岩石力学与工程学报, 18(2): 142-146

李晓春, 2005. 小湾水电站坝肩岩体裂隙网络渗流的三维网络与无网格法耦合模型研究. 长春: 吉林大学.

李云鹏, 王芝银, 2010. 花岗岩低温强度参数与冰胀力的关系研究. 岩石力学与工程学报, 29(z2): 4113-4118.

李宗利, 任青文, 王亚红, 2005. 岩石与混凝土水力劈裂缝内水压分布的计算. 水利学报, 36(6): 656-661.

廖秋林, 曾钱帮, 刘彤, 等, 2005. 基于 ANSYS 平台复杂地质体 FLAC 3D 模型的自动生成. 岩石力学与工程学报, 24(6): 1010-1013.

刘波, 韩彦辉, 2005. FLAC 原理、实例与应用指南. 北京: 人民交通出版社.

刘成禹, 何满潮, 王树仁, 等, 2005. 花岗岩低温冻融损伤特性的实验研究. 湖南科技大学学报(自然科学版), 20(1): 37-40.

刘泉声, 康永水, 刘滨, 等, 2011a. 裂隙岩体水-冰相变及低温温度场-渗流场-应力场耦合研究. 岩石力学与工程学报, 30(11): 2181-2188.

刘泉声, 康永水, 刘小燕, 2011b. 冻结岩体单裂隙应力场分析及热-力耦合模拟. 岩石力学与工程学报, 30(2): 217-223.

刘姗姗, 赵同彬, 2010. 粘弹性广义 Kelvin 模型的 FLAC 3D 二次开发. 山东科技大学学报(自然科学版), 29(8): 20-23.

刘心庭, 唐辉明, 2010. FLAC 3D 复杂网格模型的构建及其工程应用. 金属矿山(11): 108-111.

罗彦斌, 2010. 寒区隧道冻害等级划分及防治技术研究. 北京: 北京交通大学.

马巍, 程国栋, 吴青柏, 2002. 多年冻土地区主动冷却地基方法研究. 冰川冻土, 24(5): 579-587.

马静嵘, 2004. 软岩体冻融损伤温度–渗流力耦合研究初探. 西安: 西安科技大学.
那文杰, 张扬, 李国忠, 2001. 寒冷地区渠道混凝土衬砌防冻害的几个问题. 黑龙江水专学报, 28(3): 83-84.
裴捷, 水伟厚, 韩晓雷, 2004. 寒区隧道围岩温度场与防水层影响分析. 低温建筑技术 (4): 4-6.
裴觉民, 1997. 数值流形方法与非连续变形分析. 岩石力学与工程学报, 16(3): 279-292.
齐方业, 杜彩霞, 2010. 季节性冻土的冻胀力及水工建筑物防冻害措施. 黑龙江水利科技, 38(5): 192-194.
仇文革, 孙兵, 2010. 寒区破碎岩体隧道冻胀力室内对比试验研究. 冰川冻土, 32(3): 557-561.
沈维道, 蒋智敏, 童钧耕, 2001. 工程热力学. 北京: 高等教育出版社.
盛煜, 吴紫汪, 朱林楠, 等, 1996. 寒区隧道围岩冻胀力的初步分析. 冻土工程国家重点实验室年报, 兰州: 冻土工程国家重点实验室, 6: 126-131.
石根华, 1997. 数值流形方法与非连续性变形分析. 裴觉民, 译. 北京: 清华大学出版社.
宋汉义, 于军, 付传鹏, 等, 2004. 寒地水工建筑物防冻害措施. 黑龙江水利科技(2): 136-137.
谭贤君, 2010. 高海拔寒区隧道冻胀机理及其保温技术研究. 武汉: 中国科学院武汉岩土力学研究所.
谭贤君, 陈卫忠, 贾善坡, 等, 2008. 含相变低温岩体水热耦合模型研究. 岩石力学与工程学报, 27(7): 1455-1461.
汤连生, 张鹏程, 王思敬, 2002. 水-岩化学作用之岩石断裂力学效应的试验研究. 岩石力学与工程学报, 21(6): 822-827.
唐慧云, 董羽蕙, 苏利勋, 2009. 应用无网格法对单裂纹扩展的数值模拟. 科学技术与工程, 9(13): 3739-3743.
唐明明, 王芝银, 孙毅力, 等, 2010. 低温条件下花岗岩力学特性试验研究. 岩石力学与工程学报, 29(4): 787-794.
王俐, 杨春和, 2006. 不同初始饱水状态红砂岩冻融损伤差异性研究. 岩土力学, 27(10): 1772-1776.
王沪学, 吴小宏, 2002. 泾惠渠渠道防渗工程防冻害问题的研究及建议. 防渗技术, 8(4): 39-41.
王利军, 2009. 混凝土渠道抗冻设计及防冻害措施在西北冻土地区节水工程中的应用, 水利规划与设计(6): 64-66.
王树禾, 2004. 图论. 北京: 科学出版社.
王水林, 葛修润, 1997. 流形元方法在模拟裂纹扩展中的应用. 岩石力学与工程学报, 16(5): 405-410.
王星华, 汤国璋, 2006. 昆仑山隧道冻融特征分析. 岩土力学, 27(9): 1452-1456.
王雪文, 张志勇, 2004. 传感器原理及应用. 北京: 北京航空航天大学出版社.
王正道, 赵立中, 途志华, 等, 1999. 应变片法测量低温下材料膨胀系数. 低温工程(1): 18-21.
吴刚, 何国梁, 张磊, 等, 2006. 大理岩循环冻融试验研究. 岩石力学与工程学报, 25(z1): 2930-2938.
吴安杰, 邓建华, 顾乡,等, 2014. 冻融循环作用下泥质白云岩力学特性及损伤演化规律研究. 岩土力学, 35(11): 3065-3072.
吴青柏, 梁素云, 高兴旺, 1996. 热桩与空气间的对流换热规律研究. 冰川冻土, 18(1): 37-42.
吴紫汪, 赖远明, 藏恩穆, 等, 2003. 寒区隧道工程. 北京: 海洋出版社.
伍永平, 高永刚, 解盘石, 2011. 基于AutoCAD的FLAC 3D地下工程快速建模方法研究. 煤炭工程,(12): 61-64.
徐彬, 2008. 大型低温液化天然气(LNG)地下储气库裂隙围岩的热力耦合断裂损伤分析研究. 西安: 西安理工大学.
徐光苗, 2006. 寒区岩体低温、冻融损伤力学特性及多场耦合研究. 武汉: 中国科学院武汉岩土力学所.
徐光苗, 刘泉声, 2005. 岩石冻融破坏机制分析及冻融力学试验研究. 岩石力学与工程学报, 24(17): 3076-3082.
徐光苗, 刘泉声, 彭万巍, 等, 2006. 低温作用下岩石基本力学性质试验研究. 岩石力学与工程学报,

25(12): 2502-2508.
徐光苗, 刘泉声, 张秀丽, 2004. 冻结温度下岩体 THM 完全耦合的理论初步分析. 岩石力学与工程学报, 23(21): 3709-3713.
徐靖南, 朱维申, 白世伟, 1994. 压剪应力作用下多裂隙岩体的力学特性—断裂损伤演化方程及试验验证. 岩土力学, 15(2): 1-12.
徐学祖, 邓友生, 1991. 冻土中水分迁移的实验研究. 北京: 科学出版社.
徐学祖, 王家澄, 张立新, 2001. 冻土物理学. 北京: 科学出版社.
徐学祖, 王家澄, 张立新, 等, 1995. 土体冻胀和盐胀机理. 北京: 科学出版社.
阳友奎, 肖长富, 1995. 水力压裂裂缝形态与缝内压力分布. 重庆大学学报: 自然科学版, 18(3): 20-26.
杨慧, 2010. 水-岩作用下多裂隙岩体断裂机制研究. 长沙: 中南大学.
杨更社, 蒲毅彬, 2002a. 冻融循环条件下岩石损伤扩展研究初探. 煤炭学报, 27(4): 357-360.
杨更社, 张全胜, 2006a. 冻融环境下岩体细观损伤及水热迁移机理分析. 西安: 陕西科学技术出版社.
杨更社, 蒲毅彬, 马巍, 2002b. 寒区冻融环境条件下岩石损伤扩展研究探讨. 实验力学, 17(2): 220-226.
杨更社, 申艳军, 贾海梁, 等, 2018. 冻融环境下岩体损伤力学特性多尺度研究及进展. 岩石力学与工程学报, 37(3): 546-563.
杨更社, 奚家米, 李慧军, 等, 2010. 三向受理条件下冻结岩石力学特性试验研究. 岩石力学与工程学报, 29(3): 459-464.
杨更社, 张全胜, 蒲毅彬, 2004a. 冻结温度影响下岩石细观损伤演化 CT 扫描. 长安大学学报(自然科学版), 24(6): 40-46.
杨更社, 张全胜, 蒲毅彬, 2004b. 冻融条件下岩石损伤扩展特性研究. 岩土工程学报, 26(6): 838-842.
杨更社, 周春华, 田应国, 等, 2006b. 软岩材料冻融过程中的水热迁移实验研究. 煤炭学报(5): 566-570.
杨庆生, 杨卫, 1997. 断裂过程的有限元模拟. 计算力学学报, 14(4): 407-412.
杨挺青, 1990. 粘弹性力学. 武汉: 华中理工大学出版社.
杨文东, 张强勇, 张建国, 等, 2010. 基于 FLAC 3D 的改进 Burgers 蠕变损伤模型的二次开发研究. 岩土力学, 31(6): 1956-1964.
姚直书, 程桦, 荣传新, 2010. 西部地区深基岩冻结井筒井壁结构设计与优化. 煤炭学报, 35(5): 760-764.
尹双增, 1992. 断裂、损伤理论及应用. 北京: 清华大学出版社.
张传庆, 周辉, 冯夏庭, 2008. 统一弹塑性本构模型在FLAC3D中的计算格式. 岩土力学, 29(3): 596-602.
张敦福, 李术才, 牛海燕, 等, 2009. 偶应力对裂纹扩展的影响及其尺度效应. 岩石力学与工程学报, 28(12): 2453-2458.
张慧梅, 杨更社, 2010. 冻融与荷载耦合作用下岩石损伤模型的研究. 岩石力学与工程学报, 29(3): 471-476.
张慧梅, 杨更社, 2012. 岩石冻融循环及抗拉特性试验研究. 西安科技大学学报, 32(6): 691-695.
张慧梅, 杨更社, 2013. 冻融岩石损伤劣化及力学特性试验研究. 煤炭学报, 38(10): 1756-1762.
张继周, 缪林昌, 杨振峰, 2008. 冻融条件下岩石损伤劣化机制和力学特性研究. 岩石力学与工程学报, 27(8): 1688-1694.
张强勇, 向文, 朱维申, 1999. 节理岩体能量损伤本构模型与工程应用. 工程地质学报, 7(4): 310-314.
张全胜, 2006. 寒区隧道围岩损伤试验研究和水热迁移分析. 上海: 同济大学.
张全胜, 杨更社, 任建喜, 2003. 岩石损伤变量及本构方程的新探讨. 岩石力学与工程学报, 22(1): 30-34.
张寅平, 胡汉平, 孔祥冬, 等, 1996. 相变贮能—理论和应用. 合肥: 中国科学技术大学出版社.
张玉军, 2009a. 遍有节理岩体的双重孔隙-裂隙介质热-水-应力耦合模型及有限元分析. 岩石力学与工程学报, 28(5): 947-955.
张玉军, 2009b. 模拟冻-融过程的热-水-应力耦合模型及数值分析. 固体力学学报, 30(4): 409-415.
张玉军, 张维庆, 2010. 一种双重孔隙介质水-应力耦合模型及其有限元分析. 岩土工程学报, 32(3):

325-329.

章金钊, 1995. 热桩在青藏高原多年冻土地区涵洞工程中的应用. 冰川冻土, 17(z): 96-100.

赵刚, 陶夏新, 刘兵, 2009. 重塑土冻融过程中水分迁移试验研究. 中南大学学报, 40(2): 519-525.

赵明阶, 徐蓉, 2000. 岩石损伤特性与强度的超声波速研究. 岩土工程学报, 22(6): 720-722.

赵启林, 杨洪, 陈浩森, 2007. 光纤光栅应变传感器的温度补偿. 东南大学学报(自然科学版), 37(2): 310-314.

赵延林, 曹平, 林航, 等, 2008. 渗透压作用下压剪岩石裂纹流变断裂贯通机制及破坏准则探讨. 岩土工程学报, 30(4): 511-517.

中国航空研究院, 1981. 应力强度因子手册. 北京: 科学出版社.

周科平, 李杰林, 许玉娟, 等, 2012. 冻融循环条件下岩石核磁共振特性的试验研究. 岩石力学与工程学报, 31(4): 731-737.

周维垣, 杨若琼, 剡公瑞, 1996. 流形元方法及其在工程中的应用. 岩石力学与工程学报, 15(3): 211-218.

周幼吾, 郭东信, 邱国庆, 等, 2008. 中国冻土. 北京: 科学出版社.

朱劲松, 宋玉普, 2004. 混凝土双轴抗压疲劳损伤特性的超声波速法研究. 岩石力学与工程学报, 23(13): 2230-2234.

朱立平, WHALLEY W B, 王家澄, 1997. 寒冻条件下花岗岩小块体的风化模拟试验及其分析. 冰川冻土, 19(4): 312-320.

朱维申, 陈卫忠, 申晋, 1998. 雁形裂纹扩展的模型试验及断裂力学机制研究. 固体力学学报, 19(4): 355-360.

朱维申, 李术才, 陈卫忠, 2002. 节理岩体破坏机制和锚固效应及工程应用. 北京: 科学出版社.

朱珍德, 郭海庆, 2007. 裂隙岩体水力学基础北京: 科学出版社.

庄宁, 2006. 裂隙岩体渗流应力耦合状态下裂纹扩展机制及其模型研究. 上海: 同济大学.

ABDULAGATOVA Z, ABDULAGATOV I M, EMIROV V N, 2009. Effect of temperature and pressure on the thermal conductivity of sandstone. International journal of rock mechanics and mining sciences, 46(6): 1055-1071.

AIFANTIS E C, 1980. On the problem of diffusion in solids. Acta Mech, 37: 265-296.

AKAGAWA S, 1988. Experimental study of frozen fringe characteristics. Cold regions sciences and technology(15): 209-223.

AMSTRONG M A, 2010. 基础拓扑学. 孙以峰, 等, 译. 北京: 人民邮电出版社.

ANDERSON D M, Tice A R, 1972. Predicting unfrozen water contents in frozen soils from surface area measurements. Highway research record, 393: 12-18.

AOKI K, HIBIYA K, YOSHIDA T, 1990. Storage of refrigerated liquefied gases in rock caverns: characteristics of rock under very low temperatures. Tunnelling and underground space technology, 5(4): 319-325.

ASADOLLAHI P, TONON F, 2010. Constitutive model for rock fractures: Revisiting Barton's empirical model. Engineering Geology,113 (1): 11-32.

ASHBY M F, HALLAM S D, 1986. The failure of brittle solids containing small cracks under compressivestress states. Acta metallurgica, 34(3): 497-510.

ASHBY M F, SAMMIS C G, 1990. The damage mechanisms of brittle solids in comression. Pageoph, 133: 489-521.

BARENBLATT G I, ZHELTOV I P, KOCHINA I N, 1960. Basic concepts in the theory of seepage of homogeneous liquids in fissured rocks. Journal of applied mathematics & mechanics, 24(5): 852-864.

BARTON N, 1976. The shear strength of rock and rock joints. International journal of rock mechanics and mining sciences & geomechanics abstract,13 (9): 255-279.

BENAVENTE D, GARCIA DEL CURA M A, FORT R, et al., 1999. Thermodynamic modelling of changes induced by salt pressure crystallisation in porous media of stone. Journal of Crystal growth, 204(1/2): 168-178.

BIENIAWSKI Z T, 1967. Stability concept of brittle fracture propagation in rock. Engineering Geology, 2(3): 149-162.

BRACE W F, 1964. Brittle fracture of rocks// JUDD W R, eds. State of stress in the Earth's crust. New York: American Elsevier.

BRACE W F, BOMBOLAKIS E G, 1963. A note on brittle rack growth in compression. Journal of geophysical research, 68(12): 3709-3713.

BRIGAUD F, VASSEUR G, 1989. Mineralogy, porosity and fluid control on thermal conductivity of sedimentary rocks. Geophysical journal international, 98(3): 525-542.

CHEN T C, YEUNG M R, MORI N, 2004. Effect of water saturation on deterioration of welded tuff due to freeze-thaw action. Cold regions science and technology, 38(2): 127-136.

CHEN W F, SALEEB A F, 2005. Elasticity and plasticity. Beijing: China Architecture and Building Press.

CLAUSER C, HUENGES E, 1995. Thermal conductivity of rocks and minerals// AHRENS T J, eds. Rock physics and phase relations - a handbook of physical constants. Washington: AGU Reference Shelf: 105-126.

COTTERELL B, RICE J R, 1980. Slightly curved or kinked cracks. International journal of fracture, 16(2): 155-169.

COUSSY O, MONTEIRO P J M, 2008. Poroelastic model for concrete exposed to freezing temperatures. Cement and concrete research, 38(1): 40-48.

DANA E, SKOCZYLAS F, 1999. Gas relative permeability and pore structure of sandstones. International journal of rock mechanics and mining sciences, 36(5): 613-625.

DASH J G, REMPEL A W, WETTLAUFER J S, 2006. The physics of premelted ice and its geophysical consequences. Reviews of modern physics, 78(3): 695-741.

DAVISION G P, NYE J F, 1985. A photoelastic study of ice pressure in rock cracks. Cold regions science and technology 11(2): 141-153.

DE GENNES P G, 1985. Wetting: statics and dynamics. Reviews of modern physics, 57(3): 827-863.

DÖPPENSCHMIDT A, BUTT H J, 2000. Measuring the thickness of the liquid-like layer on ice surfaces with atomic force microscopy. Langmuir, 16(16): 6709-6714.

DROTZ S H, TILSTON E L, SPARRMAN T, et al., 2009. Contributions of matric and osmotic potentials to the unfrozen water content of frozen soils. Geoderma, 148(3): 392-398.

ELSWORTH D, MAO B, 1992. Flow-deformation response of dual-porosity media. Journal of geotechnical engineering, 118(1): 107-124.

ERDOGAN F, SIH G C, 1963. On the crack extension in plates under plane loading and transverse shear. Journal of basic engineering, 85(4): 519-527.

ESHELBY J D, 1971. Fracture mechanics. Sci Prog, 59: 161-179.

EVANS A G, LANGDON T G, 1976. Structural ceramics. Prog Mater Sci, 21: 171-441.

EVERETT D H, 1961. The thermodynamics of frost damage to porous solids . Transactions of the faraday society, 57: 1541-1551.

FUJIMOTO T, NODA N, 2000. Crack propagation in a functionally graded plate under thermal shock. Archive of applied mechanics, 70: 377-386.

GLALNHEDEN R, LINDBLOM U, 2002. Thermal and mechanical behaviour of refrigerated caverns in hard rock. Tunnelling and underground space technology, 17(4): 341-353.

GORELIK J B, KOLUNIN V S, RESHETNIKOV A K, 1998. Rigid-ice model and stationary growth of ice// The 7th International Permafrost Conference. Canada: Laval University.

GRASSELLI G, EGGER P, 2003. Constitutive law for the shear strength of rock joints based on three-dimensional parameters. International journal of rock mechanics and mining sciences, 40(1): 25-40.

HALL K, 1986. Freeze-thaw simulation on quartz-micaschist and their implications for weathering studies on Signy Island, Antarctica. British antarctic survey, 73: 19-30.

HARDY H R,1973. Microseismic techniques - basic and applied research//Felsmechanik Mécanique des Roches. Rock mechanics, 2: 93-114.

HEO S P, YANG W H, 2002. Mixed-mode stress intensity factors and critical angles of cracks in bolted joints by weight function method[J]. Archive of applied mechanics, 72(2): 96-106.

HOLDEN J T, PIPER D, JONES R H, 1983. A mathematical model of frost heave in granular materials// 4th International conference on Permafrost. Washing, D C: National Academy Press.

HORII H, NEMAT-NASSER S, 1985. Compression-induced microcrack growth in brittle solids: axial splitting and shear failure. Journal of geophysical research solid earth, 90(B4): 3105-3125.

HUANG S B, LIU Q S, CHENG A Q, et al., 2018. A fully coupled thermo-hydro-mechanical model including the determination of coupling parameters for freezing rock. International journal of rock mechanics and mining sciences(103): 205-214.

HUI B, WEI M, 2011. Laboratory investigation of the freezing point of saline soil. Cold regions science and technology, 67(1/2): 79-88.

INADA Y, YOKOTA K, 1984. Some studies of low temperature of rock strength. International journal of rock mechanics and mining sciences & geomechanics abstracts, 21(3): 145-153.

IRWIN G R, KIES J A, SMITH H L, 1958. Fracture strengths relative to onset and arrest of crack propagation. P Am Soc Test Mater, 58: 640-657.

IRWIN G, 1948. Fracture dynamics//Fracturing of metals. Ohio, Am. Soc. for Metals, Cleveland: 147-166.

ISHIZAKI T, NISHIO N, 1988. Experimental study of frost heaving of saturated soils// 5th International Symposium on Ground Freezing. UK: Balkema, Rotterdam.

ITASCA Consulting Group Inc., 1997. FLAC3D Manual: Fast Lagrangian analysis of continua in 3 dimensions -Version 2.0. Itasca Consulting Group Inc., Minnesota, USA.

JAEGER J C, 1971. Friction of rocks and stability of rock slopes. Geotechnique, 21: 97-134.

JOSEPH W, BERNARO H, 1985. A theoretical model of fracture of rock during freezing. Geological society of america bulletin, 96(2): 336-346.

JU Y, YANG Y M, SONG Z D, et al., 2008. A statistical model for porous structure of rocks. Science in China series E: technological sciences, 51(11): 2040-2058.

KANG Y S, LIU Q S, SHI K, et al. Research on modeling method for freezing tunnel with fractured surrounding rock. Advanced materials research, 2012, 455-456: 1591-1595.

KATE J M, GOKHALE C S, 2006. A simple method to estimate complete pore size distribution of rocks. Engineering geology, 84(1): 48-69.

KAWAMOTO T, ICHIKAWA Y, KYOYA T, 1988. Deformation and fracturing behaviour of discontinuous rock mass and damage mechanics theory. International journal for numerical and analytical methods in geomechanics, 12(1): 1-30.

KEMENY J M, COOK N G W, 1991. Micromechanics of deformation in rocks// SHAH S P, eds. Toughening mechanisms in quasi-brittle materials. Kluwer Dordrecht: Academic Publishers.

KOLAIAN J H, LOW P F, 1963. Calorimetric determination of unfrozen water in montmorillonite pastes. Soil science, 95(6): 376-384.

KONRAD J M, 1990. Unfrozen water as a function of void ratio in a clayey silt. Cold regions science and technology, 18(1): 49-55.

KONRAD J M, AYAD R, 1997. An idealized framework for the analysis of cohesive soils undergoing desiccation. Canadian geotechnical journal, 34: 477-488.

KONRAD J M, CAN N R, 1981. Segregation potential of freezing soil. Geotech testing, 18(4): 482-491.

KONRAD J M, DUQENNOI C A, 1993. A model for water transport and ice lensing in freezing soil. Water resources research, 29: 3109-3123.

KONRAD J M, MORGENSTEM N R, 1982. Effects of applied pressure on freezing soils. Canadian geotechnical journal, 19: 494-505.

KOSTROMITINOV K, NIKOLENKO B, NIKITIN V, 1974. Testing the strength of frozen rocks on samples of various forms, in Increasing the effectiveness of mining industry in Yakutia. Novosibirsk: Nauka.

KOZLOWSKI T, 2007. A semi-empirical model for phase composition of water in clay-water systems. Cold regions science and technology, 49(3): 226-236.

LADANYI B, ARCHAMBAULT G, 1969. Simulation of the shear behaviour of a jointed rock mass// The 11th Symposium on Rock Mechanics, Berkeley: 105-125.

LAI Y M, WU Z, ZHU Y, et al., 1999. Nonlinear analysis for the coupled problem of temperature and seepage fields in cold regions tunnels. Cold regions science and technology, 29(1): 89-96.

LAI Y M, YANG Y G, CHANG X X, et al., 2010. Strength criterion and elastoplastic constitutive model of frozen silt in generalized plastic mechanics. International journal of plasticity, 26(10): 1461-1484.

LEIWS R W, SCHREFLER B A, 1998. The finite element method inthe static and dynamic deformation and consolidation of porous media. Chichester: Wiley.

LIU B, LI D, 2012. A simple test method to measure unfrozen water content in clay-water systems. Cold regions science and technology, 78(4): 97-106.

LIU Q S, XU G M, 2006. Study on basic mechanical behaviors of rocks at low temperatures. Key engineering materials, 306-308: 1479-1484.

LIU Q S, XU G M, LIU X Y, 2008a. Experimental and theoretical study on freezing- thawing damage propagation of saturated rocks. International journal of modern physics B, 22: 1853-1858.

LIU Q S, XU G M, WU Y X, 2008b. The Thermo-Hydro coupled model of low-temperature rock in consideration of phase change. Advanced materials research, 33-37: 645-650.

LOCH J P G, KAY B D, 1978. Water redistribution in partially frozen saturated silt under several temperature gradients and overburden loads. Soil science society of america journal, 42(3): 4 00-406.

LOMBOY G, SUNDARARAJAN S, WANG K, et al., 2011. A test method for determining adhesion forces and Hamaker constants of cementitious materials using atomic force microscopy. Cement and concrete research, 41(11): 1157-1166.

LUO X D, JIANG N, ZUO C Q, et al., 2014. Damage characteristics of altered and unaltered diabases subjected to extremely cold freeze-thaw cycles. Rock mechanics and rock engineering, 47(4): 1997-2004.

MATSUOKA N, 1990. Mechanisms of rock breakdown by frost action: an experimental approach. Cold Regions Science and Technology, 17(3): 253-270.

MATSUOKA N, 1995. A laboratory simulation on freezing expansion of a fractured rock: preliminary data. Tokyo: University of Tsukuba: 5-8.

MATSUOKA N, 2001. Microgelivation versus macrogelivation: towards bridging the gap between laboratory and field frost weathering. Permafrost and periglacial processes(12): 299-313.

MILLER R D, 1972. Freezing and heaving of saturated and unsaturated soils. Highway research record, 393: 1-11.

MOYER JR E T, McCOY H, SARKANI S, 1997. Prediction of stable crack growth using continuum damage mechanics. International journal of fracture, 86: 375-384.

NISHIMURA S, GENS A, OLIVELLA S, et al., 2009. THM-coupled finite element analysis of frozen soil: formulation and applicatio. Geotechnique, 59(3): 159-171.

O'NEIL K, MILLER R D, 1985. Exploration of a rigid ice model of frost heave. Water resources research, 21: 281-296.

PATTON F D, 1966. Multiple modes of shear failure in rock//The 1st Congress of the International Society of Rock Mechanics, Lisbon: 509-513.

PENNER E, 1959. The mechanism of frost heaving in soils. Highway research board bulletin, 225: 1-13.

PIPER D, HOLDEN J T, JONES R H, 1988. A mathematical model of frost heave in granular materials// 5th International conference on Permafrost . Norway: Tapir Publication.

PLESHA M E, 1987. Constitutive models for rock discontinuities with dilatancy and surface degradation. International journal for numerical & analytical methods in geomechanics, 11 (4): 345-362.

REMPEL A W, 2007. Formation of ice lenses and frost heave. Journal of geophysical research earth surface, 112(F2).

REMPEL A W, WETTLAUFER J S, WORSTER M G, 2001. Interfacial premelting and the thermomolecular force: thermodynamic buoyancy. Physical review letters, 87(8): 088501.

REMY J M, BELLANGER M, HOMAND-ETIENNE F, 1994. Laboratory velocities and attenuation of P-waves in limestones during freeze-thaw cycles. Geophysics, 59(2): 245-251.

RICE J R, 1978. Thermodynamics of the quasi-static growth of Griffith cracks. Journal of the mechanics & physics of solids, 26(2): 61-78.

RUIZ V G, REY R A, CLORIO C, et al., 1999. Characterization by computed X-ray tomography of the evolution of the pore structure of a dolomite rock during freeze-thaw cyclic tests. Physics and chemistry of the earth, 24(7): 633-637.

SETO M, 2010. Freeze-thaw cycles on rock surfaces below the timberline in a montane zone: field measurements in 297 Kobugahara, Northern Ashio Mountains, Central Japan. Catena, 45(3): 178-192.

SINGH T N, SINHA S, SINGH V K, 2007. Prediction of thermal conductivity of rock through physico-mechanical properties. Building and environment, 42(1): 146-155.

STAKHOVSKY I R, 2011. A multifractal model of crack coalescence in rocks. Physics of the solid earth, 47(5): 371-378.

SUN B X, XU X Z, LAI Y M, et al., 2005. Evaluation of fractured rock layer heights in ballast railway embankment based on cooling effect of natural convection in cold regions. Cold regions science and technology, 42(2): 120-144.

TABER S, 1929. Frost heaving. The journal of geology, 37(5): 428-461.

TAKARLI M, PRINCE W, SIDDIQUE R, 2008. Damage in granite under heating/cooling cycles and water freeze-thaw conditio. International journal of rock mechanics and mining sciences, 45(7): 1164-1175.

TAN X, CHEN W, YANG J, et al., 2011. Laboratory investigations on the mechanical properties degradation of granite under freeze-thaw cycles. Cold regions science and technology, 68(3): 130-138.

TULLER M, OR D, 2003. Hydraulic functions for swelling soils: pore scale considerations. Journal of hydrology, 272(1): 50-71.

VAKULENKO A A, KACHANOV M L, 1971. Continuum model of medium with cracks. Mekhanika Tverdogo Tela 4: 159-166.

VLAHOU I, WORSTER M G, 2010. Ice growth in a spherical cavity of a porous medium. Journal of geology, 56 (196): 271-277.

WALDER J S, HALLET B, 1985. A theoretical model of the fracture of rock during freezing. Geological society of america bulletin, 96(3): 336-346.

WATANABE K, MIZOGUCHI M, 2002. Amount of unfrozen water in frozen porous media saturated with solution. Cold regions science and technology, 34(2): 103-110.

WEGMANN M, GUDMUNDSSON G H, HAEBERLI W, 1998. Permafrost changes in rock walls and the retreat of Alpine glaciers: a thermal modelling approach. Permafrost and periglacial processes, 9(1): 23-33.

WEN Z, MA W, FENG W, et al., 2012. Experimental study on unfrozen water content and soil matric potential of Qinghai-Tibetan silty clay. Environmental earth sciences, 66(5): 1467-1476.

WINKLER E M, 1968. Frost damage to stone and concrete: geological considerations. Engineering geology, 2(5): 315-323.

YAMABE T, NEAUPANE K M, 2001. Determination of some thermo-mechanical properties of Sirahama sandstone under subzero temperature conditions. International journal of rock mechanic & mining science, 38(7): 1029-1034.

YAVUZ H, ALTINDAG R, SARAC S, et al., 2006. Estimating the index properties of deteriorated carbonate rocks due to freeze-thaw and thermal shock weathering. International journal of rock mechanics and mining sciences, 43(5): 767-775.

YONEDA M, SUGIYAMA A, ISHIKAWA Y, et al., 2008. Freeze-thaw resistance of the bond-mortar used in rock-bond method. Advances in concrete structural durablity, 1(2): 488-492.